从
1G
到
5G

移动通信如何改变世界

王建宙 著

中信出版集团 | 北京

图书在版编目（CIP）数据

从 1G 到 5G：移动通信如何改变世界 / 王建宙著 . --
北京：中信出版社，2021.7
ISBN 978-7-5217-2922-1

Ⅰ . ①从… Ⅱ . ①王… Ⅲ . ①无线电通信—移动通信
—通信技术 Ⅳ . ① TN929.5

中国版本图书馆 CIP 数据核字（2021）第 042650 号

从 1G 到 5G：移动通信如何改变世界

著　　者：王建宙
出版发行：中信出版集团股份有限公司
　　　　　（北京市朝阳区惠新东街甲 4 号富盛大厦 2 座　邮编　100029）
承　印　者：北京诚信伟业印刷有限公司

开　　本：787mm×1092mm　1/16　　印　　张：17.25　　字　　数：335 千字
版　　次：2021 年 7 月第 1 版　　　印　　次：2021 年 7 月第 1 次印刷
书　　号：ISBN 978-7-5217-2922-1
定　　价：69.00 元

目录

第一章
从微弱的电火花开始

第二章
1G：人类沟通新方式

第三章
2G：全球大普及

第四章
3G：移动互联网

第五章

4G：塑造新生活

第六章
5G：构建万物互联

第七章
启示

推荐序一

我于 1986 年到国际电信联盟工作，至今已经 30 余年。恰恰在这段时间里，国际移动通信技术经历了从 1G^①到 5G 发展的演变过程。今天在全球已经有超过 51 亿的客户和 90 亿的设备连接在移动网络中。从模拟通信的大哥大，到 2G 的全球大普及、3G 的移动互联、4G 的移动行业新生态和 5G 的万物智联，移动通信给我们带来了无尽的便利和惊喜。

更让人欣喜的是，中国通信业在国际通信发展过程中经历了从追随到同步、再到引领的华丽转身，谱写了发展的恢宏篇章。在中国阔步走向世界、与世界互鉴共进的过程中，中国企业包括中央企业和民营企业的领导者都做出了杰出贡献，许多人在国际上享有很高的威望和知名度，王建宙先生就是其中的佼佼者和杰出代表。

我初次结识建宙先生是 1998 年 3 月在南非的约翰内斯堡，当时他以中国邮电部计划司司长的身份率领中国参展团参加由国际电信联盟当地举办的非洲电信展。此后不久他就转岗到中国联通担任总裁，2004 年转任中国移动董事长，多年来我们一直保持着密切联系。他在担任中国移动董事长期间，曾先后率团参加了国际电联于 2006 年在中国香港和 2009 年在日内瓦举办的世界电信展，以及 2008 年在曼谷举办的亚洲电信展等重大活动。在他的支持下，中国移动积极选派专家常年参加国际电联标准化部门和无线电通信部门的电信标准化活动，贡献中国智慧，提供中国方案。2010 年，他应邀作为世界移动通信行业的代表人物参与了联合国宽带可持续发展委员会的创建和早期的会

---

① 1G，第一代移动通信技术。依此类推。——编者注

议，在会上他积极献计献策。我特别赞赏的是，21世纪初，中国自主创新提出的TD-SCDMA（时分同步码分多址）脱颖而出进入国际电联批准的3G标准系列，在推动TD-SCDMA市场化的进程中，建宙的鼎力支持功不可没。在多年的接触中，我看到建宙在国际国内倾力支持移动通信的发展，在各种舞台上魅力四射，展示了新时代中国企业家的光彩形象，我为他感到无比骄傲！

王建宙先生历任中国联通和中国移动董事长、总经理，中国上市公司协会主席和GSMA（全球移动通信协会）高级顾问，具有丰富的从业经历。难能可贵的是，他在企业战略管理、国际产业发展领域有着领导者、推动者、参与者和观察者等多种身份，多年来他不断思考钻研，并撰写专著，就有了今天这本书。应该说，书中的不少场景和事件，我都和作者亲身经历过，有不少还是我们一起参与推动的，比如4G的TD-LTE（分时长期演进）和FDD-LTE（分频长期演进）协同发展就是一件造福全球移动产业和广大消费者的历史性事件。当年他在他的办公室向我提出这一设想，我们一起讨论的场景还历历在目。书中还记录了他当年与全球主要互联网和信息通信领袖人物的交往实录，为我们总结和梳理了全球移动通信产业发展的历史规律，这些都将十分有助于企业家在数字经济的大潮中把握技术和市场规律，做出正确和具有前瞻性的决策。

2020年以来，我在包括联合国大会在内的许多重要会议上明确提出，现在起到2030年实现联合国可持续发展目标还有10年，这10年一定是5G发展的10年。没有5G的推广应用，世界将无法实现联合国可持续发展目标。以5G、人工智能、云计算等为代表的当代信息通信技术已经成为全人类最重要的生产力和基础设施平台，它们将深刻地改变我们的社会和人生。我期待着全球的政府、国际组织、电信运营商和移动产业参与者以及所有相关力量能够用最大的共识，凝聚最大的资源，以为全人类提供可负担的网络连接为己任，充分抓住5G改变社会的历史性机遇，共同构建更具包容性和获得感的数字时代人类命运共同体。

国际电信联盟秘书长　赵厚麟

推荐序二

在阅读中国移动原董事长王建宙先生撰写的《从 1G 到 5G》时，我的眼前生动地浮现了世界移动通信行业几十年来既波澜壮阔又跌宕起伏的一幅幅图景。

从 20 世纪末到 21 世纪初，移动通信作为科学技术发展的成果，在很大程度上改变了人类的生活。我们有幸见证并直接参与了这个激动人心的过程。

这本书呈现了世界移动通信历史上曾经发生的故事，讲述了移动通信技术每一次升级换代的过程，而作者本人实际上也是许多故事中的主要人物。

我与王建宙先生相识多年，他的整个职业生涯几乎都与移动通信业相关。我本人也深深感受到他对移动通信业的那种炽热的情感，即使在退休以后，他仍然保持着这种热情。前不久，我还与他讨论过智能手机 CPU（中央处理器）的更新换代和面向万物互联的新手机操作系统的研发问题。

这本书以一种宽阔的国际视野来记录移动通信行业的成长与发展历史，客观地记叙和评论了全球移动通信发展的整个过程，也表达了王建宙先生对行业发展的思考。

1G 只提供移动话音通信，但将电信业的通信方式从点到点延伸至人到人，建立了任何人在任何时间、任何地点都可以通话的模式；2G 实现了通过手机传送文字信息，从而淘汰了电报等传统电信方式；3G 开启了移动数据通信，移动通信开始与互联网紧密结合，使手机的应用从话音和文字通信延伸到层出不穷的移动互联网应用服务；4G 则使移动互联网的服务更具有实时性，使视频和位置服务方面的应用得以扩大；5G 的目标是实现万物互联，并与人工智能结合，推进产业互联网的发展。

在这个发展过程当中，众多企业为此做出了贡献。每一代移动通信的发展过程中都会出现一批明星企业，甚至是实力雄厚的巨无霸企业。但历史是无情的，我们眼睁睁地看着一个又一个曾经的巨无霸企业轰然倒下。这本书用一定的篇幅记述了这些公司从成长、发展，经膨胀、衰落再到破产或被收购的过程，并且客观地分析了其中的原因。

中国企业在移动通信的发展中做出了不可磨灭的贡献。从这本书对移动通信发展历史的记载中，我们可以看到中国的电信运营商是如何抓住移动通信发展的机会，在不长的时间内建立起全球规模最大、覆盖最全面、用户数量最多的移动通信网络的；还可以看到我国的移动通信设备制造业从空白到追随，再到并跑，直至领先的过程。在移动通信的应用上，我国的企业在移动支付、网约车、电子商务、视频社交网络等方面都走在世界的前列。

科学技术一刻不停地在向前发展，移动通信技术也在继续快速发展。这种发展给企业带来了无穷的机会，企业要抓住时机，努力创新。我们期待着更多的 5G 应用问世，期待着 5G 给人类生活带来新的变化。

亚信联合创始人、宽带资本董事长　田溯宁

推荐序三

以前曾经读过一些有关行业发展历史的书，大多是专业作家的作品，但是《从 1G 到 5G》与它们不同，这本书是由移动通信发展历史中的一位亲历者所写，书中的很多篇章都是作者根据自己的亲身经历整理而成。

这本书的作者王建宙先生长期从事电信工作，先后在中国联通和中国移动担任董事长和总经理。我本人在工作中与他有过很多交往。

我在阅读这本书的时候，倍感亲切，书中所叙述的许多行业大事件，我本人也都直接经历过。我相信，从事通信行业工作的人看了这本书都会有同感，很多人可以在书中叙述的故事中找到自己。

新参加通信行业工作的年轻人也会喜欢这本书，大家可以从这本系统地记录世界移动通信发展历史的书中了解这个行业的发展过程。

电信经济是整个经济领域的一部分，电信业在全球经济发展的过程中发挥了很重要的作用。在移动通信行业的发展过程中，曾经出现过许多载入经济发展史册的事件，至今仍有人在津津乐道地回味这些故事。例如，2000 年，英国沃达丰以 1 800 亿美元的天价收购德国曼内斯曼，轰动了全球金融界，并连锁引起了一系列移动通信企业收购案。也是在 2000 年，英国高价拍卖 3G 牌照，经过多轮叫价，5 张 3G 牌照共拍卖了 225 亿英镑，在欧洲掀起了高价拍卖 3G 牌照的狂潮。此后，拍卖成为世界上多数国家分配移动通信频率的常用方式。这本书中讲述了很多电信业经营中的故事，关心财经的人士可从书中受到启发。

这本书以移动通信技术的历次升级为主轴，全面地回顾了移动通信技术从 1G 到 5G 的升级，介绍了每一代移动通信标准诞生的过程。

这些事实告诉我们，移动通信的每一次升级都体现了技术进步。从 1G 到 2G，标志着移动通信从模拟通信进入数字通信；从 2G 到 3G，标志着移动通信从话音和短信进入数据通信；从 3G 到 4G，体现了数据速率的提升；从 4G 到 5G，标志着移动通信进入超高速率、超低时延、超大规模的阶段。每一次技术的升级都会带来新的应用，每次技术升级都会改变人类的生活。

我从书中阅读到在移动通信大发展过程中相关企业所经历的风风雨雨。很多人都会问，为什么像北电网络、摩托罗拉、朗讯、诺基亚这样曾在移动通信行业叱咤风云的巨型企业会突然销声匿迹？

从书中记述的历史事实看，每家倒下的企业各有各的衰败原因，例如，盲目收购带来巨大包袱，减少研发投资造成后继乏力，错判市场趋势而丧失发展良机，等等。但是其中有两点是相同的，一是过度追求短期业绩而减少了对长期发展的投入，二是企业自身的基因无法适应电信业在互联网时代的转型。这些教训值得所有企业借鉴。

书中也介绍了中国电信制造企业在移动通信发展过程中的成长故事。作者在早期就与国内电信设备制造企业的一些创始人有过很多接触，熟知这些企业的成长过程。在 1G 时代，我国的移动通信设备制造业处于空白状态，几乎所有的移动通信网络设备和终端设备都依赖进口。到了 2G 时代，华为、中兴等企业开始进入了移动通信设备制造领域，它们以坚忍不拔的意念，克服重重困难，努力开拓国内外移动通信市场，迅速成长壮大。到了 5G 时代，它们不仅积极参与 5G 标准的制定，而且在 5G 技术开发和产品制造方面处于领先地位。华为的 5G 专利数量已在全球名列前茅，华为的 5G 产品享誉全球。

《从 1G 到 5G》不仅仅是一本回顾移动通信发展历史的书，作者在研究移动通信发展史的基础上，指出了移动通信生态系统正在发生的变化，并预测了移动通信行业的发展趋势，这些见解值得我们思考。

通信专家，信息消费联盟理事长 项立刚

序言

蜂窝式移动通信问世于 20 世纪 80 年代，不过，那时候没有人能想象得到之后手机与人类的关系将变得如此密切。

今天，人们可以借助手机随时随地与外界保持联系，并利用手机获取各种最新的消息，还可以通过手机进行购物和支付。移动通信技术与互联网技术相结合，创造出各种应用服务，移动互联网的浪潮以排山倒海之势席卷全球。

对我来说，看别人使用手机就是一种享受。无论何时去搭乘地铁，我发现地铁车厢里的几乎每一个人都捧着一部手机，他们或浏览新闻，或发邮件，或观看电视剧、玩游戏。即使在上班高峰时段，车厢内拥挤不堪，但不管是坐着还是站着，人们依然目不转睛地盯着自己的手机。

我们还可以到处看到人们用手机拍照，甚至在宾朋满座的餐厅里，很多人在用餐之前，会先用手机把美味佳肴拍下来，然后上传至社交网络，分享给亲朋好友看。

在肯尼亚的安博塞利大草原上，人们可以看到高高耸立的移动通信基站铁塔与远处的乞力马扎罗山峰遥相呼应。那里的村民此前从未见过固定电话，他们使用的第一个通信设备就是手机，尽管他们居住的地方没有银行，但是他们用手机就可以方便地进行汇款和转账。

这一切都是那么自然，好像本来就应该这样。手机已经改变了地球上 70 多亿人的生活方式。

这种改变渗透到方方面面。从沟通、教学到消费、娱乐，从生产制造到市场营销，再到医疗卫生、交通运输、农业、科研、环境保护等各个领域，移动互联网的影响无处不在。

纵观人类历史，从来没有哪一件工具像手机这样普及，从来没有哪一件工具与人的关系像手机这样密切。移动通信不仅改变了人类做事的方式，也改变了人类自身。

看到这一切变化，作为一个在电信运营商工作了几十年的人，我觉得无比欣慰。

在 1G 进入中国的时候，我在杭州市电信局工作。1G 采用模拟移动通信技术，网络容量不大。尽管当时移动电话终端的价格和通话费都高得惊人，但是仍然深受欢迎，甚至出现了严重供不应求的状况。当时，我们就看到了移动通信巨大的发展潜力。

2G 很快就来了，2G 采用数字移动通信技术，扩大了网络容量，降低了使用价格。2G 使移动通信进入了大众市场。1999—2004 年，我在中国联通工作，经历了 GSM（全球移动通信系统）和 CDMA（码分多址）两种技术的网络建设和运营。2004 年以后，我在中国移动任职。移动通信的发展像大海的巨浪，一浪高过一浪。2005 年，中国移动决定在农村地区全面覆盖移动通信网络，却遭到了多家投资银行的反对。银行分析师认为，移动通信应该以城市为主，没有必要花费那么多资金去投资农村市场。然而后来的事实证明，无论城市还是农村，都需要移动通信。在中国移动完成了在农村的移动通信覆盖后，用户数量快速增长，农村市场成了中国移动业务增长的重要驱动力，移动电话的普及率迅速提高。

3G 丰富了手机功能。智能手机进入市场，移动互联网快速发展。3G 是移动通信行业生态系统的一个转折点，大量应用提供商和服务提供商通过移动通信基础网络向用户提供各种新型服务。除了语音和短信，数据流量开始成为移动运营商的重要收入来源。

4G 曾被称为"长期演进方案"（LTE），但由于数据流量的爆炸性增长，4G 网络迅速拓展，"长期演进"变成了"短期演进"，并出现了多模手机，"拿一个手机走遍世界"成为现实。移动网络数据速率的提升促进了手机视频直播等许多新兴应用的发展。

较之 4G，5G 具有超高的速率、超低的时延、超高的密度等技术特点，并提供了增强型移动宽带（eMBB）、海量机器类通信（mMTC）和高可靠低时延通信（uRLLC）等各种应用场景。至此，移动通信从人与人的沟通延伸到人与物、物与物的沟通，一个万物互联的世界即将出现。

中国的移动通信是在固定通信尚未全面普及的情况下起步的。1987年，中国内地第一个蜂窝式移动通信系统在广州开通，随后只用了 10 多年的时间，中国的移动通信网络规模和用户数量均跃居全球第一，网络的覆盖广度和深度都处于全球领先地位。

同时，中国的移动通信设备制造业也实现了快速发展。1G 阶段，几乎所有的移动通信网络设备和终端设备都需要进口。2G 阶段，中国的通信设备制造企业开始大规模提供移动通信产品。3G 阶段，中国在移动通信技术方面实现了突破，通信设备制造业的技术水平得以提升。4G 阶段，中国主导的 TD-LTE 技术成为国际主流的移动通信技术之一。5G 阶段，中国的电信制造企业和电信运营企业积极参与 5G 标准的制定，在 5G 产品的研发和制造方面已具备强大实力。

中国的手机制造从组装起步，之后逐步扩大到加工配套、提供零部件、建立供应链，直到形成一个健全的手机制造生态系统，如今全世界大部分的手机都由中国制造。一大批中国企业出品的自主品牌的智能手机受到国内外用户的欢迎。

今天，移动网络已经覆盖全球，从珠穆朗玛峰到东非大裂谷，移动通信无处不在。世界移动通信波澜壮阔的发展历程，凝聚了各国电信设备制造商、电信运营商、应用开发商、互联网公司等的共同努力，众多科学家、技术人员、创业者、投资者、企业领导人和企业员工为此做出了贡献。

我写作这本书，是基于以下几个方面的考虑：

首先，我想把移动通信发展过程中的一些重大事件记录下来。在移动通信发展的过程中，发生过许多里程碑式的事件，例如蜂窝式移动通信概念的形成，第一部可携带移动电话的发明，数字移动通信系统的问世，智能手机的诞生，移动通信标准融合等。这些里程碑式的事件是移动通信的成长能量经过长期积蓄以后的迸发，对移动通信的发展具有特别的意义。

其次，我想把移动通信发展过程中发生的一些特别精彩的故事记录下来。移动通信的大发展就是各种各样精彩故事的汇集，这些故事曾经都是媒体报道的热点，故事的情节跌宕起伏，激动人心。

再次，我想把为移动通信的发展做出过特别贡献的人及其事迹记录下来。他们有的是科学家，有的是发明者，有的是创业者，也有的是大型企业的 CEO（首席执行官）。他们的研发成果、他们领导企业完成的大型并购、他们创造的营销方式，都推进了移动通信发展的进程。

最后，我还想把移动通信发展过程中一些企业的兴衰存亡记录下来。我目睹了许多初创企业的快速发展，也看到过一些大型企业从辉煌走向陨落。一些企业曾经独占鳌头，后来却破产或被收购。人们不会忘记它们曾为这个行业做出的贡献，但寻找和分析这些公司衰落的原因，可以让其他企业从中吸取教训。

本书并没有详细阐述移动通信的具体发展过程，只是选取了这个过程中的一些最精彩的画面。

在本书的写作过程中，我与世界各国电信界的朋友们一起回顾了移动通信的发展历史，非常感谢国内外电信界同行们的支持。在本书写作中，我参考了一些文献，并引用了一部分文献中记述的历史事实。在此，我表示由衷的感谢。

从微弱的电火花开始

第一章

无线通信的起源

一项新的技术可以在较短的时期内带来惊人的成果，而且在此后很长一段时间内一直影响人们的生活，但是任何一项好的技术都不会在一瞬间平地而起，每一项技术都需要一个很长的酝酿和发展的过程。移动通信技术也是如此，移动通信在大发展之前，已经有了多年的技术积累。我们先来回顾一下无线通信发展初期的情形。

1831 年，英国人迈克·法拉第发现了电磁感应现象。1864 年，英国人詹姆斯·麦克斯韦在前人研究的电磁现象的基础上，提出了电磁波理论，用数学方法论证了任何电的波动可以在远处产生感应，并推导出电磁波与光具有同样的传播速度。

1887 年，德国人海因里希·赫兹把电磁波理论变为现实。当时赫兹在柏林大学师从赫尔曼·赫尔姆霍尔茨学物理，在赫尔姆霍尔茨的鼓励下，赫兹潜心研究麦克斯韦电磁理论，并决定以实验来证实麦克斯韦理论。赫兹设计了一个火花发生器，由感应线圈的高电压产生电火花，并设计了一个接收器来测试是否有电磁波存在。接收器被放在距火花发生器约 10 米处，当发生器产生电火花时，赫兹发现在接收器端也有小小的电火花产生。他用接收器在距火花发生器不同距离处反复测试加以证实。赫兹将测试到的电磁波的频率与波长相乘，得到电磁波的传输速度，出现结果正如麦克斯韦预测的一样——电磁波传播的速度等于光速。这个实验证明了电磁波不仅存在于理论，而且是确确实实存在的现象。这样，由法拉第开创、由麦克斯韦总结的电磁波理论取得了突破性的进展，为此后无线电的应用奠定了基础。

不过，当时连赫兹本人都没有想到他的实验将会给人类带来巨大的变化。他说："其实，这没什么用。这只是一个实验，证明了麦克斯韦大师的理论是正确的。我们的肉眼无法看到这些神秘的电磁波，但是，它们确实存在。"当人们问他这些发现会有什么应用时，他说："我估计，毫无用处。"

是的，在那个年代，确实没有人会想到这微弱的电火花的传送会带来无线电通信，推动广播、电视、雷达等一系列新技术的发展，更不会有人想到，百年以后，基于无线电技术的手机会成为每个人的必需品。

人们不会忘记赫兹的功绩，为了纪念赫兹，1930 年，国际电工委员会决定将他的名字作为各种波动频率的单位。今天，我们只要提起无线电频率，都会说千赫（kHz）、兆赫（MHz）、吉赫（GHz），这里的"赫"（Hz），就指赫兹（Hertz）。

1837 年，美国人塞缪尔·莫尔斯发明了电报，电报的问世为人类带来了新的通信方式。奥地利作家斯蒂芬·茨威格在其《人类的群星闪耀时》一书中，是这样描绘电报给人们带来的惊喜心情的：

> 我们这些后来人将永远无法体验到当时的一代人对电报的最初效果所产生的惊奇心情。正是这种小小的几乎无法感觉到的电火花——它昨天还只能在莱顿瓶里发出噼噼啪啪的声音，产生手指节骨那样一寸的电火花，如今一下子获得了巨大魔力，能越过陆地、高山和所有的大洲。这使他们惊愕不已，不胜振奋。一个几乎还没有想完的念头，一个刚刚写好、墨迹未干的字，就能在一秒钟之内被几千米远的地方获悉、阅读和了解。在微小的伏打电堆两极之间振荡的看不见的电流能够绕着地球从这一端传到另一端。

初期的电报是有线电报，其通过架设在陆地上的线路传送信号。1850 年，首条海底电缆跨越英吉利海峡，将英国与欧洲大陆连接起来。1866 年，首条横跨大西洋的电报电缆投入使用，将北美洲与欧洲连接起来。

尽管如此，有线电报仍然受到线路的限制，有许多迫切需要使用电报的地方，由于缺乏线路而无法通信。

1894 年 1 月 1 日，海因里希·赫兹因病去世。同年年末，意大利人伽利尔摩·马可尼尝试利用电磁波建立无线电报系统。他使用了火花感应线圈，并在感应线圈的初级电路中安装了一个用来控制放电的发报电键，这样就可以产生一串长短不一的电火花。

马可尼出生于意大利博洛尼亚，他的父亲是一个庄园主，家庭很富裕。马可尼对赫兹证明电磁波存在的实验非常感兴趣，整天琢磨，几乎到了着迷的程度。1894 年，他在家里做了一个电波发生设备，不断试验，不断改进。不久，他的设备发射的无线信号已经可以传到一英里①以外。

马可尼认为此事很有意义，但是苦于在当地找不到支持者。1896 年，22 岁的马可尼和母亲一起来到英国，英国邮政总局给了马可尼很大的帮助。只花了一年的时间，马可尼发明的无线电设备已经可以将无线电波传到 12 英里远的地方，马可尼申请了他的第一个专利。

1899 年，马可尼发明的无线电设备的信号穿越了英吉利海峡。同年，他来到美国，将无线电报设备应用到美洲杯帆船赛上，使远离海岸的帆船都能随时保持联络。

当时许多物理学家都认为，无线电信号只能水平传播，因为地球是圆的，所以传输距离不会太远。但是马可尼坚信，无线电波可以沿着地球的表面传播。为了证明这一点，他尝试将无线电波从英国传送至美国马萨诸塞州的鳕鱼角，但这次远距离无线电波传送试验失败了。

马可尼没有灰心，他决定把距离缩短，再次试验。这次，他把地点选在相距 2 100 英里的英国西南角康沃尔的波尔杜和加拿大东南角的纽芬兰。在无线电信号从波尔杜发送时，马可尼团队把无线发射设备的功率调到最大，同时在接收点纽芬兰的山顶上架起了接收天线，原本他们准备把天线绑在一个气球上，但气球被大风吹走了，于是，他们把天线捆绑在一个用 500 英尺②长的绳子拴着的风筝上。大功率加高天线，马可尼对这次试验充满信心。

---

① 1 英里 = 1 609.344 米。——编者注

② 1 英尺 = 0.304 8 米。——编者注

1901 年 12 月 12 日，马可尼接收到一个微弱的由三个连续的"点"组成的莫尔斯电码信号。莫尔斯电码由"点"和"划"组成，三个连续的"点"在莫尔斯电码中表示字母"S"。这表示马可尼的试验成功了，无线电波从英国的波尔杜跨越大西洋传到了加拿大的纽芬兰，实现了第一次跨越大西洋的无线电通信。

后来的研究证明，正如那些物理学家所说，无线电波确实是直线传播的，但是，当一定频段内的无线电波射向电离层时，其会从电离层反射回地面，反射回地面的无线电波还可以再射向电离层，然后再发射回来，通过多次反射，实现无线电波在地球表面的远距离传播。这是先前那些物理学家未曾想到的。

1909 年，马可尼与发明了阴极射线管的德国物理学家卡尔·布劳恩一起获得诺贝尔物理学奖。

无线电通信的出现是通信史上的一次飞跃。从此，无线电通信不再需要架设线路，不再受通信距离限制，电信通信摆脱了依赖导线连接的方式。

无线电报很快就被广泛地应用于航海、运输、新闻等行业。马可尼公司的无线电报设备成为大型轮船的标配，经过培训的无线电报务员被称为"马可尼人"。轮船公司不仅将无线电报用于传送导航报告，还为乘船的旅客提供与陆上的通信服务。虽然这一服务价格高昂，但其仍然深受欢迎，电报的内容除了向家人报平安以外，还有用户通过电报下达股票买卖交割指令。

1912 年 4 月 14 日，"泰坦尼克号"客运轮船与冰山相撞，船上的报务员沉着地发出求救电报。在所有收到电报的轮船中，离"泰坦尼克"号最近的是"卡帕西亚"号轮船，其于凌晨 3:30 最先赶到出事现场，向已经转移到救生艇上的旅客和船员提供救援，将约 700 名幸存者送到陆地。

在无线电报发展的同时，业余无线电台也开始发展起来，人们使用莫尔斯电码通过业余无线电台互相交流信息。1917 年，业余无线电台爱好者已经超过 6 000 人。1921 年，业余无线电爱好者通过测试证实，小功率的业余无线电台的信号也可以穿越大西洋。可以说，这些业余无线电爱好者最早利用无线电技术实现了人与人的远距离直接对话。

无线电报的出现是现代电信业的重大突破，但是人们并不满足于无线电技术仅用于电报，他们更希望通过这一技术实现话音通信。

没过多久，无线话音通信诞生了。20 世纪 20 年代在美国出现了超外差式无线电接收机，20 世纪 30 年代初，调幅制式的双向无线电话系统投入使用。1931 年，无线电话服务被应用于海上客轮，轮船上的旅客可以在船上打电话，通过无线电波将话音信号传送到陆地，与公众电话网相连。20 世纪 30 年代末，调频制式的无线电话系统诞生，到了 20 世纪 40 年代，调频制式的无线电话成为主流。

在第二次世界大战期间，无线通信技术被应用于军事。摩托罗拉为美国军队制造了手提式步话机，提供了可携带的双向通信功能。

第二次世界大战使很多城市变为废墟，二战结束后，当务之急是尽快恢复被战争摧毁和破坏的各种基础设施，特别是固定通信设施。于是，一度被冷落的民用无线电技术又开始发展了。

AT&T（美国电话电报公司）于 1947 年推出被称为 MTS（移动电话系统）的车载式商用移动通信服务。该移动电话用户端设备重达 36 千克，安装在汽车上，在使用时，驾车人需要先接通总机，再由总机的话务员人工转接到市内电话的被叫方，操作十分不便。并且由于频率资源的限制，系统的容量很小，在纽约曼哈顿，在同一时间可使用这种移动电话的人不超过 10 个。

1969 年以后市面上出现了可以自动接入公众电话网的车载移动电话系统，驾车人按下按钮，然后等待获得无线信道，在听到已获得信道的提示音后才能拨号。由于当时没有频率复用技术，使用者每次打电话需要占用 60 千赫的无线电频率，要知道，当时一个调幅广播电台仅需 10 千赫无线电频率，所以使用者通常要等待很长时间才能获得无线信道，有时甚至要等几个小时。

欧洲的移动通信服务始于 20 世纪 50 年代。瑞典电信先在斯德哥尔摩建立了一个移动电话试验系统，系统的结构很简单，其只用了一根天线，架设在琳蒂格水塔的顶上，就可以提供两个双工的无线信道。试验网取得成功以后，瑞典电信迅速扩大网络，1956 年，斯德哥尔摩和哥德堡分别建立了移动电话系统，命名为 MTA（移动电话系统 A），使用的频段是

160 MHz。这个系统一直运行到 20 世纪 60 年代，一共有 125 个用户，终端设备由 SRA 公司提供。

1965 年，瑞典电信又开通了 MTB（移动电话系统 B），除了斯德哥尔摩和哥德堡，瑞典电信还在马尔默增设了网络。这使移动电话的性能有了改善，但是由于价格太高，网络只有 2 000 多个用户。

1971 年，瑞典电信再次升级移动电话系统，新系统名为 MTD（移动电话系统 D）。MTD 采用 450 MHz 频段，该系统一直运行到 1987 年，用户总数达到 20 000 户，共有 700 个话务员提供人工接续服务。1976 年以后，丹麦和挪威也建立了 MTD。

今天，有人把这些移动电话系统称为第 0 代移动通信系统（0G），这些系统包括美国的 MTS（移动电话系统 S）、北欧的 MTD 等。

这些无线电话系统因为采取大区制、大功率，频率无法实现复用，所以容量比较小，话音质量差。无线电话服务初期需要通过人工方式与公众电话网连接，后来虽然有了自动接续，但使用起来仍然很不方便。

蜂窝式移动通信技术

科学家一直在思考，如何能找到一种新的技术，可以利用有限的频率资源，延伸无线网络的覆盖范围，扩大无线网络的容量，使更多的人能够在移动状态下使用无线电话。20 世纪 40 年代末，有人提出了蜂窝式移动通信的概念。

1947 年 12 月，美国电话电报公司贝尔实验室的工程师道格拉斯·H. 瑞和 W. 瑞伊·杨建议用六边形蜂窝的方式建立车载型移动电话的收发基站。他们提出了蜂窝式移动通信系统的初步概念：采取小区制的方式建立移动电话基站，基站所覆盖到的范围是六边形，呈蜂窝状分布。由交换中心控制话务流量，使用小功率设备，不相邻的基站可以重复使用频率，从而实现频率复用。

工程师认为，过去那种在一个城市的中心架设一个大功率天线的方法无法实现城市的大范围覆盖，而且由于频率资源的短缺，移动通信网络的容量也受限。对此，他们提出的解决方案是，在城市设立大批低功率的天线，每个天线只覆盖较小的范围，这个范围的形状是六边形。多个六边形的小区无缝连接在一起，从而形成蜂窝结构，借助这样的方式可以实现对频率资源的高效率利用。例如，网络的运营商可以把自己拥有的频率分成 5 份，每一个蜂窝小区使用其中的一份频率。虽然相邻的小区必须用不同的频率，但同一份频率可以在不相邻的小区重复使用，而且可以无限复制。当从一个蜂窝小区移动到另一个蜂窝小区的时候，移动电话就会自动转换频率。

不过那时，贝尔实验室还没有获得足够的无线电频率，也缺乏相应的技术条件，因此无法将这些设想变成现实。直到后来，业界才真正发现了其中的价值。

在大自然中有一个奇妙的现象：蜜蜂的窝是由许许多多正六边形紧密排列起来的，这种正六边形的结构最大限度地利用了材料。道格拉斯·H. 瑞和 W. 瑞伊·杨关于蜂窝式移动通信系统的设想解决了一直困扰无线电话系统的概率大、覆盖小、通话质量差等问题，这是移动通信技术的一个重大突破，为之后移动通信的大发展奠定了一个技术基础。事实上，移动通信从 1G 到 5G 一直采用蜂窝式结构，而且，随着移动通信系统容量的增加和移动通信使用的频率从低频段向中、高频段延伸，基站的分布密度越来越高，蜂窝的半径也越来越小。

有意思的是，今天当有人说到"蜂窝"这个词的时候，人们首先想到的不是蜜蜂的窝，而是移动通信系统，至今，许多美国人仍然称移动电话为蜂窝电话。

由于那时的条件尚未成熟，这份关于蜂窝移动通信的技术备忘录也就被束之高阁了。直到 10 多年之后的 60 年代中期，美国联邦通信委员会开始考虑将无线电频率用于移动通信服务，贝尔实验室才开始启动蜂窝式移动电话的试验。1966 年，贝尔实验室的理查德·H. 弗兰基尔在乔尔·S. 恩格尔和菲利普·T. 波特的协同下，展开了对蜂窝移动通信网络的研究。他们试图将道格拉斯·H. 瑞和 W. 瑞伊·杨于 1947 年 12 月提出的技术报告变为可操作的方案，也就是说，把早期蜂窝系统的设想具体化，并制订初步的规划。

他们要解决的第一个问题是：蜂窝的面积应该有多大。蜂窝式移动通信可以实现频率复用，但是建立一个基站的成本也是相当高的，所以必须找到一种办法来确定基站的位置和数量。第二个要解决的问题是，当移动电话从一个蜂窝小区移动到另一个蜂窝小区的时候，如何保证继续通话。为此，他们做了很多种技术方案。

但是直到当年年底，频率资源仍然没有落实，于是他们接手了新的项目。这个项目就是在从华盛顿至纽约的火车上安装付费公用电话。这正是一个实践蜂窝式移动电话的极好机会。弗兰基尔、恩格尔和波特非常高兴地承担了这项任务。城际列车分成不同的路段，在相邻的路段使用不同的频率，随着列车的行驶，从一个路段切换到另一个路段，始终保持通话的连续性。试验使用的是 450 MHz 频谱，将 225 英里的铁路线分成 9 个小区，6 个信道可以反复使用。火车上的乘客用车内的付费无线电话机通话，在快速行进途中，电话机仍能保持良好的通话质量。1969 年，贝尔系统在从华盛顿到纽约的铁路上开展的频率复用商用试验获得了成功，为蜂窝式移动通信的大面积推广积累了经验。

理查德·H. 弗兰基尔等人的努力卓有成效，他们创造的频率复用和通话切换的技术方式给之后移动通信的发展创造了良好的基础。他们发表的"大容量移动电话系统可行性研究和系统计划"成了美国联邦通信委员会的重要参考。弗兰基尔带领的一个工程小组在 1971 年制定了蜂窝网络的技术规范和参数，此规范成为后来制定 AMPS（安培）标准的基础。

蜂窝通信技术对整个移动通信业的发展至关重要，无线电话从大区制转向蜂窝式的小区制是一个很重要的转折。采用蜂窝式的网络结构有几个明显的优势，例如，由于频率资源可以在不同的蜂窝小区复用，其能够大幅提升了移动网络的容量，也为移动电话进入大众市场提供了可能。此外，小区制缩短了移动终端与无线收发台之间的距离，降低了移动终端的功率，使移动电话得以从车载台变为手提式电话。

为表彰理查德·弗兰基尔在蜂窝移动通信系统理论、设计和开发方面做出的基础性贡献，1994 年，理查德·H. 弗兰基尔获得美国国家技术和创新奖章。

颁奖词是这样说的：

> 移动电话这个梦想并非产生于理查德·H.弗兰基尔，但是弗兰基尔和贝尔实验室的杰出工程师团队为了将此梦想变为现实做出了巨大的贡献。理查德·H.弗兰基尔和乔·S.恩格尔研究出一种能使移动电话的信道容量成倍增长的方法。他们的设想是建造可以覆盖整个地区的由许多低功率发射器构成的网络，也就是人们所说的蜂窝，这种网络大幅度扩大了可以传送的通话数量。这个设想成为今日蜂窝式移动电话系统的基础。

贝尔实验室不仅最早提出了蜂窝式移动通信的概念，还开发了许多革命性的技术，例如晶体管、激光、Unix（尤尼克斯，是一种多用户、多任务操作系统）、C 语言（程序设计语言）等，截至 2018 年，贝尔实验室已有 9 人获得诺贝尔奖。这些耀眼的成绩，让贝尔实验室在整个电信业界具有很大的影响力。

1994 年，我有幸参观了位于美国新泽西州茉莉山的贝尔实验室，进入园区后，一股浓郁的学术气息扑面而来。在 1 号大楼 4 层的墙上有一块金属牌，标示着当年发明晶体管的实验室的位置。3 000 平方英尺的展厅里陈列着贝尔实验室的研发成果，最早的晶体管也被装在一个玻璃盒子里。草地上有克劳德·香农的半身铜像，香农是信息论的发明者，他提出的香农定理揭示了信道信息传送速率的上限和信噪比及带宽的关系，这个定理至今仍然有效。

有一件事让我印象很深，我在参观时向解说人员提了一个问题，她当时回答不出来，她说等搞清楚以后再答复我。回国后，我收到了一封来自贝尔实验室的信，这封信详细地回答了我当时提出的问题。这件小事也体现了贝尔实验室工作人员务实的作风。

1995 年，我参加了贝尔实验室在上海举办的技术论坛，听贝尔实验室的总裁史德杨先生的演讲。在演讲结束后，史德杨接受大家的提问，被问到最多的是有关信息高速公路方面的问题。当时美国刚宣布实施国家信息基础设施计划，提出建设信息时代的高速公路。史德杨先生是电信和计算机技术专家，他针对大家关心的问题谈了自己的见解。后来，我又有几次机会与他见面和交谈，这都让我受益匪浅。

从事电信工作的人一说起贝尔实验室，常常会产生敬佩之情，因为贝尔实验室为电信技术的发展做出过许多杰出贡献。不过最近几年，我们越来越少听到贝尔实验室的名字了。由于连续不断的企业分拆和兼并，贝尔实验室的隶属主管也在不断更换，从 AT&T 到朗讯，再到阿尔卡特朗讯，再到诺基亚。今天，贝尔实验室的全称也改为诺基亚贝尔实验室。

这些由资本驱动的并购，往往把关注点集中于短期利益，因此，贝尔实验室的科学和学术性研究逐渐让位于对企业短期和中期发展产品的研究。随着这些错综复杂的企业整合，贝尔实验室的规模也变得越来越小。

贝尔实验室这一次次的改变，映射出最近几十年电信行业风云激荡的局面，也反映出资本的强大力量：资本可以扶持弱小的企业，让小苗快速成长，开出绚丽的花朵；资本也可以摧残那些需要较长时间才能产生实用价值的基础性研究，让百年老树迅速枯萎。

贝尔实验室的光环在渐渐褪去。当年那个活力四射、咄咄逼人的贝尔实验室正日趋衰落。

1G：人类沟通新方式

第二章

移动通信的 1G 开始了

1968 年，贝尔实验室开始研发美国第一个蜂窝式移动网络标准 AMPS（高级移动电话系统）。AMPS 模拟移动通信标准，采用频分多址技术。

在研究移动通信网络系统的同时，科学家对移动电话终端的研发也紧锣密鼓地开展着。由于移动电话的结构比较复杂，体积又大，因此，早期的移动电话都是固定在汽车上的车载台，使用者需要像使用固定电话一样拿起话筒才能通话。

业界都盼望市场上能够出现可以拿在手上的便携式移动电话，于是，制造商开始研发手持式移动电话。

摩托罗拉的马丁·库珀被公认为手持式移动电话的发明者。马丁曾经是 AT&T 贝尔系统的工程师，其在 1954 年加入摩托罗拉。与 AT&T 的贝尔系统相比，当时的摩托罗拉只是一个很小的公司，但是摩托罗拉的工作环境与贝尔系统很不一样，那里比较放松和灵活，人们不需要像在贝尔系统那样一本正经。在摩托罗拉马丁只花了两年多时间，就获得了他的第一项专利——关于信令设备的技术专利，还在伊利诺伊理工学院获得了电气工程硕士学位。马丁的上司约翰·F.米切尔看到了马丁在技术研发方面的潜能，将他分派到移动电话研发部门，并让他担任部门总经理。

摩托罗拉原来是 AT&T 的无线设备供应商之一，后来由于它也向出租汽车公司、警察部门等提供无线电通信业务，就变成了 AT&T 的竞争对手。AT&T 希望将摩托罗拉排挤出无线电通信服务市场，以维持自己的垄断地位。AT&T 声称自己是唯一有技术能力和资金实力来开发移动通信市场的公司，但摩托罗拉也不示弱。马丁认为，AT&T 的无线通信系统虽然强大，但是其仅限于车载移动电话领域，而人们需要的是在行走过程中也能使用的移动电话。如果摩托罗拉能够研发出手持式移动电话，就可以在与 AT&T 的竞争中处于优势地位。

1972 年 11 月，马丁团队开始了研发工作，整个部门中止了其他的研究项目，集中所有力量来研发手持式移动电话。摩托罗拉本身就有一个半导体部门，这成为摩托罗拉研发手机的一个很大的优势。他们只花了 90 天的时间就基本完成了对原型机的研发。不过还有一个问题没有解决，那就是原型机外壳的问题。马丁在摩托罗拉内部搞了一次竞标，他在众多竞争者中选了 5 个人，最后，他从 5 个参加竞争的方案中选了一个看起来并不太吸引人的方案，马丁看重它是因为其看上去比较简单。马丁认为，简单的设备往往更易于使用，也更容易普及推广。这位设计者是一位名叫鲁迪·克洛普的摩托罗拉工程师，他设计的原型机的外形很像一只皮鞋，马丁的同事挪揄这个原型机为"皮鞋手机"。

这个原型机被命名为摩托罗拉 Dyna TAC（dynamic adaptive total area coverage，动态自适区域覆盖），它重 2.5 磅[①]，长 9 英寸[②]，厚 5 英寸，宽 1.75 英寸，在充电 10 小时后可持续通话十几分钟。

在通俗知识网站上有一篇文章，它生动地描绘了马丁·库珀用刚刚研制成功的移动电话原型机给贝尔实验室的乔尔·S. 恩格尔打电话的情景。

> 1973 年 4 月 3 日，44 岁的马丁在纽约希尔顿酒店附近的一条街上，用他刚研制成功的 DYNA TAC 移动电话原型机，拨了他的竞争对手贝尔实验室的电话号码，摩托罗拉事先已经在柏林顿大厦的屋顶上建立了一个无线基站，所以马丁可以将移动电话原型机与公众电话网连接。电话接通了。贝尔实验室接电话的是乔尔·S. 恩格尔，他是贝尔实验室蜂窝电话项目部门的经理，他的职位等同于马丁在摩托罗拉的职位。

---

① 1 磅 =0.454 千克。——编者注

② 1 英寸 =2.54 厘米。——编者注

　　马丁无比兴奋地对乔尔说："你好，乔尔！我是马丁·库珀。我正在用移动电话，真正的移动电话，手持式的移动电话与你通话。"

　　乔尔很有礼貌地与马丁在电话中交谈了一阵。但举着2.5磅重的移动电话原型机的马丁从对方讲话的声调中已经感觉到此时乔尔内心的恼怒。

　　1975年9月16日，摩托罗拉的蜂窝电话获得了专利（U.S. Patent 3,906,166），专利发明人包括马丁·库珀、约翰·F.米切尔等8人。

　　客观地说，摩托罗拉和贝尔实验室都为早期移动电话的发展做出了巨大贡献。虽然它们之间有竞争，但正是这种竞争像催化剂一样加速了移动通信技术的发展，使无线电话从笨重的车载机演进为可以随身携带的手持机。这是移动通信发展过程中的一个很重要的转折点，为之后移动电话在大众市场的普及建立了基础。1876年，亚历山大·格雷厄姆·贝尔发明了电话，从此，人类进入了电话时代。电话时代的经营特征就是由一家电信运营商独家垄断经营，由于缺乏竞争，电信行业发展缓慢。百年以后，到了20世纪70年代，许多国家电话的普及程度仍然很低，特别是发展中国家，一些生活在农村的人连电话都没有见过。而移动通信在其发展的萌芽阶段就出现了竞争，这可谓是一个很好的开端。

　　1973年7月，美国《大众科学》杂志将摩托罗拉研发的手持式移动电话的照片作为杂志封面，还配了一篇文章，披露如果获得FCC的批准，摩托罗拉将于1976年在纽约运营蜂窝网络。可惜的是，摩托罗拉建设蜂窝通信网络的计划没能获得FCC的批准。

　　尽管距1973年马丁研发出第一台移动电话的原型机已经过去40多年，但业内人士对这段历史仍然很感兴趣。2017年3月29日，我在中国移动的同事葛顾先生在亚特兰大见到了白发苍苍的马丁·库帕先生，并提了几个问题。

　　问：您当初为什么会想到要研发手机呢？

　　马丁：我的愿望是要让人们能够不受约束地使用通信设备。在20世纪60年代，在美国基本上每个家庭都有一部固定电话，办公室也有一部固定电话，当时美国电话电报公司确定要研发车载电话，让美国人在汽车上也能打电话。那时我在摩托罗拉公司从事通信设备的研发工作，我认为移动电话仅仅能在汽车上使用是远远不够的，人们打电话不应该受到地点的限制，所以我们应该开发手持式移动电话，让人们能在任何地点、任何时间都可以打电话。于是我就这样去做了，1973 年，我用手持的移动电话打通了第一个电话。那一刻，我知道我关于通信不受约束的梦想实现了。

问：您用手机把第一个电话打给了谁？

马丁：我用第一部移动电话原型机打过不少电话。印象最深的一通电话是打给了 AT&T 车载电话研发负责人乔尔·S. 恩格尔的。我告诉他，我是用一部手持的移动电话机在和他讲话。他表现得非常惊奇，说不敢相信。但在详细地询问设备细节后，他很绅士地向我表示了祝贺。更准确地说，我用的是可随人移动的通信终端。不过，第一部移动电话原型机拿起来非常重，充一次电也只能够通话十几分钟，和今天的手机相比，那个原型机确实太原始啦！

问：您对通信行业的未来怎么看？

马丁：我特别看好物联网的发展，物联网将是巨大的全新市场。我们处在一个万亿美元规模的行业，而更让人惊喜的是，从生命周期来看，这个行业还只是在婴儿阶段，你们正处在一个最好的时机！

1978 年 7 月，采用 AMPS 标准的 1G 网络开始在美国局部地区运营。AT&T 的贝尔系统用新分配到的 800 MHz 频段先选择了两个地区建设蜂窝网络，一个建在贝尔实验室所在的新泽西州纽瓦克，另一个建在芝加哥。10 个蜂窝基站覆盖了芝加哥 21 000 平方英里的区域。不过使用的终端仍然是车载台，先由贝尔实验室的 90 名员工充当客户进行测试，直到 1978 年 12 月 12 日，他们才开始向付费用户开放。第一批共 1 000 台移动终端是由日本 OKI（冲电气工业株式会社）提供的，后来他们又向摩托罗拉和 E.F. 约翰逊公司采购了 2 100 台移动终端。这是第一次大规模蜂窝系统的商用试验。

虽然摩托罗拉在 1973 年就成功研发出手提式移动电话，但是其久久没有制造出商用产品。以至尽管 20 世纪 70 年代末至 80 年代初，有些国家已经开始出现蜂窝式移动电话网络，但是由于没有手机，当时的电信运营商只能提供车载台服务，用户也只能在汽车里面使用移动电话。

直到 1983 年的 9 月 21 日，摩托罗拉的 Dyna TAC 8000X 手提式移动电话获得了美国联邦通信委员会的许可，第一款商用手持式移动电话才算正式问世。从 1973 年研发出 Dyna TAC 的原型机到 1983 年正式推出商用产品，摩托罗拉花了整整 10 年的时间。

1983 年 10 月 12 日，贝尔系统的亚美达科在芝加哥推出 AMPS 移动电话商用网络，自此，AMPS 移动电话系统在美国开始正式提供商用服务。摩托罗拉为这个新开通的网络提供了 Dyna TAC 8000X 手机。

1983 年 10 月 13 日，芝加哥企业家戴维·D. 梅拉在他的 1983 年产的梅赛德斯-奔驰 380SL 汽车内，用 Dyna TAC 8000X 移动电话给运营商亚美达科的总裁鲍勃·巴尼特拨通了第一个商用移动电话。然后鲍勃又在他的克莱斯勒敞篷车里用 Dyna TAC 移动电话与正在德国的亚历山大·格雷厄姆·贝尔的孙子通话。

1876 年，亚历山大·格雷厄姆·贝尔发明了电话，在大约 100 年以后，移动电话问世了。

初期的 Dyna TAC 8000X 移动电话价格高昂，1984 年其在刚投入市场的时候，零售价高达 3 995 美元。

随着 AMPS 网络的不断扩展和延伸，Dyna TAC 移动电话的使用量也迅速增加，仅三年的时间，AMPS 网络和 Dyna TAC 移动电话就进入了美国 90 个城市。

欧洲的 1G

20 世纪 80 年代初，蜂窝式移动通信在欧洲也出现了。

欧洲的移动通信系统首先出现在北欧。像美国一样，北欧各国也有被称为 0G 的大区制车载移动电话系统，如瑞典的 MTA、MTB，挪威的 OLT（光线路终端），芬兰的 ARP（地址解析协议）等，这些系统都是通过人工接续连接到公众电话网。但是，这种移动通信成本高，覆盖面小，频率资源的利用率低，于是，电信运营商都希望能够建设蜂窝式移动通信网络。

1964年，瑞典电信建立了一个研究小组，研究移动电话的发展规划。研究小组的负责人是卡尔-科斯泰·阿瑟德尔，他后来成了瑞典电信移动电话业务的负责人。1967年，该研究组发布报告，提议建立一个覆盖瑞典全国的蜂窝式移动通信网络，此外，大家还要建立一个全国无线寻呼网络和新的无线集群通信网络。

无线寻呼网和集群通信网很快就建成了，紧接着瑞典电信的实验室正式启动了蜂窝式移动电话系统的研发工作。

1969年，阿瑟德尔又向北欧电信管理部门提交报告，建议北欧各国合作建设移动电话网络。这个建议很快就被接受了，在北欧电信管理部门的组织下，北欧的多家电信运营商联合制定了统一的能自动接入公众电话网的蜂窝式移动电话系统标准。各国的邮电部门派出代表建立了一个工作组，即NMT（北欧移动电话工作组）。

1970年，NMT发布了第一份报告，建议开发一个泛北欧的移动电话系统。报告提出，完成这样一个项目需要大约10年的时间，因为这个新的移动电话系统必须依赖新的技术，特别是新的微电子技术。报告又建议，为了满足市场需求，工作组可以先在北欧地区建立一个采用统一标准的人工移动电话系统，作为一种过渡。MTD就是在这样的情况下产生的，其从1971年推出，一直被使用到1987年。

NMT还在报告中提出一个意见：为了打破对终端设备的垄断，安装在汽车上的移动电话终端应该由用户拥有，并且从公开的市场购买。这样做有利于降低价格，从而增加需求。

后来，这个意见变成了现实。在过去，安装在办公室或者住宅里的固定电话机的产权都是属于电信运营商的，制造厂商生产的电话机也都是卖给电信运营商的。在这种情况下，电话机品种单一、式样陈旧，用户虽有诸多抱怨，但毫无办法。而蜂窝式移动电话从发展初期就由用户直接购买，这激发了制造厂商之间的竞争，增加了产品的品种，降低了产品的价格。受此影响，后来固定电话的产权也归用户所有了。

NMT为适应快速进展，1977年就在斯德哥尔摩建立了一个试验系统，并很快就向制造商发出了标书，邀请它们提供基站和交换机。当时，爱立信的 AXE 数字交换机已经研发成功，但还不够成熟。爱立信的工程师希望在蜂窝移动电话系统中使用 AKE 模拟交换机，他们认为这样比较稳妥。但是，NMT 坚持使用数字交换机，因为数字交换机更有利于移动电话完成切换、漫游以及其他功能。

瑞典电信的计划是在 1981 年 10 月 1 日开通全球第一个商用 NMT 移动电话系统。在爱立信和 SRA 等制造商的共同努力下，瑞典电信按计划在这一天开通了频率为 450 MHz 的 NMT 移动电话系统。

事实上，瑞典电信并不是世界上第一个开通 NMT 移动电话的运营商。沙特阿拉伯在 1981 年 9 月 1 日开通了第一个 NMT 系统，比瑞典电信早开通了一个月。

1978 年，爱立信和飞利浦的合资企业在沙特阿拉伯完成了一个浩大的电信项目。1979 年，沙特阿拉伯的电信部门计划实施电信网络的扩容，这次不仅要扩展电话交换和传输系统，还要建立一个移动电话系统。计划中的移动电话系统还是那种大区制的无线电话，当时它们原本决定采用飞利浦德国子公司提供的移动电话系统。不巧的是，飞利浦的移动电话系统采用的是 160 MHz 频段，而这个频段在沙特阿拉伯已经被使用了。于是，它们决定改为由爱立信提供设备。爱立信提出不再建设大区制的移动电话系统，直接使用 450 MHz 的频段建设 NMT 蜂窝式移动通信系统。当时沙特阿拉伯的 450 MHz 频段正好还没有被使用，因此这个方案获得批准。

爱立信和 SRA 公司紧密合作，它们很快就完成了沙特阿拉伯的 NMT 网络的建设，沙特阿拉伯的电信部门非常高兴。后来，爱立信收购了 SRA 公司。

沙特阿拉伯率先开通了 NMT 网络，这使北欧稍有点儿失望，不过这也促使 NMT 的标准和规范变得更加开放，令其也可以在北欧以外的地区推广使用。

更有趣的是，瑞典电信在国内也遇到了竞争对手——扬·斯坦贝克创立的康姆维克公司。康姆维克收购了一批无线集群通信企业，从而获得了频率的使用权，它将这些频率用于建设 NMT 网络。康姆维克的 NMT 网络于 1981 年 9 月开通，投入商用的时间比瑞典电信早了一周。

1981—1982 年，挪威、丹麦、芬兰等国也陆续开通了 450MHz 的 NMT 商用系统。由于使用了统一的网络，北欧各国之间开放了移动电话的国际漫游，这一服务深受用户欢迎。后来，在斯堪的纳维亚地区以外的荷兰、瑞士、马来西亚、泰国等国家也都开通了 NMT 网络。

与 AMPS 系统一样，起初的 NMT 移动电话都是车载台，设备安装在卡车或小汽车上，电话拨号盘也固定在车上。

1982 年，诺基亚旗下的摩比拉推出背包式的移动电话机塞内托尔。塞内托尔重 10 千克，体积也很大，整个机器放在背包里，用户在使用时需要拉出一个带拨号键盘的话筒。虽然这台背包式的移动电话携带和使用都不够方便，电池续航时间也很短，但其比原来固定安装在汽车上的车载台有了很大的改进。

1985 年，摩比拉推出砖头式移动电话机城市人 450，这款移动电话机的体积比背包式移动电话机塞内托尔小多了。

NMT 的用户数量快速增长，到了 1985 年，北欧地区的 NMT 移动电话用户总数已达 110 000 户，其中芬兰就有 63 300 户，这一数量在全球处于领先地位。

1986 年，NMT 网络引入了 900 MHz 频率，该系统称为 NMT900。

1987 年，摩比拉品牌的移动电话又有了新型号，即城市人 900，此型号手机的设计师是马蒂·马科宁与约尔马·比德科宁。这款手机重 760 克，长 18.3 厘米，宽 4.3 厘米，厚 7.9 厘米，连续通话时长达到 50 分钟，至今这款手机还陈列在赫尔辛基的诺基亚博物馆里。

NMT 移动通信系统继续从北欧地区向外延伸，使用 NMT 移动通信系统的国家包括瑞士、荷兰、匈牙利、波兰、保加利亚、罗马尼亚、捷克、斯洛伐克、斯洛文尼亚、塞尔维亚、克罗地亚、波斯尼亚、俄罗斯、乌克兰、马来西亚、泰国等。

NMT 是 1G 当中很成功的一个系统，这个系统强调各国的运营商要使用统一的移动通信标准，强调国际漫游，其为之后移动通信的升级换代提供了很好的经验。

人们经常会问，为什么早期北欧地区的移动通信能在全球处于领先地位？这当然离不开北欧地区的两家电信设备制造商——爱立信和诺基亚的贡献。

瑞典的爱立信公司诞生于 1876 年，当时美国的亚历山大·格雷厄姆·贝尔刚刚获得电话专利，爱立信的创始人拉尔斯·芒努斯·爱立信敏锐地察觉到电话将使电信业进入一个新的发展阶段，于是尽全力研发电话机。拉尔斯·芒努斯买来了电话机，琢磨电话的结构，还给别人修理电话机。1878 年 11 月，爱立信推出了自己制造的电话机。爱立信设计的电话机经济耐用，很快就获得了大量订单。这也促使爱立信公司快速成长，并成为国际电信制造业的巨头。

20 世纪 70 年代，爱立信公司研发了数字电话交换机 AXE，为业界做出了贡献。20 世纪 70 年代末，在蜂窝式移动通信开始之初，爱立信公司又敏锐地察觉到移动通信的巨大前景并大力投入其中，就像它的创始人当年察觉到固定电话的前景时所做的一样。20 世纪 80 年代初，爱立信公司成为 NMT 技术的主推手。

芬兰诺基亚公司的历史可以追溯到 1865 年，那一年采矿工程师弗雷德里克·伊德斯坦在芬兰坦佩雷镇的一条河边建立了一家木浆工厂，并以当地的树木作为原材料生产木浆和纸板。在弗雷德里克·伊德斯坦退休以后，莱奥·米其林负责管理企业。1902 年，莱奥·米其林在企业增设了一个电缆部门，从此诺基亚进入了电力和电信制造业。之后，诺基亚公司的电信制造业所占比重不断增加。1982 年，诺基亚旗下摩比拉制造出北欧第一台背包式移动电话塞内托尔，后来其不断改进技术，使 NMT 移动电话从车载台逐步发展成了便携式手机。

提起北欧，人们首先想到的是漫长而寒冷的冬季、茂密的森林、稀少的人口还有美丽的北极光。如果深入北欧国家，你就会发现这种特殊的自然条件使北欧形成了别具一格的风格。因为本国市场规模较小，北欧人特别注重吸收外部的最新科学技术，并努力把自己的产品销售到世界各地。早在 1894 年，爱立信就把自己制造的 2 000 部电话机远渡重洋销售到中国。

NMT 在移动通信发展史上发挥了很大的作用，至今业内人士仍然对 NMT 在移动电话发展初期那些有趣的故事津津乐道。毕竟，NMT 是移动通信的第一个国际标准，并率先实现了国际漫游。

发生在欧洲其他国家的 1G 故事，与北欧的情况就大不一样了。差不多在同一时期，西欧的一些国家分别推出了自己的移动通信系统。

在众多由西欧国家推出的移动通信标准中，英国的 TACS（全入网通信系统技术）是其中最有影响力的一个。从技术角度看，TACS 与 AMPS 很相似，两者只是在频段、频道间隔、频偏、信令等方面有些不同。

在英国，率先建设 TACS 移动通信网络的是两家运营商，一家是沃达丰（那时还叫雷卡尔-沃达丰），另一家是赛尔奈特。沃达丰与爱立信签订了一份价值 3 000 万英镑的合同，合同要求由爱立信完成共 100 个基站包括设计和施工的交钥匙工程。赛尔奈特与美国通用电气（GE）合作，在位于美国弗吉尼亚州林奇堡市的通用电气工厂研发 TACS 设备。赛尔奈特之所以选择与通用电气合作，是因为通用电气的林奇堡工厂在研发 AMPS 移动通信设备方面已经积累了丰富的经验，并形成了一套制造 AMPS 设备的生产线，赛尔奈特可以利用这套生产线来制造 TACS 设备。后来通用电气的林奇堡工厂成了摩托罗拉的一部分，摩托罗拉又以同样的模式在英国贝德福德郡的斯托特福尔德建了一条生产线。

两家运营商都把1985年1月1日作为TACS移动通信系统开通的日期。

沃达丰把用移动电话机打第一个电话的机会给了自己公司的员工迈克尔·哈里森，此人就是沃达丰前董事长欧尼斯特·哈里森的儿子。在 1985年新年的前一天晚上，迈克尔悄悄地离开了新年聚会，来到伦敦的议会广场。半夜 12 点，迈克尔举起了沃达丰笨重的手持式移动电话机 VT1 给他的父亲打了电话，这是英国历史上第一个用手持式移动电话机打的电话。

迈克尔说："爸爸您好！我是迈克尔。这是英国商用移动电话网络上的第一次通话。"迈克尔又说，"这并不是'一小步'，这简直比'华生，请过来，我需要你'还要精彩。"

迈克尔在这个电话里引用了两句很重要的话。

迈克尔首先说，这并不是"一小步"，这是引用了 1969 年 7 月 20 日，美国宇航员尼尔·阿姆斯特朗首次登上月球时所说的"这是个人的一小步，却是人类的一大步"。

接着他又引用了当年贝尔发明电话时所说的"华生先生，请过来，我需要你"这句话。

电信行业的人都知道这个故事。1875 年 6 月 2 日，贝尔和华生分别在两个房间做电报机的试验。华生房间里的电报机上有一个弹簧被粘到磁铁上了，华生在拉回这个弹簧时，引起了震动。贝尔惊奇地发现自己房间里电报机上的弹簧也颤动起来，还发出了声音。这证明电流可以把震动从一个房间传到另一个房间。按照这个原理，贝尔制作了电话机。在一次试验中，一滴硫酸溅到了贝尔的腿上，疼得他直叫喊："华生，请过来，我需要你。"这句话通过电话传到了华生那边，这就是历史上的第一次电话通话。

老哈里森激动地与儿子通话，他说电话那头传来的"声音完美得像水晶般晶莹剔透"，尽管背景声里夹杂着许多新年夜狂欢者们的叫喊声。

几天后，沃达丰在伦敦的圣凯瑟琳码头举行了一次发布会，这次沃达丰请来了喜剧演员厄尼·怀斯用移动电话机拨通电话。这个电话打到了位于伯克郡纽布里的沃达丰总部，一大批沃达丰的员工聚集在那里欢呼雀跃。

在移动电话正式开通之前，沃达丰的销售团队已经收到 2 000 多个移动电话的订单。此后，1985 年整年，沃达丰共销售了 12 000 部移动电话。

迈克尔·哈里森的第一次通话很有仪式感，给人留下了深刻的印象。对于普通人来说，移动电话只是一种新技术，但是，对于从事这个行业的人来说，这是电信业的一次飞跃。移动通信一旦起步，就会像飞奔的骏马一样向前奔腾。尽管在移动通信发展初期，很难预测到此后究竟会发展到何种程度，但是，业内人士的心中对移动通信的未来充满着憧憬和希望。

除了英国之外，爱尔兰、奥地利等也使用了 TACS 标准。中国也将 TACS 作为模拟移动通信的技术标准。日本的 DDI（第二电电）采用的也是 TACS 技术，但将其冠名为 JTAC（日本全向通信系统）。

除了 TACS 以外，欧洲还有许多不同的模拟移动通信标准。联邦德国和葡萄牙用的是 C-450，法国用的是 Radiocom 2000，西班牙用的是 TMA，意大利用的是 RTMI，可以说是百花齐放。但是由于通信标准不同，用户无法实现国际漫游。

自 1983 年摩托罗拉推出 Dyna TAC 8000X 以后，移动电话从车载式变成了手持式，这是一个值得纪念的转折点，它标志着移动电话的应用从"汽车行驶途中的通信"向"随时随地的通信"延伸。

在摩托罗拉发布手提式移动电话以后，其他公司也推出了类似的移动电话。例如，1985 年诺基亚的摩比拉推出的手提式移动电话机城市人450。与摩托罗拉的 Dyna TAC 8000X 一样，城市人 450 虽然可以手持，但仍然显得笨重，后来人们称这类手机为砖头手机。

此后，英国泰克诺峰公司提出："把移动电话放到口袋里去。"在当时，这样的话堪称豪言壮语。

泰克诺峰公司成立于 1984 年，创始人尼尔斯·马坦森是瑞典人，原来是爱立信的无线电工程师。尼尔斯有个梦想，就是要把笨拙的砖头式移动电话改造成可以放到衣服口袋里的小型移动电话。他把当时的一些计算机技术应用到移动电话的制造上，并取得了很好的效果。1986 年，泰克诺峰公司向市场推出了 PC105T 移动电话。这部标价 1 795 英镑的移动电话确实小到可以放到衣服口袋里。泰克诺峰的广告宣称，它们制造的移动电话"可以放到玛莎品牌的衬衣口袋里"，虽然这部移动电话的上半部分和天线还是露在口袋的外面。PC105T 长 7 英寸、宽 3 英寸、厚 1 英寸，是当时体积最小的移动电话。

移动电话的开发过程充满挑战，尼尔斯也绞尽脑汁。为了降低移动电话的耗电，尼尔斯制定了一个激励办法，移动电话每下降 1 毫安耗电就给工程师一定的奖金。

第一批 PC105T 移动电话提供给爱克赛通信公司销售。爱克赛将此移动电话命名为爱克赛 M1。后来，其又推出 M2，并开展了大规模销售。

从车载到手持，再到放进衣服口袋，移动电话不断地朝小型化方向改进。支撑这种小型化的基础是集成电路技术的快速发展，按照摩尔定律，集成电路上可容纳的元器件的数目每隔 18~24 个月便会增加一倍，元器件性能也会提升一倍。

当然，那时的技术还不够成熟，爱克赛 M1 手机的电池续航时间很短，人们开玩笑说，用这款手机的人从外面回到办公室或家里，第一件事就是插上电源给手机充电。

泰克诺峰是欧洲第二大移动电话制造商，仅次于诺基亚。1991 年，诺基亚收购了泰克诺峰，从此，诺基亚成为仅次于摩托罗拉的全球第二大移动电话制造商。这次收购使诺基亚的国际化经营产生了一次飞跃，诺基亚的产品不仅进入欧洲各国，也进入了美国，为了适应这种变化，诺基亚把公司的工作语言从芬兰语改为英语。

1992 年，诺基亚在原先摩比拉城市人手机的基础上，又推出一款新颖手机。这款手机体积更小，可以放到信封里，重量只有 275 克，并且电池性能更佳，待机时间更长。机体颜色除了黑色以外，还有绿色。这款手机提供 NMT、AMPS、TACS 三种不同的技术制式，其在市场上相当畅销。

此前，诺基亚将摩比拉作为自己的手机品牌，但这款新手机的型号被命名为诺基亚 101，诺基亚第一次被用作手机的商标。这标志着诺基亚从一个生产纸浆和轮胎的品牌变成了高科技产品的品牌。从此诺基亚公司迈开大步，向成为影响全球的移动通信设备制造商的方向前进。

1G 在亚洲

1979 年 12 月，NTT（日本电报电话公司）在东京开通了车载移动电话系统，采用 800 MHz 频率，共有 88 个基站，NEC（日本电气股份有限公司）和松下提供了设备支持。车载电话重 7 千克，价格高昂，用户数量很少。

1985 年，NTT 开始提供便携式移动电话，这样一来人们离开汽车也能使用移动电话了。此时的便携式移动电话重 3 千克，电池的待机时间为 8 小时。这种移动电话的收发部分像个背包，用户在使用时要把这个背包背在肩上，拉出话筒说话，所以人们称这种移动电话是肩膀电话。当时移动网络的覆盖范围很小，用户只能在主要街道旁使用，移动网络的价格也十分高昂。

1987 年，肩膀电话的阶段结束了，NTT 正式推出了手提式移动电话，日本人把这种新的移动电话称为携带电话。

从肩膀电话到携带电话，这可是一次很大的飞跃。

1988 年，日本的另一家电信公司 MCG（移动通信集团）也推出了移动通信服务，MCG 后来被并入 KDDI（一家日本大型电信公司）。

日本 NTT 的奥村善久很早就开始了对移动电话的研究。为此，他深入城市、农村和山区开展实验。1968 年，他发表论文，公布了他对无线电波在各种地形环境下的变化状况的研究结果。他特别研究了 150~1 920 MHz 无线电波的性能，这些频率后来被广泛应用于移动通信。吉久奥村提出的一条曲线，被称为奥村曲线，很有实用价值。

日本的通信业发展起步较早，到 20 世纪 70 年代末，该行业已经拥有一批通信设备制造企业，如 NEC、富士通、冲电气、松下等。

20 世纪 80 年代，中国电信企业与 NEC、富士通等企业在固定通信特别是数字电话交换机方面有较多的合作。我工作过的杭州市电信局在 20 世纪 80 年代安装的第一台数字交换机就是富士通公司提供的 FETEX-150 交换机。当时杭州电信局还派出技术人员去富士通接受培训，以掌握数字交换机的运行和维护等技能。NEC 推出的 NEAX61 数字交换机也被一些中国电信企业采用。

在亚洲，韩国的移动电话起步也比较早。1984 年，韩国电信下属的子公司韩国移动电信推出了车载式移动电话服务。1987 年，韩国车载式移动电话用户突破 10 000 户。1988 年，韩国移动电信（也就是后来的 SK Telecom）推出便携式移动电话服务。

1986 年 3 月，派拉峰公司在以色列开通了移动电话网络，该网络采用 AMPS 技术，由摩托罗拉提供设备。派拉峰公司是摩托罗拉和塔迪兰公司的合资企业。当时派拉峰公司做了一个很生动的电视广告，由以色列的明星演员哈南·戈德布拉特出演一边开车一边用移动电话通过经纪人买卖股票的场景。

1987 年 11 月 18 日是中国移动通信发展历史上一个值得纪念的日子。这天，中国内地第一个蜂窝式移动电话系统在广州开通。网络采用 TACS 系统，由爱立信提供网络设备，摩托罗拉提供移动电话机（就是那种砖头式的摩托罗拉 Dyna TAC 8000X 移动电话机）。

这是一次成功的国际技术合作，1987 年 6 月，爱立信移动系统负责人乌尔夫·约翰松与广东省邮电管理局局长李轶圣签订了广东省移动通信系统合同，当年 11 月就在广州开通了第一个移动电话系统。

1987 年 11 月 20 日，全国运动会在广州天河体育中心举行开幕式，坐在主席台上的当时的广东省省长叶选平高兴地用移动电话机拨通了第一个电话。有人把当时覆盖在天河体育中心的无线电波称为"神州第一波"。

当时广州电信局发布的公告是这样说的：

> 这次从瑞典引进的蜂窝式移动电话设备，兼备有线电话和无线电话功能，并具有程控电话的一切功能。持机者在约 350 平方公里有效范围内，可以随时随地打电话，并接收他人来电。它将给人们的通信带来更大的方便。人们在汽车上、火车上、轮船上、行走中都可及时传递和交换信息。目前，广州用户持有的移动电话机还只能在市区使用，待 1988 年第二期工程完工，实现广州、深圳、珠海联网后，用户就可以通过移动电话在整个珠江三角洲地区等地有效覆盖区内，同全球 40 多个国家、100 多个城市直拨通话。

一个简单的公告让人们听到了很多新术语，如蜂窝式、移动电话、无线电话、行走中传递信息等，人们对此都很好奇。

当时的移动电话局号为 90，号码长度是 6 位，首批用户共 700 个。11 月 21 日，中国的第一位移动电话用户产生，他叫徐峰。据徐峰回忆，当时广州市电信局还没有确定移动电话的销售价格，让他先支付 20 000 元押金，再把移动电话拿走。即便如此，首批移动电话很快也就销售一空。

"神州第一波"在整个行业引起了轰动。我当时在浙江省邮电局工作，1988 年 1 月，我随浙江省邮电局的一个考察团来到广东，考察的重要内容就是广州市电信局的移动电话系统。

刚到广州就有人告诉我，现在广州最时髦的就是那些手上捧着一个砖头大的移动电话，一边走路一边打电话的人。我们迫不及待地去参观了电信局的移动电话机房。那时移动电话的交换中心与固定交换机很类似，由于当时浙江已经使用了爱立信的 AXE10 交换机，所以在看到移动电话交换机时，我们并不感到生疏。但是，在参观移动电话基站时，我看到的是一个完全陌生的事物。在那里，我第一次见到了移动通信系统和移动电话机。

之后，"神州第一波"迅速蔓延，20世纪80年代末至90年代初，中国很多城市都已建设了移动通信网络。中国的模拟移动通信网络统一采用TACS制式，使用摩托罗拉和爱立信两家的设备。用摩托罗拉设备组建的网络被称为A网，用爱立信设备建设的网络被称为B网，但移动电话机基本都是摩托罗拉的产品。

模拟移动通信在中国起步时的状况与美国和欧洲不同。欧美国家在建立模拟移动通信网络之前已经普及了固定电话，基本上实现了每个家庭都有电话。那时去美国考察时，有两件事使我们很羡慕：一是美国家家都有电话，而那时在中国，电话主要用于办公，普通家庭是没有电话的；二是美国城市街头到处都能看到公用电话，投入硬币就能使用，也可以请被呼叫方付费。当时，中国的电话普及率很低。1978年，全国电话交换机总容量只有566万门，电话用户总数只有193万户。20世纪80年代以后，中国经济快速发展，用户对电话的需求也随之增长，电话开始进入普通居民的家庭，电话设施却严重短缺。为了满足日益增长的需求，电信企业集中力量建设固定电话网络。在固定电话开始普及到户的时候，移动电话也进入了中国市场。

那时候，我担任杭州市电信局局长，亲历了固定电话大发展和移动电话初露萌芽的时刻。面对巨大的固定电话市场的需求，电信企业把主要资源都投入建设固定电话网络，包括安装数字电话交换机，铺设光纤网络，而移动电话仅作为对固定电话的补充。

移动电话在刚进入中国市场时，价格高昂，用户需要支付很高的移动电话机费、入网费和通话费。移动网络推出初期，基站数量很少，用户经常会碰到覆盖盲区，而且在话务繁忙时用户经常无法接通电话。即便这样，移动电话还是供不应求。用户在营业厅排着长队缴纳办理移动电话的各种费用，但是缴完钱还不一定能马上拿到移动电话，因为网络需要扩容，移动电话机也要等待到货。那时移动电话的用户主要是一些企业家和商业人士。移动电话的使用，加快了商业活动的节奏，这与高速发展的经济相吻合。人们感受到了移动电话即将爆发出来的巨大市场潜力。

中国移动通信还有一点与欧美不同，欧美的移动电话是从车载移动电话起步的，而在中国，移动电话一开始就是以手持机的方式出现的。那时，摩托罗拉的移动电话 Dyna TAC 8000X 已经升级为 8800X 和 8900X，尽管电话还是砖头式的，但体积小了一些。1989 年，摩托罗拉推出了 Micro TAC 9800X，这是第一款翻盖式移动电话，体积小巧，可以放入衣服口袋。不过有意思的是，在有了翻盖式手机以后，那种砖头式的移动电话还是很受欢迎。有的人仍然喜欢使用砖头式的移动电话，在去餐厅吃饭时，用户就把砖头大的移动电话竖立在餐桌上。

移动电话在一段时间内被叫作"大哥大"，此叫法来自中国香港。在一些电影中，资格较老的人常被称为大哥，龙头老大则被称为"大哥大"，那时影片中这些龙头老大总是拿着一部移动电话，所以，人们干脆称移动电话为"大哥大"。

TACS 制式移动电话机的种类很少，一开始几乎是清一色的摩托罗拉产品。1992 年爱立信也推出了 ETACS 制式的移动电话机，如 Hotline EH97，这部移动电话机的重量是一千克。后来，日本的 NEC 也提供了模拟移动电话 NEC P388A。

移动电话问世初期还有一件很有意思的事——移动电话号码拍卖。移动电话的持有者对移动电话的号码很在意，希望自己的电话号码有一个吉利的谐音，大家对数字"8"特别感兴趣，因为 8 的谐音是"发"。1994 年 4 月 20 日，在深圳的移动电话号码拍卖会上，9088888 这个移动电话号码以 65.5 万元的价格成交。

20 世纪 80 年代末至 90 年代初，还有一些亚洲国家也推出了移动电话服务：1988 年，新加坡开通了 AMPS 移动通信网络；1990 年，巴基斯坦也开通了 AMPS 移动通信网络。

竞争推动了移动通信发展

电信业从问世以来，在很长一段时间内都被认为存在自然垄断性。

所谓自然垄断，是指鉴于存在稀缺性和规模经济效益，某一行业由一家公司垄断经营，以提高资源的利用率，经济学家把这种由于市场的自然条件而产生的垄断，称为自然垄断。传统的经济学理论认为，如果在这些部门开展竞争，就可能导致自然资源的浪费或者市场秩序的混乱。

萨缪尔森是这样定义自然垄断的：

> 自然垄断是指行业中只有一家企业能够有效地进行生产。由于规模经济的作用，自然垄断的需求曲线始终显示规模报酬递增的特性，进而平均成本和边际成本就会永远是下降的趋势。

自诞生以来，电信业基本上就是以自然垄断的形态存在。一个国家的电信服务往往由一家电信运营商主导，也就是我们所说的独家经营。独家经营的优势是明显的，因为电信经营的基础是网络，一个电信运营商无论用户数量多寡，都必须建立一个覆盖健全的网络。企业的经营成本分为固定成本和变动成本两大部分，固定成本是指成本总额在一定范围内不会因业务量增减而发生变化的成本。电信经营成本中，固定成本占比较高。因此，电信企业的用户规模越大，单位成本就越低，电信企业的规模经济效应也越明显。按照经济学中的边际成本分析，电信企业增加用户对总成本的影响不明显，这与原材料在成本中占比较大的加工制造业有很大的不同。电信企业是重资产企业，影响企业成本的主要因素是网络建设投资和网络运行维护开支，独家经营可以最大限度地利用资源，避免重复建设，充分发挥资源的作用。

但是，电信业垄断经营的弊病也很明显。由于缺乏竞争，电信企业的效率低，通信质量低下，价格高昂，服务差。垄断还阻碍了新技术的发展和应用。以电话机为例，在电信行业独家经营时，用户的电话机产权属于电信公司。20 世纪 80 年代以前，电话用户一直使用那种笨重粗糙的拨号盘式电话机，电信企业不允许用户自己购买新电话机。在这种情况下，没有制造商会去开发新型电话机，因为即使开发了新型电话机也不会被允许入网使用。当时电信业的垄断经营严重影响了电信业的发展，以致电话服务无法在全球各地的城乡普及。电话问世 100 年以后，在发展中国家的农村地区，很多人还没有看见过电话机，更不用说打电话了。

20 世纪 80 年代，这种垄断的局面被打破了。

长期以来，AT&T 的贝尔系统几乎垄断了美国的长途和本地电话业务，AT&T 控股的西电公司提供了整个贝尔系统的电话设备。1974 年，美国司法部起诉 AT&T 滥用垄断地位打压竞争对手。经过数年的交锋，AT&T 于 1984 年 1 月 1 日被分拆。分拆以后，AT&T 继续经营长途电信业务，原贝尔系统下的 7 个地方电信公司分别独立运营。这 7 个地方电信公司是太平洋电信、亚美达科、西南贝尔、大西洋贝尔、西部贝尔、南方贝尔和纽约电话。

打破电信业的垄断是消费者和制造厂商多年来一直期待的事情，但当电信业的重组真的发生之时，人们反而有些不知所措。AT&T 分拆的第一天，《纽约时报》发表了一篇题为《贝尔系统的分拆带来了一个充满期待和充满忧虑的时代》的文章。一些具有前瞻思维的企业家却看准了这个进入电信市场的大好机会。

20 世纪 80 年代的电信界，一方面，出现了以打破垄断为目标的行业重组，另一方面，移动通信作为新型电信业务进入了市场。尽管当时美国出现的企业重组主要是针对长途电话和本地电话业务，但是这种重组给新兴的移动通信运营商带来了前所未有的机会。

AT&T 分拆以后，原来贝尔系统的移动通信资产都划给了各地区贝尔公司，AT&T 本身只剩下长途和国际电信业务。于是热火朝天的移动通信服务的竞争便在分拆后的小贝尔公司与新兴电信公司之间展开。在这场竞争中，克雷格·麦考和他的麦考蜂窝通信公司脱颖而出。

麦考公司原来只是一家区域性有线电视公司，其在不断收购兼并的过程中逐步壮大。1981 年，克雷格·麦考无意中读到了一份 AT&T 关于未来移动电话发展的文献，该作者预测，到 21 世纪初，全美国将会有 90 万个移动电话用户。克雷格认为这对麦考公司而言是一个很好的发展机会，他开始思考该如何抓住这个千载难逢的机会。

1981 年 4 月，美国联邦通信委员会开始发放蜂窝式移动电话营业牌照。当时 AT&T 还没有拆分，但联邦通信委员会提出蜂窝式移动通信牌照的发放旨在鼓励电信业之间的竞争。联邦通信委员会计划将专供蜂窝式移动通信网络的 40MHz 频率中的一半提供给 AT&T，但是禁止 AT&T 用传统电信业务的利润补贴蜂窝式移动通信业务，另一半频率则提供给其他申请者。

克雷格非常看好移动通信，他认为：第一，蜂窝式移动电话的价格会大幅下降，这样可以吸引大量用户；第二，用户只要使用了移动电话就会长期使用下去；第三，即便在普及率不高的情况下，经营移动电话也能赢利。他预测，移动电话频率的价值会快速提升，所以他决定不惜代价去申请移动通信的频率和经营牌照。

1982年6月7日，联邦通信委员会接受第一批30个市场移动通信经营牌照的申请，当天就收到了191个申请报告。麦考通信按自身的实力，提出了在6个城市经营移动电话的申请。出乎意料的是，像波音、惠普、IBM这样的大型科技公司没有参与申请，实力雄厚的汽车制造企业也无视移动电话这个商机，没有一家来申请牌照，这样就提升了麦考通信中标的概率。

联邦通信委员会通过听证会的方式来进行审核。麦考通信赢得了丹佛、堪萨斯、波特兰、旧金山、圣荷塞、西雅图共6个城市的移动通信经营牌照。

在1984年1月1日贝尔系统解体后，由各地区贝尔公司建设本地区的蜂窝网络，美国电信行业的供应体系因此发生了很大的变化。在波特兰和西雅图地区，麦考公司面对的竞争对手是小贝尔公司之一西部贝尔旗下的纽维特。令人惊奇的是，西部贝尔在脱离了AT&T的贝尔系统以后，采购业务已经完全独立，纽维特公司为了表现这种独立性，突然取消了原来应由AT&T提供的移动通信交换机设备的协议。正在AT&T无可奈何之时，麦考公司趁机而入。麦考公司与AT&T谈判，表示其愿意使用AT&T制造的移动电话交换机，但是它要求AT&T向麦考公司提供融资。面对在移动通信设备市场上与摩托罗拉、爱立信和北方电信等制造商的激烈竞争，AT&T最终答应了麦考公司的要求。

1984年7月20日，麦考移动电话系统在西雅图提供服务。从此，麦考公司走上了快车道。

克雷格一面加快6个城市的移动网络建设，一面继续申请新的牌照。在联邦通信委员会开始第二轮和第三轮的移动通信牌照发放工作时，更多的人看到了移动通信的发展潜力，纷纷加入牌照申请者的行列。1982年

11 月，第二轮竞标开放 30 个市场经营牌照，结果收到了 353 个申请报告。1983 年 3 月，第三轮竞标共收到 567 个申请报告，仅佛罗里达州棕榈滩就有 23 个竞标者，得克萨斯州奥斯汀的牌照竞标者更是多达 34 个。这么多的申请报告让联邦通信委员会不堪重负，委员会决定，不再采用听证会的方式审核申请报告，而是改用抽签的方式来决定哪家企业可以获得牌照。每个合格的竞标者都可以参与抽签，也就是说，如果一个城市有 10 个竞标者，每个竞标者获得牌照的概率是 1/10。

麦考公司在第一轮是拼实力拿到了 6 个城市的牌照，第二轮则只能靠运气了。于是，克雷格也改变了策略。他发现有的公司在拿到了移动牌照后发生了经营困难，有的已经在一些城市建好了网络，但使用者寥寥无几。麦考公司在继续努力获得新的牌照的同时，开始了向已获得牌照的公司购买牌照的行动，逐步将麦考蜂窝移动网络从美国的西部地区向更广的地区延伸。

1985 年，MCI（世通公司）决定出售其无线寻呼和移动电话的业务，麦考公司和纽约电话公司都有意接手，但 MCI 拒绝了纽约电话公司，因为它是原贝尔系统旗下的小贝尔公司，MCI 不想让这家公司进入移动通信领域。除了纽约电话公司以外，另外还有一家公司的出价与麦考公司一样，都是 1.2 亿美元，但是，MCI 发现这家公司的资金来自南方贝尔，而南方贝尔也是原贝尔系统旗下的小贝尔公司，于是断然撤销了与这家公司的协议。1986 年，麦考公司完成了对 MCI 的无线寻呼和移动电话业务的收购，后又将寻呼业务以 7 500 万美元出售，实际上麦考公司收购移动业务只花了 4 600 万美元。在收购了 MCI 的移动业务以后，麦考公司从一个区域性的移动电话公司变成了全国性的移动电话公司。

麦考公司收购牌照的工作还在继续。移动通信牌照的高价值已到了路人皆知的地步，当联邦通信委员会第四轮发放移动牌照时，共收到 5 200 个申请报告。1986 年，当第五轮发放牌照时，联邦通信委员会收到 8 109 个申请报告。许多拿到牌照的人根本没有考虑建设移动通信网络，他们只希望尽快转手出去赚取利润。这正中克雷格的下怀，他找了一批年轻人，雇他们花费数月收购美国各地的移动通信牌照。

1987 年，麦考公司上市，共筹集到 23 亿美元，还发了 4 亿美元的债券。在公司上市 8 个月后发布的年报上，麦考写了这样一段话：

> 有了移动电话以后，一个电话号码对我们来说，越来越代表一个人，
> 而不是一个地方。只需要一个电话号码，任何人几乎可以在任何地方找到
> 我们。

上市以后，克雷格成了明星企业家，他放手让经理们管理企业，自己则重拾爱好——驾驶游艇和飞机。在全世界，会开飞机的企业家并不多，克雷格不仅能驾驶飞机，而且精通飞行技巧。

1989 年，麦考公司收购了林恩公司，以后，麦考公司的网络覆盖至纽约和洛杉矶等大城市。由此麦考公司的蜂窝 1 号成了真正意义上的全国性移动通信网络。

1992 年，麦考蜂窝的年收入已达 17.5 亿美元，用户规模达到 200 万户，这个数字已经远超 10 年前 AT&T 规划中提到的 21 世纪初全美国要达到的移动电话用户数。

麦考蜂窝通信公司的结局极具戏剧性。尽管麦考公司是在与原 AT&T 旗下的各地区小贝尔公司的激烈竞争中成长壮大的，但是，最终麦考蜂窝通信公司被 AT&T 收购，成了 AT&T 的一部分。

1992 年，AT&T 花了 38 亿美元收购了麦考蜂窝 1/3 的股份。此后 AT&T 继续增持麦考公司的股份。1993 年 8 月 14 日，克雷格·麦考与 AT&T 的 CEO 鲍勃·艾伦在纽约华尔道夫酒店签署协议，AT&T 用价值 126 亿美元的股票，换取麦考公司其余的股权。几个月以后，交易完成，由于 AT&T 股价的变化，实际的交易价格是 115 亿美元。1994 年 9 月 19 日，麦考蜂窝通信公司正式并入 AT&T，改名为 AT&T 无线部门，这是当时美国最大的移动通信运营商。这次并购后，克雷格·麦考成了 AT&T 的第一大股东。AT&T 请克雷格加入董事会，但克雷格并不愿接受，理由是他对开会不感兴趣。没过多长时间，克雷格又开始了他在电信业的新的创业计划。

克雷格·麦可是移动通信运营业中的一个传奇人物。在将麦考公司出售给 AT&T 以后，1995 年克雷格成为奈克斯特公司的主要投资者，这家

公司使用了当时人们都不熟悉的由摩托罗拉公司开发和独家生产的名为 iDEN（集成数字增强型网络）的数字集群移动电话。出乎业界的意料，奈克斯特取得了异常的成功，在一段时间里，奈克斯特的"一键通"成了美国电信市场上的一种时尚。奈克斯特曾一度拥有 2 000 万用户，每月每用户收入比移动行业平均水平高 15%，用户的离网率也是众多运营商中最低的。2005 年，斯普林特以 350 亿美元收购了奈克斯特。此后，克雷格再次创业，又建立了科维公司，使用 WiMAX（全球微波接入互操作性）技术，提供宽带无线接入。

我与克雷格·麦可先生有较多的交往，我们与他的奈克斯特公司和科维公司都有过交流和合作。2000 年，我在中国联通工作，当年 6 月，中国联通要在美国和纽约上市。考虑到麦考先生在电信业界一直有很高的声誉，而且在联通公司成立初期，他曾与中国联通上海公司有过业务合作，他看好联通的发展前景，因此我们邀请他担任中国联通上市公司的董事。一开始他没有同意，说已经答应他的太太不再增加新的工作职务了。我又找到了李敦白先生，请他帮助说服克雷格。克雷格居住在西雅图附近的柯兰克镇，李敦白的家也在西雅图附近，他与克雷格关系很密切，经过李敦白的再三劝说，克雷格终于同意担任中国联通的董事。

克雷格确实不喜欢开会，怪不得他对担任 AT&T 董事不感兴趣。而且，克雷格也不喜欢穿着西装系着领带正襟危坐地与人说话。中国联通管理团队在公司上市前，曾去美国和欧洲路演，其间我们准备在西雅图与刚刚担任中国联通董事的麦考先生见面。在见面之前，李敦白先生再三提醒我们，千万不要穿西装系领带，麦考先生喜欢穿休闲服装。于是，我们都换上了休闲装。我们在走进位于西雅图郊区的鹰河投资公司的会议室后，却看见麦考先生一身西装，还系着漂亮的领带，大家都忍不住笑了起来。麦考先生说："我是为了你们穿正装，你们是为了我穿便装。"

不喜欢穿正装的克雷格在平时也很幽默。有一年，他到北京，那时他的夫人刚被任命为美国驻奥地利大使。我们在白塔寺附近的一个餐厅宴请麦考先生，古老的建筑里传出的背景音乐是约翰·施特劳斯的《蓝色的多瑙河》。克雷格高兴地说："你们播放如此美妙的音乐，是不是为了祝贺我的夫人去音乐之都维也纳任职？"

除了麦考蜂窝公司以外，各个小贝尔公司也都看到了移动通信的市场潜力，热衷于发展移动通信。随着贝尔系统的分拆，各地的小贝尔公司也都在它们的业务覆盖区域里获得了相应的 AMPS 移动电话网络资源，不过它们无论是网络规模还是经营范围都比不过麦考蜂窝公司。后来，在各家公司经历了一系列并购后，移动通信市场形成了新格局。

1994 年，太平洋电信将其覆盖在加利福尼亚和内华达的无线业务分拆出来，命名为埃塔奇公司。同年，埃塔奇又与西部贝尔旗下的移动通信公司西部新导航合并。此后，移动通信领域发生了一系列类似的并购。1999 年 6 月，沃达丰并购了埃塔奇，并购后公司命名为沃达丰埃塔奇。同年，沃达丰埃塔奇又将其在美国的 AMPS 移动网络资产与大西洋贝尔的 AMPS 移动网络资产进行了合并，成立了合资公司威瑞森无线。2000 年，大西洋贝尔兼并了另一家电信公司 GTE，成立了威瑞森通信，这样 GTE 无线资产也并入了威瑞森无线。在威瑞森无线公司中，威瑞森通信占股 55%，沃达丰占股 45%。

同样，此前收购了麦考蜂窝的 AT&T 也开展了一系列并购和重组。2001 年，AT&T 无线从 AT&T 分拆出来，成为一家独立运营的公司。2004 年，辛格乐用 41 亿美元收购了 AT&T 无线公司。辛格乐是由西南贝尔公司和南方贝尔公司合资成立的公司，其中西南贝尔占股 60%，南方贝尔占股 40%。收购完成以后，AT&T 无线改名为辛格勒无线。2005 年 11 月，SBC 收购了 AT&T，并使用 AT&T 作为新公司的名字。2006 年 3 月，新 AT&T 收购了南方贝尔的所有电信资产和其在辛格勒无线的股份。2007 年，辛格勒无线改名为 AT&T 移动。通过一系列的收购和兼并，美国的移动通信业实现了再次重组。

电信行业打破垄断，建立了竞争机制，不仅降低了电信服务价格，提升了质量，改善了服务，而且一些新兴的电信运营商也因此得以迅速成长。

与美国相似，在大多数国家中，移动通信都是在取消垄断、鼓励竞争的市场环境中登场的。可以说，移动电话业务从问世之时开始，就一直面临着激烈的竞争。

1981 年，为了改变英国电信独家经营英国国内电信业的状况，大东电报局、巴克莱银行和英国石油合资成立了水星通信公司（Mercury Communications）。后来，大东电报局购买了其他两家公司在水星通信的股份。1982 年，水星公司获得国内电信经营牌照，这标志着英国电信的行业垄断被打破。同年 7 月，英国政府公布了英国电信的私有化计划。1984 年 12 月，英国政府向公众出售英国电信 50.2% 的股份。

在这种气氛下，英国的移动通信一开始就以竞争状态出现。第一批移动运营商就有两家，一家是赛尔奈特，这是一家合资公司，英国电信占股 60%，塞库雷卡占股 40%，后来英国电信购买了塞库雷卡在赛尔奈特的全部股份。另一家移动运营商就是后来大名鼎鼎的沃达丰。沃达丰的前身是成立于 1982 年 7 月的瑞卡尔-米雷康姆公司，瑞卡尔占股 60%，米雷康姆占股 40%。同年 12 月，该公司取得了英国的第二张移动通信牌照，股份构成也有所改变，瑞卡尔占股 80%，米雷康姆占股 15%，汗布罗技术占股 5%。在 1985 年 1 月 1 日开通移动通信网络时，公司的名字是瑞卡尔-沃达丰。

此后英国又发放了新的移动通信牌照，原有的两家移动通信运营商也经历了一系列收购和兼并。

2001 年，英国电信分拆赛尔奈特，改名为 mmO$_2$。2002 年又更名为 O$_2$。2005 年，西班牙电信收购了 O$_2$。

沃达丰则不断向外扩展，其移动通信业务遍及欧洲、北美、非洲、亚洲等多个地区。

在日本，1985 年 NTT 变成私营企业以后，电信业打开了竞争的局面，出现了经营国际电信业务的新运营商 ITJ 和 IDC，还出现了经营国内长途业务的新运营商 DDI、JT 和 TWJ 等。早期经营移动电话业务的，除了 NTT，1988 年，还有一家运营商 MCG 也开始经营移动电话业务。2000 年 10 月，DDI、KDD 与 IDO 合并成立 KDDI，MCG 后来也并入 KDDI。

一位移动通信事业的先驱

在我整理早期蜂窝移动通信历史的时候，发现有一个人的名字不断出现。与这个名字相关的企业有 TELE2（一家欧洲电信运营商）、米雷康姆、瑞卡尔-沃达丰，还有橙公司，甚至连早期的手机制造商泰克诺峰都与他有关。我简直不敢相信，一个人会涉及那么多家移动通信企业。这个人就是瑞典企业家扬·斯坦贝克先生。

斯坦贝克 1942 年出生于瑞典斯德哥尔摩。他在瑞典乌普萨拉大学法学系毕业后，于 1970 年在美国哈佛大学取得 MBA（工商管理硕士）学位，其在摩根士丹利短暂工作以后，开始了他与移动通信密切相关的职业生涯。

他在美国北卡罗来纳州的罗利建立了专营移动通信的米雷康姆公司。在联邦通信委员会第一轮颁发移动通信牌照时，米雷康姆获得了三个城市经营移动通信的牌照。

1977 年，扬·斯坦贝克的父亲雨果·斯坦贝克去世以后，他回到了瑞典，并成为家族企业基纳维克投资公司的掌门人。之后，扬·斯坦贝克把基纳维克的投资重点从纸浆、造纸和钢铁等传统工业转向媒体和电信等新兴产业。

1981 年，基纳维克建立了一个专营移动通信的康姆维克公司，开始建设 NMT 网络，与瑞典电信开展激烈地竞争。康姆维克为了吸引用户，甚至采取了夜晚和周末免费的促销手段。康姆维克于 1988 年取得 GSM 牌照，1992 年推出 GSM 服务，康姆维克将公司名由 Comvic 改为 Comviq。1997 年，康姆维克的 GSM 业务并入 TELE2 公司。

扬·斯坦贝克一直热衷于开拓国际移动通信市场。1982 年 6 月，米雷康姆与瑞卡尔成立名为瑞卡尔-米雷康姆的合资公司去竞标英国的第二张移动通信牌照，并于当年 12 月获得了这张牌照。当时的英国工业大臣对此评价很高，他说，瑞卡尔-米雷康姆的标书中提出了早期移动通信全国性覆盖的最佳方案。斯坦贝克委托当时刚成立的泰克诺峰公司研发世界上最小的移动电话，他在计划中提出新的移动电话要具备话音（vo-ice）

和数据（da-ta）功能。同时，他把合资企业瑞卡尔-米雷康姆改名为瑞卡尔-沃达丰，后来又改名为沃达丰（Vodafone），这里的沃（vo）和达（da）就表示话音和数据。在 20 世纪 80 年代他就提出移动电话要兼具话音和数据功能，这是一个很有远见的计划。有人说，沃达丰这个名字与后来的智能手机（smartphone）具有异曲同工之妙。

1989 年 12 月，米雷康姆与美国太平洋电信及英国航天一起成立了一家名为麦克洛电信的合资企业。麦克洛电信获得了英国的个人通信牌照，并于 1994 年 4 月开通网络，与沃达丰竞争。麦克洛电信后来被和记电信收购，改名为橙。之后，橙公司被曼内斯曼收购，曼内斯曼又被沃达丰收购，沃达丰再将橙公司卖给法国电信，法国电信则将自己的品牌整体改为橙。这段历史一直被业内人士津津乐道。

1990 年，米雷康姆与康姆维克的国际业务合并，成立了米雷康姆国际蜂窝移动公司，总部设在卢森堡。

我与米雷康姆本并无交集，但是 2005 年中国移动公布国际化拓展的战略以后，不断有投行人士向我们推荐米雷康姆公司，理由是中国移动国际化拓展的目标是新兴市场，而米雷康姆的业务也在新兴市场。当时米雷康姆的服务范围包括亚洲的柬埔寨、老挝、巴基斯坦、斯里兰卡，非洲的坦桑尼亚、塞内加尔、塞拉利昂、毛里求斯、乍得、加纳、刚果，拉丁美洲的萨尔瓦多、危地马拉、洪都拉斯、玻利维亚、哥伦比亚、巴拉圭。我曾访问过米雷康姆在非洲的子公司，参观了它们的营业厅，快速增长的非洲市场给我留下了非常深刻的印象。

2006 年，米雷康姆的主要股东基纳维克集团表示，其将通过招标的方式出售其在纳斯达克上市的米雷康姆公司的股份。中国移动参加了这次竞标，并聘请投资银行美林作为财务顾问，米雷康姆也聘请摩根士丹利为卖方财务顾问。中国移动与投行、会计师事务所、律师事务所等中介机构一起开展了全面的尽职调查。然而由于各种原因，并购没有完成，双方友好地中止了谈判。米雷康姆宣布维持现状，不再出售基纳维克在米雷康姆的股份。

不过，中国移动与米雷康姆的缘分并没有因此中断。2006 年年末，米雷康姆提出要出售其在巴基斯坦的子公司巴科泰尔。此前对米雷康姆的尽职调查已经使我们对巴科泰尔有了比较详细的了解，中国移动决定参加这次竞标。当时约有 10 家企业参加，经过几轮角逐，中国移动赢得了这次竞标。2007 年 1 月 22 日，米雷康姆公司宣布，将旗下的巴基斯坦运营商巴科泰尔公司出售给中国移动集团。在收购完成后，巴科泰尔公司改名为中国移动巴基斯坦公司。

扬·斯坦贝克先生不愧为移动通信的先驱，他为早期移动通信的发展做出了很大的贡献。

摩托罗拉的辉煌时刻

摩托罗拉在第一代移动通信期间表现非凡，有媒体称其为"模拟移动通信时代的王者"。20 世纪 80 年代至 90 年代初是摩托罗拉发展的黄金期，那时，摩托罗拉的移动通信产品营业收入在全行业名列第一，摩托罗拉模拟移动电话产品的市场占有率遥遥领先。到处都可以看到摩托罗拉的广告，以及人们使用摩托罗拉产品的场景，以至那段时间在一些人的印象里，摩托罗拉就是移动电话，移动电话就是摩托罗拉。

1928 年，保罗·高尔文和约瑟夫·高尔文兄弟在芝加哥 847 号大楼租用半个楼面和一部分地下室，成立了高尔文制造公司。他们通过拍卖，花了 750 美元从破产的斯图尔特电池公司购买了收音机电源的制造设备，并从制造供收音机用的电源设备起步，开始制造收音机。1930 年以后，汽车收音机成了公司的主要产品。早期的汽车收音机都是用普通收音机改装的，这一产品的缺点在于不仅安装费时，而且要改变汽车原有的结构，只有专门的技术人员才能完成安装。保罗.高尔文改变了这种状况，他们开发出的收音机，可以方便地安装在当时流行的任何品牌的汽车上，被称为"市场上第一批商用汽车收音机"。凭借这些收音机，在新泽西州大西洋城的一次汽车展览上，他们拿到了大批订单。之后，保罗·高尔文把新的汽车收音机命名为摩托罗拉，后来，他们干脆把公司名也改为摩托罗拉。

摩托罗拉的规模不断扩大，从 1958 年开始，摩托罗拉开始为美国航空航天局提供空间项目的无线电设备。1969 年 7 月 21 日，美国宇航员尼尔·阿姆斯特朗在登上月球说"个人的一小步，人类的一大步"这句话的时候，用的就是摩托罗拉的无线通信设备。

1973 年，摩托罗拉开发出全球第一台手持式蜂窝移动电话，这堪称移动电话发展史上的重要里程碑。1983 年 9 月 21 日，摩托罗拉团队制造出第一批商用移动电话 DynaTAC 8000X 并投放市场，从此，摩托罗拉开始成为移动通信制造行业的主角。

摩托罗拉既能提供移动电话机，又能提供移动电话的网络系统，包括 AMPS、TACS 等不同技术制式，其模拟移动通信产品遍及北美、亚洲、欧洲的很多国家。

1956 年，保罗·高尔文的儿子罗伯特·高尔文担任摩托罗拉的总裁，并于两年后成为摩托罗拉的 CEO。作为一个家族企业，摩托罗拉的掌门人传到了第二代。罗伯特·高尔文担任 CEO 的这些年是摩托罗拉的辉煌时期。其间，摩托罗拉不仅推出了全世界第一台手持式移动电话，还推行了六西格玛管理方法。六西格玛是一种改善企业质量流程管理的方法，旨在以"零缺陷"的完美商业追求，大幅降低质量成本，最终提升企业的财务成效与企业竞争力。

到了 20 世纪 90 年代，通用电气又进一步提升了六西格玛的应用，将六西格玛从一种全面质量管理方法演变成一项高度有效的企业流程设计、改善和优化技术，并提供了一系列适用于设计、生产和服务的新产品开发工具，继而将之与自己的全球化、服务化等战略相结合，使之成为企业追求管理卓越之路上最为重要的战略举措。此后，六西格玛逐步发展成以顾客为主体来确定产品开发设计的标尺，追求持续进步的一种管理哲学。通用电气的原 CEO 杰克·韦尔奇说："总体来说，六西格玛正在从根本上改变公司的文化，还有我们开发人力资源的方式，尤其是我们极具潜力的人才。"

由于成功推行了六西格玛管理方法，1988 年，摩托罗拉获得了马尔科姆·波多里奇国家质量奖。

在罗伯特·高尔文担任摩托罗拉 CEO 期间，摩托罗拉的财务业绩快速上升。摩托罗拉的营业收入在 1958—1987 年，从 2.16 亿美元上升到 67

亿美元，每股现金流从 89 美分上升到 6.1 美元。

摩托罗拉家族的第三代——罗伯特·高尔文的儿子克里斯托弗·高尔文在 1967—1973 年读大学期间就利用暑假去摩托罗拉实习。1973 年以后，克里斯托弗全职在摩托罗拉工作。1986 年，罗伯特·高尔文不再担任摩托罗拉的 CEO，但仍然担任董事长，直至 1990 年。不过，在罗伯特·高尔文离任后，克里斯托弗并没有马上接任摩托罗拉的 CEO。

1976 年，曾在贝尔实验室工作的乔治·费希尔加入摩托罗拉，并于 1988 年担任摩托罗拉的 CEO，1990 年又兼任摩托罗拉的董事长。

1993 年，乔治离任，摩托罗拉的原总裁兼 COO（首席运营官）加里·L. 图克转任 CEO，同时，克里斯托弗·高尔文出任摩托罗拉的 COO。

1997 年，克里斯托弗成为摩托罗拉的 CEO，1999 年又兼任董事长，至此，摩托罗拉家族的第三代登上舞台。

20 世纪 80 年代至 90 年代初，具体来说，就是在 2G 之前，摩托罗拉的发展可以说是顺风顺水。

摩托罗拉在模拟移动通信时代傲立群雄，得益于其多年的努力，是多方面的因素造就了摩托罗拉的辉煌业绩。

一是摩托罗拉在第二次世界大战期间集中力量研发军用无线通信设备，为之后研发移动通信设备积累了经验。1942 年，摩托罗拉研制成功的对讲机 SCR-300 在业界产生了很大的影响。在当时只能采用真空电子管的条件下，这款内含 18 只电子管的背包式对讲机的重量被控制在 17 千克以内。在无线技术上，对讲机的频率范围是 40~48 兆赫，一改其此前的调幅方式，采用调频方式，使对讲机的覆盖距离达到 5 公里。在二战期间，摩托罗拉共提供了 50 000 台 SCR-300 对讲机，这批对讲机在著名的诺曼底登陆战役中发挥了很大的作用。当时，SCR-300 被称为 walkie talkie（步谈机），后来人们把所有的对讲机都称为 walkie talkie。在二战结束后，这些无线电技术被应用到民用产品的制造上，从生产汽车收音机和电视机产品，到研发移动电话，摩托罗拉在无线通信产品方面的地位不断提升。

二是摩托罗拉在移动电话研发初期就将手持式移动电话作为研发目标。初期的无线电话主要是供轮船和火车上的旅客使用的公用电话，后来其研发范围又延伸到汽车电话。摩托罗拉最早提出要研发可随身携带的手持式移动电话，让人们能够在任何地方使用移动电话，这一想法可以说掌握了移动手机开发的先机。

三是摩托罗拉在研发微处理器方面处于领先地位。1974 年，摩托罗拉推出了第一个 8 位微处理器 MC6800。1980 年，摩托罗拉又推出 32 位微处理器 MC68000，苹果、惠普等公司都采用了这种微处理器。摩托罗拉在微处理器方面的优势也有利于摩托罗拉研发移动通信产品。

我第一次去摩托罗拉总部是在 20 世纪 90 年代初，当时我还在杭州市电信局工作。记得我们刚进总部的办公大楼，第一件事就是参观摩托罗拉展览馆。展览馆里摆放着与摩托罗拉的发展历史相关的各种图片和实物，还特别展示了摩托罗拉 1973 年开发的全球第一台手持式蜂窝移动电话，这是令摩托罗拉最感荣耀的事情。我们还参观了一个特别的陈列室，里面展示了许多新型移动电话的模型。当时，在市场上销售的移动电话机只有 Dyna TAC 8800X、Dyna TAC 8900X 和 Micro TAC 9800X 三种款式，但在陈列室里，我们看到几十款新型移动电话机的设计模型，真有一种大开眼界的感觉，至今记忆深刻。

在加里·图克先生担任摩托罗拉的 CEO 期间，我曾与他见过面，那次他与我们兴致勃勃地谈论有关铱星的事。可惜后来摩托罗拉的铱星计划以铱星公司的破产而告终。

人们经常将克里斯托弗·高尔文称为小高尔文。我与小高尔文也见过面，听他介绍 CDMA 的优势。小高尔文很为他的家族感到骄傲，在卸任摩托罗拉的职务很多年以后，他在清华大学经管学院发表演讲，谈高尔文家族的价值观，他总结高尔文家族的价值观将之总结为 5 个方面：保持正直，尝试创新，聘用智者，平衡文化，鼓励卓越。

模拟移动通信拉开了移动大发展的序幕

蜂窝式移动通信网络的出现，是继 1876 年贝尔发明电话后电信行业出现的最重要的事件。20 世纪 80 年代，世界经济出现了第二次世界大战以后持续时间最长的增长。发达国家摆脱了 20 世纪 70 年代初以来的经济停滞和通货膨胀并存的"滞胀困境"，汽车等消费类产品的产量扩大，消费者期待新技术产品的出现。1978 年，中国开始了改革开放，整个 20 世纪 80 年代中国经济蓬勃发展，快速增长。经济增长带来了市场对电信基础设施的巨大需求，许多商务人士希望能够采用比固定电话更有效、更便捷的通信方式。在这种背景下，模拟移动通信应运而生，移动通信网络出现在世界各地，并且发展快速。

用今天的眼光去看，那时模拟移动通信的网络规模很小，用户规模也很小，除了打电话就没有别的功能了。但是，这仅仅是个开端。在蜂窝电话问世之后没几年，移动电话设备从笨重的车载台发展为背包式，直到可以放进衣服口袋，在这个过程中，人们已经感受到移动电话的魅力和巨大的发展前景。

历史上，电信业的每一个重大发明都会给人类社会带来变化。移动电话的问世同样给人类的生活带来了新的变化。电报只能传送文字却不能传递话音，有线电话可以使不同地点的人实现对话，但是受到电话线的限制，用户只能在有电话线连接的地方才可以打电话，这是空间的限制。而这种空间的限制又会变成对时间的限制，也就是说，人只有处在有电话线的地方时，才能打电话。移动电话给人的第一个感觉是打电话可以不受固定时空的限制了，它适应了人类活动具有移动性的特点。这使得移动电话的使用具有不可逆性。即使在移动电话问世初期，使用成本还很高时，人们一旦使用了移动电话就不愿再放弃了。

各种技术条件促成了模拟移动通信系统的实现。事实上，1947 年 12 月，当贝尔实验室的工程师道格拉斯·H. 瑞和 W. 瑞伊·杨提出用六边形蜂窝的方式建立车载型移动电话收发基站时，同样是贝尔实验室的约翰·巴丁和沃特·布拉顿就已成功试制出全世界第一个晶体管。几个月之后，贝尔实验室的克劳德·香农对信息论的研究取得了成果，发表了著名的论文《通信的数学理论》。这些科学技术研究成果相映生辉，造就了移动通信系统。

电话交换系统是构成模拟移动通信网络的重要部分，在无线蜂窝通信技术逐步成熟的同时，电话交换技术也在不断发展。从 1876 年贝尔发明电话以后，电话交换经历了三个阶段。第一个阶段是人工交换阶段，即通过话务员人工接续电话。第二个阶段是机电交换阶段，实现了电话的自动接续。先是有了步进制交换机，即当用户拨号时，交换机内相应的选择器随着拨号时发出的脉冲电流一步一步地改变接续位置，将主叫和被叫用户间的电话线路自动接通。后来又有了纵横制交换机，即用继电器控制的推压式接点代替步进制交换机中的旋转滑动接点，接续动作轻微，接触可靠，接点磨损小，因而通话质量好，便于维护。第三阶段就是电子交换阶段。电子交换机的出现，实现了交换技术的一次跨越。1965 年，美国贝尔电话系统开发出第一台电子交换机，业内称其为 1 号电子交换机，电子交换机的控制部分和话路接续部分都实现了电子化。20 世纪 70 年代以后，市场上出现了一批数字电话交换机，例如，1976 年爱立信推出 AXE 数字交换机，1982 年贝尔系统推出 5ESS 数字交换机。这些数字交换机的诞生为蜂窝式移动通信系统的建立创造了条件。

半导体技术突飞猛进的发展也为移动通信的发展提供了条件。20 世纪 80 年代半导体工业迅速发展，新开发的集成电路产品和存储器首先用于个人计算机，后来开始转向移动电话。移动通信产品的迅猛发展又进一步带动了半导体工业的发展，此后，半导体技术与移动通信技术一直保持同步发展。

美国工程院于 1988 年设立德雷珀奖，每两年评选一次，用于奖励那些为改善人民生活质量做出重大贡献的工程技术人士。2013 年，该奖项颁发给为移动通信网络和智能电话打下基础的先驱。获奖人共有 5 位：托马斯·豪格、马丁·库珀、奥村善久、理查德·H.弗兰基尔和乔尔·S.恩格尔。

移动电话问世后，好评如潮，人们憧憬着移动电话的发展前景。不过，当时在预测移动电话的未来发展时，无论是市场调查机构、咨询公司还是投资银行的分析师，大家都认为尽管移动电话在技术上有很大突破，使电信行业迈上了新的台阶，但是由于建设成本高，使用价格也高，只有经商人士为了工作需要才会使用昂贵的移动电话，因此，移动电话不可能进入大众市场。

即便在电信业界，尽管模拟移动电话的诞生使人们兴奋无比，让人们看到了移动通信发展的美好前景，但是，市场也只是把移动电话定位为对固定电话的补充，认为移动电话的目标是满足用户在没有固定电话的地方的通信需求。在市场营销方面，移动电话主要针对商务客户。当时，中国的各个城市不断掀起住宅电话的"装机热"，电信运营商把主要资源都集中用在扩大固定电话上。

在当时人们很难想象，移动电话会衍生出那么多功能，也很难想象有一天手机会成为每一个人的生活必需品，更不会想到手机会改变人们的生活方式。

18世纪60年代开始的第一次工业革命是以蒸汽机为代表的。工业革命使机器代替了手工劳动，生产力得到了突飞猛进的发展。蒸汽机诞生之后，便有了轮船、火车，以及各种各样的机器，这些发明极大地发展了交通运输，推动了贸易。

模拟移动电话系统就像是第一次工业革命时期的蒸汽机，为之后的数字移动通信系统和移动互联网的发展奠定了基础。可以说，模拟移动通信引领电信业进入了一个新的发展阶段。

2G：全球大普及

第三章

GSM 是怎样诞生的

模拟移动电话在欧洲的发展方兴未艾，但是，除了北欧采用了统一的 NMT 标准以外，其他欧洲国家都采用了各自不同的标准。如英国的 TACS、联邦德国和葡萄牙的 C-450、法国的 Radiocom 2000、西班牙的 TMA、意大利的 RTMI 等。由于标准不同，移动电话设备只能由本国的电信设备制造商提供，在这种情况下，国家之间是不可能实现移动电话漫游的。当时的移动电话大多安装在汽车上，许多移动电话用户希望当汽车开到别的国家时自己也能使用移动电话。各国的电信运营商也希望能够协调现有的移动通信标准，建立一个统一的标准。

于是，欧洲邮政和电信会议于 1982 年成立了一个由技术人员组成的工作组，其职责是建立欧洲统一的移动电话标准。该工作组设在法国，其法文全称是 groupe spécial mobile，简称 GSM，即移动特别工作组。其中"spécial"（特别）这个词，说明欧洲邮政和电信会议已有的各个技术工作部门已经无法完成这个复杂的任务，需要单独建立一个工作组。GSM 工作组的第一任主席是来自瑞典的托马斯·豪格先生，他曾经负责过 NMT 项目，并取得了成功。

1982 年 12 月，GSM 工作组的第一次会议在瑞典斯德哥尔摩举行，来自 11 个欧洲国家的 31 个代表参加了会议。在会议上大家一致认为，协调已经存在的欧洲各国的移动电话标准已经没有意义了，应该建立一个新的移动通信技术标准。

新的移动通信标准将不再采用模拟移动通信技术，而应采用时分多址

（TDMA）数字移动通信技术。虽然会议代表们在这一点达成了共识，但是大家对究竟采用宽带时分多址还是窄带时分多址这个问题争论了很长时间。法国和德国的制造商提出要采用宽带的时分多址，每个载频的带宽为 2 MHz。瑞典的爱立信和芬兰的诺基亚则提出采用窄带的时分多址，每个载频的带宽为 300 KHz。欧洲各国在当时都有自己的移动通信设备制造商，这些制造商各有专长，因此，各方争论很激烈，迟迟得不出结论。

一直到 1987 年 2 月，GSM 工作组在葡萄牙马德拉群岛召开会议，在这次会议上，大多数人赞成欧洲数字移动电话系统采用窄带时分多址方式。

1987 年 7 月，英国的斯蒂芬·坦普尔、德国的阿明·西尔伯霍恩、法国的菲利浦·迪皮伊和意大利的伦佐·法伊利在意大利威尼斯起草将由欧洲各国移动通信运营商签署的 GSM 谅解备忘录。在起草谅解备忘录时，起草者们认为，必须要确定一个时间来实施统一的移动电话标准，他们把这个时间定为 1991 年。

1987 年 9 月 7 日，来自 13 个欧洲国家的 15 个电信运营商在哥本哈根签署了谅解备忘录《在 1991 年建立一个泛欧洲的 900MHz 数字蜂窝移动通信服务》，同意开发和建立一个覆盖全欧洲的统一的、开放的、标准化的数字蜂窝移动通信系统。

1989 年，GSM 委员会从欧洲邮政和电信会议转到欧洲电信标准化协会，继续开展有关 GSM 的工作。

1990 年，欧洲电信标准化协会发布第一版 GSM 技术规范，详细阐述了采用窄带时分多址技术的 GSM 的各项技术规范和指标。这个规范的文本超过 6 000 页。

时分多址是一种无线信道接入方式，通过将信号分配到不同的时隙，实现多个用户共享同一段频率。GSM 的技术规范确定 200 KHz 为一个载频，每个载频分成 8 个时隙，提供 8 个信道。

1991 年，芬兰电信运营商瑞德林嘉开通并运营了第一个 GSM 网络，该网络由诺基亚和西门子共同建设。德国捷德公司开发出第一批 SIM 卡，供给芬兰运营商瑞德林嘉使用。7 月 1 日，芬兰首相哈里·霍尔克里给芬兰坦佩雷市的市长卡里纳·索尼欧打了世界上第一个 GSM 电话。1988 年才成立的瑞德林嘉公司居然在芬兰电信之前开通了数字移动通信网络，正是由于市场的开放和竞争，移动通信才能以超常规的速度迅速发展。

1991 年，摩托罗拉在德国汉诺威展示了首个使用 GSM 标准的数字蜂窝系统设备和手机原型。1992 年秋天，爱立信发布第一款 GSM 手机 GH 172。1992 年 10 月，诺基亚发布第一款 GSM 手机 Nokia 1011。

1991 年，1800 MHz 频率被批准用于 GSM，后被称为 DCS 1800（数字蜂窝系统 1800）。

1992 年，芬兰电信与英国沃达丰签署了第一个国际漫游协议。

1993 年，芬兰电信运营商瑞德林嘉首个推出短信商用服务。

1993 年，澳大利亚 Telstra 成为第一个签署 GSM 谅解备忘录的非欧洲国家运营商。

GSM 的涓涓细流很快变成了大江大河，声势浩荡地延伸到全欧洲，以至全世界。

有人把 GSM 称为欧洲在高科技方面最成功的合作项目。GSM 成功的最重要原因是坚持了技术的统一性。电信网络强调的是连接，而在此前连接的最大障碍就是网络技术的不统一。1876 年电话问世以后，世界各国采取了统一的技术标准，确保了跨国越洋电话的连接。但蜂窝式移动电话是新出现的技术，欧洲许多国家都相继研发了自己的移动电话技术，这些移动电话技术虽然能使移动电话与公众电话网连接，但是限制了移动电话的使用范围，移动电话只能在本国使用。GSM 工作组在制定移动电话标准初期，就把建立一个统一的、可互相漫游的移动电话标准作为主要目标。在有了统一的移动电话标准之后，移动电话在欧洲各国就可以互相漫游，欧洲以外的国家只要使用 GSM 标准，也可与所有使用 GSM 标准的国家实现移动电话漫游。

使用数字移动通信技术也是 GSM 成功的重要原因。蜂窝移动电话技术是无线电话技术的一次大跨越，但是，随着蜂窝移动电话网络规模的扩大，采用模拟方式的移动电话网络也出现了一些问题。例如，网络扩容受到限制、传输的抗干扰性较差、网络的保密性能差等。数字移动通信由于在话音传输方面采用了数字方式，信号有较强的再生能力，抗干扰能力强、无噪声积累、话音清晰稳定、便于加密处理、安全性能高、网络容量大，这些优点正好弥补了模拟移动通信的弱点。而且，数字移动通信拓展了移动通信的功能，短信就是伴随 GSM 问世的。通过数字移动通信的信令信道，人们可以传送各种文本信息，比如利用手机传送非实时、非语音的数据通信业务。此后，移动通信又出现了彩信、通用分组无线服务（GPRS）、增强型数据速率 GSM 演进（EDGE）等技术，手机的应用范围不断扩大。

在 GSM 网络正式投入运营以后，1991 年，GSM 的含义由"特别移动工作组（groupe spécial mobile）"改为"全球移动通信系统（global system for mobile communications）"。

1995 年，GSMA（全球移动通信系统协会）成立，其原名为 GSM MoU association，这里的 MoU 是指 1987 年 9 月来自 13 个欧洲国家的 15 个电信运营商签署的谅解备忘录，这个谅解备忘录的主要内容是开发和建立一个覆盖全欧洲的统一的、开放的、标准化的蜂窝移动电话系统。但是，1995 年 GSM 移动通信系统已经走出欧洲，在世界许多地方被广泛使用。GSMA 早先是使用 GSM 技术的电信运营商的组织，后来发展成为全球移动通信的行业组织。至 2019 年，GSMA 的成员已包括全球各地的750 家电信运营商和 400 家电信网络设备制造企业、手机制造企业、软件开发商和互联网公司。GSMA 每年都会举办世界移动大会，1995 年在西班牙马德里举行，后来又转到法国戛纳举办，2006 年以后，世界移动大会一直在西班牙巴塞罗那举行。

美国的 TDMA 和 CDMA

实现漫游是推动欧洲移动通信发展的一个主要动力，而美国由于统一使用了 AMPS 标准，因此移动电话在美国的各个城市之间实现漫游是不成问题的，这也使美国缺少了推动数字移动通信发展的动力。1982 年，在欧洲成立 GSM 工作组的时候，美国还没有启动数字移动通信的标准化工作，但是到了 20 世纪 80 年代末，美国的电信运营商由于面临模拟移动通信网络容量短缺的问题，急需找到一个新的解决方案来扩大容量。1988年9月，美国移动通信行业协会发布移动电话使用需求报告，提出要寻求一种新的移动通信技术，使现有的移动通信网络容量扩大10倍。

1989年1月，美国电信业协会选择时分多址技术作为北美的数字移动通信技术标准，美国移动通信行业协会也认可了这一技术，即便这种技术并没有达到它们此前提出的要使网络容量扩大10倍的目标。美国电信业协会起草了新的数字移动电话标准，这个标准被称为IS-54，也称为数字AMPS（也叫D-AMPS）。

在业界普遍认为新的移动电话标准要采用数字移动通信技术时，在模拟移动通信市场占绝对优势的摩托罗拉却认为没有必要采用数字移动通信技术，而是提出了一个扩大容量的方案，叫窄带AMPS，即维持模拟移动通信方式，通过减少每个信道的带宽来增加网络容量。具体来说，就是将每个信道的带宽从30 KHz压缩到10 KHz。但这个方案无法解决模拟移动通信网络存在的传输的抗干扰性较差、网络的保密性能差等问题，更不可能提供数据传输业务，所以摩托罗拉的这个方案被否决了。

1990年，美国电信业协会正式发布IS-54数字移动通信标准。该标准采用的时分多址技术与GSM类似，即D-AMPS确定每个载频为30 KHz，分成三个时隙，这样网络容量就比原来的模拟AMPS扩大了三倍。此后，标准中又补充了半速率技术，即将一个载频分成6个时隙，从而使网络容量获得了进一步扩大。之后协会又发布了IS-136标准，即在IS-54的基础上，增加了短信、分组交换等功能。与GSM不同的是，数字化的D-AMPS网络与原有的模拟AMPS网络兼容，原有的模拟手机可以继续使用。美国的AT&T无线公司和加拿大的罗杰斯无线公司成了D-AMPS的主要运营商。

除了时分多址以外，还有一种数字移动通信技术也开始进入移动通信运营商的视野，那就是码分多址（CDMA）。高通公司于1989年11月在加利福尼亚州的圣迭戈成功地向电信运营商展示了CDMA数字移动通信技术，但是，由于美国电信业协会此前已经选择TDMA为北美新的移动通信标准，所以高通的CDMA并没有引起较多的关注。

几年后，因为美国移动通信市场规模迅速扩大，移动通信网络急需增加容量，美国的运营商开始关注 CDMA 技术。1988 年，美国的移动电话用户总数是 150 万户，到了 1993 年，移动电话用户总数达到了 1 300 万户。原因在于一方面，市场需求在增长，另一方面，高通公司也在四处游说，积极推广 CDMA 技术。1993 年 7 月，美国电信业协会批准将高通提出的 CDMA 标准作为可选择的移动通信技术标准，此项技术被称为 IS-95。1995 年，在对 CDMA 技术规范做了进一步完善后，高通推出了 IS-95A 版本，后来被称为 cdmaOne。

CDMA 的基础是扩频技术，也就是将要传送的信号用一个带宽远大于原信号带宽的高速伪随机码进行调制，使原数据信号的带宽被扩展，经载波调制并发送出去，在接收端再把宽带信号解扩成原信息数据的窄带信号。IS-95 每一个载频的带宽是 1.25 MHz，由于采用多路方式，多路信号只占用一条信道，这在很大程度上提高了带宽使用率。蜂窝之间采用软切换方案，能减少手机切换基站时的掉话。高通公司提出的 CDMA 标准的技术优势是很明显的。

1995 年 9 月，中国香港和记电讯推出了全球第一个 CDMA（IS-95A）商用网络。此后，美国的电信运营商也相继开通了 CDMA 商用网络，1996 年 3 月，大西洋贝尔移动开通了北美洲第一个 CDMA 商用网络。1996 年 11 月，由太平洋贝尔、纽约电话公司、西部贝尔和埃塔奇合资组成的 PrimeCo 公司开通了第一个使用 1 900 MHz 频率的 IS-95A 网络。这些 CDMA 网络又经过多次并购和整合，最后形成了威瑞信和斯普林特两大覆盖全美国的 CDMA 网络。与前期启动的 D-AMPS 技术相比，CDMA 呈现了一种后来者居上的态势。

CDMA 一经问世便在许多国家得到应用。1996 年 4 月，韩国 SK 电讯开通了覆盖韩国 78 个城市的 CDMA 商用网络。1999 年 4 月，日本 KDDI 的前身 IDO 和 Cellular Group 建立了覆盖全日本的 CDMA 网络。2002 年 1 月，中国联通 CDMA 网络正式开通。

欧文·雅各布斯为 CDMA 移动通信的发展做出了很大的贡献。1968 年，欧文与安德鲁·维特比一起创立了林科比特公司，研发卫星加密装置。1985 年，欧文又与安德鲁·维特比、哈维·怀特、阿德利亚·科夫曼、安德鲁·科恩、克莱因·基尔哈森和富兰克林·安东尼奥一起创立了高通公司。高通公司先开发出一个名为 OmniTRACS 的利用卫星实现卡车运输双向跟踪的系统，在此基础上，公司又着手研发 CDMA 技术，并取得了成功。由于 GSM 和 D-AMPS 都已投入市场，CDMA 在市场开发方面已经落后一步，但欧文四处奔走游说，推销 CDMA，终于为之打开了市场。

科技公司的创始人背景各异，有的是工程师出身，有的是会计师出身，还有的是律师出身，高通的创始人欧文·雅各布斯就曾是一位大学教授。1959—1966 年，欧文在麻省理工学院电子工程学系任教，1966—1972 年，他是加州大学圣迭戈分校计算机科学和工程专业的教授。后来，加州大学圣迭戈分校的雅各布斯学院就是以他的名字命名的。1985—2005 年，欧文一直担任高通 CEO，2005—2009 年，他改任高通董事长。

欧文在圣迭戈驾车时萌生了要将 CDMA 技术用于手机的想法，这个想法后来变成了现实，并且在第二代和第三代移动通信网络上得到了广泛应用。高通原来是一家集移动通信网络和手机设计与制造为一体的公司，1999 年，在 CDMA 业务快速发展之时，高通决定将基站制造业务出售给瑞典的爱立信，将手机制造业务出售给日本京瓷公司。此后，高通专注于手机芯片的设计和销售，成为一家无制造环节的半导体芯片设计商，直至后来成为全球最大的无线设备半导体供应商。

欧文不光有电子工程的背景，更是这方面的权威专家。1965 年欧文与杰克·沃曾克拉夫特合编的《通信工程原理》作为教科书至今仍在使用。欧文对 CDMA 技术了解得很透彻，并且获得了多项 CDMA 技术专利。

他对 CDMA 技术的酷爱，甚至到了不容任何人质疑 CDMA 技术的程度。他的儿子保罗·雅各布斯曾说，父亲欧文·雅各布斯把 CDMA 视同自己的儿子，时时刻刻给予呵护。

欧文经常到世界各地去访问 CDMA 运营商，向大家介绍高通在 CDMA 研发方面的进展情况，与大家讨论移动通信技术的发展前景。他最感自豪的是高通公司在 CDMA 方面拥有的专利。当我们访问位于圣迭戈的高通公司总部时，欧文首先把我们带到公司大厅里的一面专利墙前，墙上张贴着高通公司获得的各种专利证书，承载着高通在移动通信技术领域的荣耀。每个证书上都有专利名称、专利授予时间和研发者的姓名。尽管这面墙有几十米宽，但这些只是高通所获得的专利中的一小部分。

欧文在企业经营管理方面也很有经验。高通的收入主要来自技术专利许可和移动设备芯片销售，多年来保持着很好的业绩。当时各国的CDMA运营商每年都会举行一次CEO峰会，每次都会邀请欧文·雅各布斯参加。在峰会上，大家会向高通提出一些意见和建议，欧文都会做出很好的回应。但当运营商们提出希望降低CDMA芯片价格时——当时CDMA芯片的价格明显高于GSM芯片——欧文总是避而不答。

从高通董事长的职位离任后，欧文积极投身于慈善事业。他资助教育，为大学捐款，支持改善医疗设施，捐款1亿美元给圣迭戈的医院。他还致力于推动文化事业，在圣迭戈交响乐团遇到财务困难时，欧文夫妇捐款1.2亿美元予以资助。

当D-AMPS与CDMA在北美市场上竞争的时候，GSM也来到了北美。1994年，美国斯普林特获得了1 900 MHz的PCS频率，1995年斯普林特在华盛顿和巴尔的摩地区建立了美国第一个GSM网络，后来，斯普林特转而使用CDMA技术，便把GSM网络出售给了Omnipoint公司，之后GSM网络又被VoiceStream（美国一家移动电话运营商）收购。2000年7月，德国电信以507亿美元收购了VoiceStream，这就是后来的T-Mobile美国公司。几年以后，原先使用D-AMPS技术的美国运营商也都转而使用GSM技术。

2G的主要特点是实现了从模拟移动通信到数字移动通信的演进。在技术实现方式上，主要有TDMA和CDMA两大类，其中TDMA又分成GSM和D-AMPS两种。TDMA的这两种技术在原理上比较一致，但在技术规范方面侧重点不一样。D-AMPS注重扩大网络容量，注重与模拟移动通信AMPS的兼容，确保原有的1G用户可以继续使用原有的手机；而GSM更注重标准的统一和国际漫游。

经常有人问：这两种技术制式究竟哪一种更好？对于这个问题，即使在今天也无法回答。事实上，每一种技术制式都有其优势。比如CDMA采用了扩频技术，在扩大网络容量、抗干扰和软切换方面具有优势。正因为CDMA拥有这些技术优势，在移动通信进入第三代以后，几个不同的3G技术标准都采用了CDMA作为无线空中接口标准。但是，CDMA是以高通公司为主发展起来的技术，在供应链的标准化方面比较欠缺，在制造商和运营商的协调方面也存在一些问题。而 GSM 技术在设计初期，就强调标准的统一，强调国际漫游，所以这一技术不仅很快就在欧洲得到普遍应用，而且在欧洲以外的地区也得到了广泛使用，在全球范围内实现了国际漫游。GSM 的大规模使用带来了明显的规模效应，GSM 的网络成本和手机成本得以快速下降。此外，GSM 的技术标准化程度高，这使得GSM 的手机通用程度也很高，因此适用的手机品种多，手机的更新速度也快，经常有新颖的 GSM 手机问世。

令人震撼的并购

与固定通信不同，移动通信从其发展的第一天，就呈现出一种开放的态势。这种开放的态势首先表现在竞争上，移动通信企业没有以自然垄断为理由，也没有强调必须以独家经营来确保资源的合理应用，而是采取鼓励竞争的方式来推动移动通信这个新兴行业的发展。开放态势的另一个明显表现就是允许跨境经营，鼓励通过吸收外资来解决移动通信投资中资金来源不足的问题。

促使移动通信实行这种开放政策的原因是多方面的。

移动通信诞生于 20 世纪 80 年代，那时经济全球化已初见端倪。在新技术特别是信息技术发展的推动下，社会生产的各个环节和各种资本形态的活动打破了国界，开始在全球范围内开展。跨国商品与服务贸易及资本流动的增加，使各国经济相互依存、相互渗透的程度大为增强，阻碍生产要素在全球自由流通的各种壁垒不断被削弱。国际贸易的高度发展为经济全球化提供了现实基础，国际金融的迅速发展成为经济全球化的重要推动力，国际间相互投资的发展加速了经济全球化的进程。移动通信就是在这种经济全球化的趋势下开始发展的，其在发展初期就被打上了经济全球化的烙印。

而那时固定电信的架构开始发生变化，延续了 100 多年的电信自然垄断的概念被打破，这就像向沉寂多年的水面投进巨石，掀起了巨大的波涛。固定通信领域里建立了竞争机制，其显著地推动了电信业的发展，降低了价格，改善了服务。移动通信也沿着电信行业已经迈出的打破垄断、鼓励竞争的道路继续大步向前。

此外，在移动通信发展的初期，业界普遍将移动通信定位为一种只有少数人能够消费的高端服务，因此，不仅像世界银行一样的以支持发展基础设施为重点的金融机构拒绝为建立移动通信网络提供贷款，甚至连一些商业银行也不愿意参与移动通信网络建设项目。在这种情况下，利用外资自然成为移动通信融资的一个重要渠道。

正是在移动通信的这种开放和鼓励竞争的环境下，20世纪末至21世纪初，当移动通信开始蓬勃发展但尚未进入高潮的时候，一场又一场惊心动魄的并购大战在移动通信行业发生。

埃塔奇与大西洋贝尔都是CDMA的运营商，1998年年末，传闻大西洋贝尔与埃塔奇正在商谈并购之事，大西洋贝尔提出用450亿美元收购埃塔奇的股份。同时，另一家美国运营商MCI世通也有意向收购埃塔奇。1999年1月，沃达丰也参与了这场收购的竞争，沃达丰的出价是560亿美元，采用股票加现金的方式，收购完成后，埃塔奇的投资者按每股计算可以获得0.5股沃达丰的美国存托凭证和9美元现金。按出价前最后一个交易日埃塔奇的股价计算，沃达丰提出的收购价有16%的溢价，明显高于大西洋贝尔的出价，这受到了投资者的欢迎，因此沃达丰只用了两个星期就赢得了这场竞争，并购后的公司被称为沃达丰埃塔奇。

这是当时最大的电信业跨国并购，不仅震动了电信界，也震动了金融界。沃达丰依靠市值的优势，以股份为主加上部分现金，收购了拥有1 760万移动电话用户的埃塔奇公司，充分展示了资本的作用。

在这次并购中，高盛担任沃达丰方面的财务顾问并帮助沃达丰获得了100亿美元融资。

1999年9月，沃达丰埃塔奇将其在美国的移动通信资产与大西洋贝尔的移动通信资产进行合并，形成了当时美国最大的移动通信运营商威瑞森无线公司，沃达丰持股45%，大西洋贝尔持股55%。这次合并不仅充分体现出规模效应的优势，而且产生了很好的协同效应，给消费者带来了直接的好处。例如，此前在美国，跨运营商的长途漫游是要收取费用的，两个运营商合并以后，用户就不需要支付跨区漫游费了。

美国的收购大战刚结束，欧洲的移动通信行业内又掀起了并购的狂风。这场风暴是从德国运营商收购英国运营商开始的。1999 年 8 月，德国电信以 136 亿美元收购了英国的第四大移动通信运营商 1-2-1 公司。之后，曼内斯曼又以更高的价格收购了英国的另一个移动通信运营商橙公司。曼内斯曼对橙公司的收购在后来成为电信业收购的一个经典案例。

橙公司的前身是麦克洛电信公司，这家公司是 1989 年 12 月由米雷康姆与美国太平洋电信及英国航天一起成立的合资企业。麦克洛电信获得了英国的个人通信牌照，并于 1994 年 4 月开通网络，与沃达丰竞争，后来麦克洛电信公司被中国香港和记黄埔收购，改名为橙。到了 1999 年，橙公司已成为英国的第三大移动电话公司。

中国联通和中国香港和记黄埔公司有着很好的合作关系，和记黄埔董事局主席李嘉诚先生曾建议联通公司借鉴橙公司的一些经验。当时，联通公司成立不久，各方面的基础较弱，市场占有率很低，面临着很多严峻的挑战。橙公司恰好也是在严峻的市场竞争中成长起来的新公司，经过不懈的努力，1999 年橙公司的用户已经达到 350 万户，市场占有率在迅速扩大。

1999 年夏天，我们代表中国联通去伦敦访问橙公司。办理入境手续时，入境官员看了一下我的护照，问我来英国干什么，我说要去橙公司参加商业会谈。听到我的这句话，入境官员高声地说："The future is bright. The future is orange!（未来是美好的，未来就是橙。）"这是橙公司的一句广告语，一家公司的广告能如此深入人心，也真是出人意料。

那次对橙公司的访问让我们看到了一些新颖的营销方式，例如将按分钟计话费改为按秒计费，提供话费套餐服务等。橙公司在产品开发、广告、客户服务等方面都很有特色，体现了一家处于激烈竞争环境下的新兴公司的风貌。

1999 年 10 月，德国电信运营商曼内斯曼提出收购英国橙公司的报价。与沃达丰收购埃塔奇公司相类似，曼内斯曼也采取股票加现金的方法收购橙公司，收购总价为 198 亿英镑（约 328 亿美元），加上曼内斯曼 32 亿美元的债务，企业价值高达 360 亿美元。按此计算，每股橙公司的股份可获得 0.096 5 股曼内斯曼的股份和 640 便士的现金，与出价前的最后一个交易日橙公司的股价相比，收购溢价达 22%，高于沃达丰给埃塔奇的收购溢价。这个收购方案很快就得到了和记黄埔和其他股东的同意。在收购完成后，和记电信获得曼内斯曼 10.2% 的股份。

这次收购的价格之高出乎意料。按照当时的用户数计算，橙公司每个移动电话用户的价值高达 7 900 英镑。如果用今天电信运营商的市值来衡量，你就会觉得当时的交易价格简直不可思议。其实，这种状况倒是符合资本市场的特点：在对收购的目标公司进行估值时，大家可以采取多种方法，但不管哪种方法，都是以对公司未来发展状况的预测为估值的基础。20 世纪末，2G 已经成熟，移动通信市场进入了快速发展期，市场对电信运营商充满了期望。此时对移动通信运营商的估值，并非由当时的用户数量、营业收入和利润来决定，而是基于对公司未来自由现金流的预估，通过对未来自由现金流贴现来评估公司价值。

对并购目标公司的估值也包括并购的协同效应所带来的价值。协同效应又称增效作用，原意是指两种或两种以上成分相加或调配在一起，所产生的作用大于各种成分单独应用时作用的总和。决定收购溢价的最主要因素是协同效应。在移动通信运营商的并购中，协同效应可以从多方面体现出来。例如规模优势，电信网络的规模经济特性是很明显的，规模越大，单位成本越低。又如经验移植，在移动通信运营方面富有经验的企业可以把以往的成功经验应用到新兴公司。

当然，对可比公司的参考，是得出公司估值的一个更直观的方式。这就解释了为什么在同一个时期内同类公司的估值总是比较接近。移动通信运营商的同行们在见面时，经常会互相比较公司的市值。20 世纪 90 年代末，移动运营商的规模还比较小，利润也比较低，但移动通信运营商的估值很高，那时候人们就简单地用每个用户的价值来衡量公司市值的高低。但在实际操作中，一般都以企业价值与税息折旧及摊销前利润（EBITDA）之比来作为衡量和比较的标准，也就是我们常说的 EBITDA 倍数。当时移动运营商的 EBITDA 倍数是很高的。

橙公司的成功，也使我们真正理解了品牌对于电信运营商的重要性。毫无疑问，在橙公司的估值中，橙这个品牌也占了很大的比重。后来，在法国电信收购橙公司之后，法国电信将自己的品牌整体改名为橙，至今仍享有很好的声誉。英国品牌评估机构 Brand Finance（品牌金融）发布的"2018 年法国最有价值的 100 大品牌"排行榜中，Orange 以 188.78 亿欧元的价值位列第一，排在其后的是道达尔公司和法国巴黎银行。

橙公司被高价出售的消息无论在电信业界还是金融业界都引起了轰动。橙公司的前股东和记黄埔公司的声誉进一步得到提高，业界人士称赞和记黄埔不仅在橙公司的经营上取得成功，而且抓住了并购的最好时机，实现了橙公司的价值提升。

2000 年年初，中国联通与和记黄埔公司签署了战略合作协议，当时，和记电讯已经在中国香港开通运营了 GSM 网络和 CDMA 网络，而已经运营了 GSM 网络的中国联通也有意向建设 CDMA 网络，双方希望在网络技术和网络服务方面开展合作。同年，中国联通准备在香港和纽约上市，和记黄埔作为战略投资者入股中国联通。上市之前，我随中国联通去美国和欧洲各国开展上市前的路演，向各家投资基金介绍中国联通。上市财务顾问摩根士丹利的投行人士多次提醒我，在介绍公司情况时一定不要忘记强调和记黄埔是中国联通的战略合作伙伴。因为那段时间，业内人士将和记黄埔经营和出售橙公司的事传为佳话。

我在中国联通工作期间也曾访问过曼内斯曼公司，曼内斯曼在移动行业的情况与中国联通有些类似。当时在德国有两个主要的移动通信运营商，一个是德国电信旗下的 T-Mobile，被称为 D1，另一个就是曼内斯曼，被称为 D2。曼内斯曼虽然是一家历史较长的企业，但在电信领域是新手。我们访问了位于杜塞尔多夫的 D2 总部，曼内斯曼的经理们详细介绍了他们与主导运营商在移动通信领域竞争的经验。另外还有一件事使我们很吃惊，在 D2 总部我们看到了一辆贝纳通的 F1 赛车，随后我们得知曼内斯曼是贝纳通 F1 车队的赞助商。电信运营商参与比赛活动并不算稀奇，但赞助 F1 车队还是第一次听到。

在曼内斯曼收购橙公司之后，欧洲又掀起了一场更大的并购风暴：沃达丰要收购曼内斯曼——连同曼内斯曼刚刚收购的橙公司在内。

1999 年 11 月 19 日，沃达丰向曼内斯曼管理层提议要收购曼内斯曼，出价是以 53.7 股沃达丰的股票换取 1 股曼内斯曼股票。按照 11 月 18 日沃达丰的收盘价 2.58 英镑，每股曼内斯曼股票的价值是 240 英镑，整个曼内斯曼的价值是 890 亿英镑，即 1 410 亿美元。按理说，这个出价很吸引人，因为一个多月前，曼内斯曼的股价只有 143 英镑。但是，曼内斯曼管理层拒绝了这个提议，理由是沃达丰专营移动通信，而曼内斯曼是个多元化的企业，除了电信业务以外，还涉足汽车配件、测量仪器、工程机械等，这两个企业的业务范围不同，不宜合并。曼内斯曼建议自己公司的股东们抵制这个提议，因为沃达丰给曼内斯曼的估值太低，曼内斯曼的估值应该为每股 350 英镑。

1999 年 12 月 23 日，沃达丰启动了敌意收购，直接向曼内斯曼的股东公布了 11 月 19 日给曼内斯曼管理层的收购提议。曼内斯曼试图阻止高盛出任沃达丰的财务顾问，理由是高盛曾参与过曼内斯曼多个重要项目，但是高盛对此并没有理睬。

一周之后，沃达丰提高了收购价格，曼内斯曼的股东们对此情况都感到开心。曼内斯曼是德国少有的股权结构很分散且拥有众多国际投资者的上市公司，股东们纷纷表示同意这个收购方案。

2000 年 2 月 4 日，曼内斯曼的管理层改变了态度，曼内斯曼的董事会和监事会也都接受了沃达丰的新报价。按照新的换股方案，58.964 股沃达丰的股票换取 1 股曼内斯曼股票，相当于每股曼内斯曼股票的价值为 353 欧元，整个曼内斯曼的价值达到 1 170 亿英镑，约 1 800 亿美元。

收购完成后，原曼内斯曼的股东在沃达丰公司占股 49.5%，而曼内斯曼的 EBITDA 只在沃达丰公司占股 31%。曼内斯曼管理层也从这次收购中得到了丰厚的报酬，而曼内斯曼的一些非电信业务全部出售。

2000 年 4 月 12 日，欧盟批准沃达丰收购曼内斯曼，但要求沃达丰必须迅速出售橙公司。2000 年 5 月，法国电信出价 269 亿英镑从沃达丰购买橙公司。

沃达丰公司的市值迅速提升，达到 3 500 亿美元，市值仅排在微软、GE 和思科之后，位列全球第四。这次收购的规模创造了历史纪录。曼内斯曼和沃达丰两家公司在这次并购中，仅花费的广告费和顾问费就超过了 10 亿美元。

沃达丰收购曼内斯曼以后，曼内斯曼的 F1 赛车文化也传承到了沃达丰。2001 年，沃达丰用 90 亿美元收购了日本第三大电信运营商 J-Phone 之后，又把这种文化带到了日本。被收购后，J-Phone 改名为日本沃达丰。有一次，我们去位于东京的沃达丰公司，竟然看到了一辆 F1 汽车在营业厅里展示，这在当时的日本企业里是绝无仅有的。每年 4 月，F1 会在上海举行比赛，沃达丰的领导也经常会亲临上海赛场。

这次世纪大并购让我们看到了并购在企业成长过程中发挥的重要作用。企业的发展通常通过两种方式，一是内部扩张的方式，对电信运营商来说就是通过建设网络来扩大企业规模，建设网络既包括在已有网络的基础上不断扩大网络的容量和性能，又包括获取新的牌照，扩大电信经营的区域。二是通过并购扩大经营规模。很显然，并购是企业发展最迅速的一种方式。沃达丰是 20 世纪 80 年代初成立的电信运营商，通过不断兼并，在当时成了覆盖欧洲、非洲、亚洲和美洲几十个国家和地区的全球最大的移动通信运营商。沃达丰的成功并购经验在移动通信发展史上留下了深刻的印记，这一系列大型收购行为大多是在克里斯·根特担任沃达丰 CEO 期间发生的。

2000 年，沃达丰斥资 25 亿美元，购入中国移动 2.5% 的股份，2002 年沃达丰又斥资 7.5 亿元增持中国移动的股份至 3.27%，由此，中国移动与沃达丰建立了战略合作关系，开展了一系列移动通信技术的业务合作。

2003 年，阿伦·萨林担任沃达丰的 CEO。阿伦曾就读于印度理工学院的冶金工程专业，后来在美国加州大学伯克利分校取得 MBA 学位，1984 年加入太平洋电信公司，1997 年担任埃塔奇的 COO。阿伦在担任沃达丰的 CEO 之后，继续通过并购扩大公司规模，他特别注重开拓亚洲和非洲的新兴市场。其间，沃达丰收购了土耳其的泰尔西姆，取得了印度艾萨的控股权。中国移动和沃达丰一起成立了战略合作工作委员会，下设多个工作小组。为了加强了解，取长补短，双方还实施了员工交换计划，派员工到对方的公司工作。虽然沃达丰只拥有中国移动少量的股权，但是双方在业务方面有很多合作，这使双方都能受益。

当时，中国移动也制定了国际拓展战略，但是缺乏这方面的经验，因此我曾多次向阿伦请教。阿伦认为，在移动运营商的并购中，要综合考虑各方面的因素，但是最重要的是要看能不能发挥收购的协同效应。他认为，沃达丰在国际移动通信市场上的运营经验就是沃达丰的宝贵财富，沃达丰品牌本身就能带来很强的效应以便其为并购带来协同效应。

不过，并购是动态的，并非一劳永逸。2013 年，沃达丰以 1 300 亿美元将其在威瑞信无线的 45% 的股份出售给威瑞信通信，这样，威瑞信通信就 100% 拥有了威瑞信无线。

诺基亚超越摩托罗拉

在模拟移动通信时代，摩托罗拉是当之无愧的行业巨头。1994 年 4 月的《财富》刊文说，在移动通信领域很难再找到一家像摩托罗拉那样卓越的企业了。文章预测，此后 10 年间，摩托罗拉的年营业额将达到 2 700 亿美元。当时这样的说法并不夸张。

但是，随着数字移动通信的飞速发展，这种情况开始出现变化。

1992 年 2 月，当约尔马·奥利拉被任命为诺基亚的 CEO 时，诺基亚在移动电话和蜂窝网络方面已经具备强劲的实力，但是，受电信产品以外的业务的拖累，诺基亚在财务上仍然处于困境，企业整体陷于亏损。1991 年春天，诺基亚的一些股东提出将诺基亚出售给爱立信公司，爱立信虽然对诺基亚很感兴趣，却不喜欢诺基亚内部处于亏损状态的消费电子部门，爱立信认为收购风险太大。几个月之后，爱立信决定不收购诺基亚。1992 年 4 月，西门子主动提出要收购诺基亚的蜂窝网络系统业务，但这次诺基亚没有同意。

为了改变财务困境，奥利拉决定改变公司的结构。诺基亚确定了新的定位：专注化、全球化、电信驱动和高附加值。

专注化，就是将公司的资源集中于那些具有优势和竞争力的产品。全球化，就是要建立国际化的营销、物流和品牌。电信驱动，就是将发展电信产品作为公司的重点。高附加值，就是要关注那些最能赢利的产品。

在接下来的几年中，诺基亚出售了电缆业务，将轮胎业务单独上市，然后又出售了诺基亚持有的该轮胎公司的全部股份，还关闭了电视机业务。这样诺基亚仅保持了两个最有竞争力的部门——移动电话部门和蜂窝网络系统部门。

　　紧接着，诺基亚实施了国际化战略，除了针对世界各国用户的不同需求制造多样化的手机产品以外，还通过在国外上市来吸收更多的投资者。1994 年 7 月，诺基亚在纽约证券交易所上市，当时国外的股权占 43%，到了 1997 年国外股权占 70%。这对于一家芬兰公司来说，是破天荒的。要知道在 20 世纪 80 年代，芬兰大型公司的主要股东都是芬兰的主要银行和保险公司，因此公司的重大决策都必须经过这些银行的同意，而银行的领导并不清楚公司的实际情况，这使得公司的决策过程艰难而复杂。到了 20 世纪 90 年代，这种情况开始改变，大型公司的股东构成变得多元化，这其中诺基亚起了带头作用。股权的国际化有力地推动了诺基亚公司整体国际化的进程。

　　新的发展战略使诺基亚在移动电话市场上的占有率快速提升。1994 年，诺基亚销售移动电话 2 620 万部，1995 年销售 4 310 万部。

　　1998 年，诺基亚在移动电话领域的市场占有率超过摩托罗拉，成为新的世界冠军。

　　2000 年，诺基亚的营业额达 304 亿欧元，营收利润 58 亿欧元，市场占有率达 32%。

　　诺基亚在很长一段时间内都保持了移动电话市场占有率世界第一的位置，并且引领了移动电话从功能到外形的变化。①

　　1992 年，诺基亚发布了首款 GSM 手机 1011，该手机可以存储 99 个电话号码，支持 90 分钟通话，12 小时待机，重量 475 克，使用镍镉电池。

　　此后，诺基亚不断推出新的手机，诺基亚的产品既适合高端市场，又能满足大众市场的需要。在众多诺基亚手机中，令我印象最深的有两款。

　　一款是 1996 年推出的诺基亚 9000 Communicator。这款手机采用字母全键盘，可以浏览互联网、发电子邮件，在功能上其与之后出现的智能手机很类似。这款手机告诉人们，手机也可以像电脑一样上网。在当时，这是一种非常前卫的概念。可惜的是，由于早期 GSM 的网络功能限制，用

① 约尔马·奥利拉，哈利·沙库马.诺基亚总裁自述：重压之下［M］.王宇阳，译.上海：文汇出版社，2018.

户使用起来很不方便，不仅很难连上互联网，即使连上网，也很容易掉线。但不管怎么说，这款手机展示出了一个很有意义的技术标志。

另一款是 1999 年推出的诺基亚 8810。这款手机采用金属机身，滑盖设计，奠定了高端手机的设计理念。许多人说，以后不可能出现比这更漂亮的手机了。是啊，如果手机的功能仅仅是打电话，那么我们真的很难设想手机还会变成什么模样。在功能机时代，手机研发有三个目标：缩小尺寸，延长待机时间，机型美观。当时，8810 在这三个方面都做到了极致。

诺基亚不断改进手机的功能和外观，包括率先将手机天线设计为内置，同时使用彩色手机显示屏，并且在手机上安装摄像镜头。

进入 21 世纪以后，诺基亚的发展到达了顶峰。诺基亚手机在全球的市场占有率超过 40%，成为被全球用户认可的消费品牌。

诺基亚的手机里有一个普及程度非常高的经典铃声，被人们称为诺基亚铃声，这个铃声的音乐选自西班牙吉他演奏家和作曲家弗朗西斯科·塔雷加的作品《大华尔兹》。曾几何时，在世界的各个角落都可以听到这段悦耳动听且亲切的诺基亚铃声。连在一些电影和电视剧里，每逢剧中人用手机接听电话，就会响起这段铃声。甚至还有音乐人把这段铃声改变成流行歌曲来演唱。

约尔马·奥利拉主导了诺基亚的转型，使得诺基亚抓住了移动通信发展的好时机，他在全球移动通信的发展中做出了巨大的贡献。

约尔马对移动通信有着深刻的理解，对移动通信技术和市场的发展趋势也有准确的判断。在 20 世纪 90 年代初，他敏锐地洞察到移动通信将进入大发展，而诺基亚在这方面已经具有较好的基础，因此，他毅然放弃其他产品，专注于移动通信。在诺基亚放弃的产品中，既有陷入财务困难的消费电子产品，也有经营业绩较好的轮胎产品，但正是因为放弃了一部分产品，诺基亚才能集中力量发展自己最有优势的移动电话和蜂窝网络系统产品，继而进入世界领先的行列。

关于企业发展应专业化还是多元化，是一个已经争论多年的问题。有人认为，企业专注于一个领域，可以集中使用资源，发挥企业的优势，快速取得优秀的业绩。也有人认为，企业经营范围的多元化，有利于企业规避风险，如果一个领域经营困难，企业就可以用其他领域的财务业绩弥补。在管理学上，这个争论并没有结论，而且企业的实际情况也是千差万别的。但是，诺基亚专注于一个领域并成为这个领域领先者的实践，为其他企业提供了很有用的经验。

模拟移动通信阶段已经实现了移动通信从车载通信到手持式移动电话的转变，但是那时的移动电话毕竟只供少数人使用。约尔马认为，移动电话应该成为普通人都能使用的通信工具。因此，诺基亚在手机产品的定位上瞄准了普通人。在移动通信从模拟通信阶段进入数字通信阶段以后，手机的质量提高了，功能增加了，同时手机的价格大幅度下降了，这些就为手机进入大众市场创造了条件。

诺基亚标识上的"以人为本"这几个字也为人们所熟悉。事实上，这不仅仅是一句广告语，也是诺基亚对自己使命的一种描述，是诺基亚的一种文化理念。移动电话一步一步地普及，逐渐成为每个人生活中不可或缺的必需品。有了手机，人与人之间的联系变得更加紧密，这正是电信业从业者的崇高目标和使命。在移动电话从只有少数人使用到成为大众普遍使用的工具的过程中，诺基亚的功绩是不可磨灭的。

今天，媒体在评论诺基亚公司的时候，往往会说，诺基亚后期出现的经营问题主要是因为其过于满足在功能手机方面的成就，而忽视了移动互联网的前景。其实，这样的说法并不符合现实。诺基亚在 1996 年就已推出了可以浏览互联网、发电子邮件的手机 Communicator。尽管这款手机比较笨拙，软件的运行效果也不如预期，但是这款手机对整个行业的影响力不容低估。正是这款手机，拉开了诺基亚与其他竞争对手之间的差距。

诺基亚公司有个 5 人领导团队。约尔马说："我们 5 个人都具有相似的背景，我们都是土生土长的芬兰人，都曾在赫尔辛基学习并最终来到诺基亚工作。更为重要的是，我们在处理问题的方式上存在差异。我们的团队在事物认知上千差万别，这在我们需要解决问题时尤其能够体现出来。作为 CEO，我常常发现很难找到一个能达成共识的准则。然而，争论却得以彰显出创造性，促使我们全方位地考虑问题。"当地媒体曾将诺基亚的 5 人领导团队称为"梦之队"，他们既保持了北欧式的管理风格，又具有强烈的国际化意识。

诺基亚还对手机制造做过另外一种很有意思的探索。1998 年，诺基亚在英国成立了一家名为 Vertu（纬图）的手机制造公司。当时，诺基亚总设计师是意大利人弗兰克·诺沃，他提出设计豪华型手机的构想，这一构想得到了诺基亚管理层的支持，诺基亚为此成立了 Vertu，专门制造高端豪华手机。Vertu 遵循这样的理念："既然人们愿意花两万美元去买一块手表，为什么不能引导他们在手机上花同样的钱？"Vertu 的设计理念是，采用最尖端的材料，像超级跑车那样，全部用手工装配手机。Vertu 手机注重的是工匠精神、特殊风格和超级服务，而不注重手机的使用功能。2002 年，Vertu 发布首款产品"签名"，使用 5 克拉的红宝石制作轴承，顾客可以选择白金、黄金等昂贵的金属材料制作外壳。后来又发布了"攀登""星座"等多种型号。Vertu 有一个钻石特别版，是最昂贵的版本。这款 Vertu 手机的表面镶嵌着美丽的钻石，做工精致，工艺师需花费几天的时间才能完成钻石的切割。Vertu 手机上有个客户服务键，只要按下这个键，手机便会直接连接到 Vertu 的 24 小时服务台，有专人解答客户的疑难。

Vertu 一度在奢侈品市场上引起了很大的震动。不过，2012 年诺基亚将 Vertu 公司 90% 的股份出售给了 EQT VI 集团，并宣布退出了这一领域。后来，Vertu 又经历了转让、亏损、关停、收购的复杂过程。

手机在进入大众市场，成为人们的生活必需品之后，是否还有可能在奢侈品市场占有一定的地位？这是一个值得思索的话题。

CDMA 与 GSM 共处

2G 在发展初期，有三个主要标准，即 GSM、D-AMPS 和 CDMA。几年之后，情况发生了变化，一些原先采用 D-AMPS 标准的运营商也改用 GSM 了，尽管 D-AMPS 和 GSM 都采用 TDMA 技术，但毕竟 GSM 在标准化和国际漫游方面有着明显的优势。这样，除了日本继续使用 PDC 标准以外，世界各国基本采用两种制式，即 GSM 和 CDMA。

总体而言，GSM 发展得较快，世界上大部分国家和地区在 2G 建设初期就采用了 GSM 技术。而 CDMA 网络相对来说发展得晚一些。

在亚洲，韩国在推进 CDMA 发展方面做出过很大贡献。在 2G 来临时，韩国电信业界也为选择 GSM 还是 CDMA 发生了争论。争论的结果是选择 CDMA 技术建设 2G 网络。理由是，GSM 已经被许多国家采纳，很难在技术上有所建树，而 CDMA 还不成熟，具有更多的创新机会。当时，韩国的科研部门、设备制造企业和电信运营商紧密合作，共同开发 CDMA 技术。韩国电子与电信研究院联合高通公司开展 CDMA 的技术研究，各设备厂商也致力于 CDMA 的网络设备和手机的研发。1996 年，CDMA 在韩国开始投入商用，韩国的电信运营商 SK 电讯、韩国电信、新世纪通信和 LG（乐金）电讯都推出了 CDMA 网络服务。1999 年 12 月，SK 电讯宣布收购新世纪通信，从此韩国形成了三大移动运营商竞争的局面。

韩国的移动通信运营商在运行和经营 CDMA 网络方面做得很出色。比如 SK 电讯特别注重各种应用服务，在手机上设计了一个专用键，供用户选择各种新型的应用服务，如浏览信息、欣赏音乐、下载动漫等。SK 电讯还收购了社区网站 Cyworld（赛尔网），将社区网络与移动通信很好地结合起来，使用户通过手机即可进入社区网站。在营销方面，韩国电信运营商借鉴了欧洲销售 GSM 服务的方法，由运营商对手机客户实施手机补贴，这种做法有利于吸引更多的用户使用移动业务。1999 年 12 月，SK 电讯的 CDMA 用户总数突破了 1 000 万户。

当时，国际上大部分市场销售的手机都是以 GSM 为主，CDMA 手机的销量很小。因此，国际市场中 CDMA 手机存在数量少、款式单一、价格高昂等问题。但在韩国手机市场，CDMA 手机琳琅满目，不仅款式新颖，而且价格也不高，这种情景在其他地方是看不到的。

CDMA 在韩国的商用化带动了韩国信息通信制造业的发展，并且使韩国信息通信产品的出口实现了大幅增长。

今天，我们在回忆中国联通的发展史时，总会提到当初中国联通建设和经营 CDMA 网络的情景。中国联通成立于 1994 年，成立之时正好赶上 2G 全面进入商用的阶段。中国联通没有经历模拟移动通信网络的阶段，而是直接进入数字移动通信，并迅速建立了一个 GSM 移动通信网络。

2000年，中国联通又获得了建设和经营CDMA网络的许可，这对于一个成立不久又正在努力探索差异化经营的移动通信运营商来说，是一个很好的机会。

之后，中国联通以惊人的速度发展着，在2001年仅用了短短半年多的时间就完成了CDMA一期工程，总容量为1 515万户，网络覆盖中国330个地市和2 200多个县。2002年下半年启动CDMA二期工程建设，2003年3月竣工，新增容量2 000万户，并将网络从CDMA IS-95A升级为CDMA 1X。

由于中国联通此前已经有了建设和运营GSM网络的经验，因此CDMA网络的建设比较顺利。但是，在CDMA网络的经营中中国联通还是遇到了许多挑战，比如CDMA手机的短缺。根据计划，为配合CDMA的全网开通，2002年年初手机制造商就要向中国联通提供400万部CDMA手机，但是，实际到货的不到10万部。短缺的原因是手机制造商没有估计到中国联通在这么短的时间内就能开通网络并投入商用，要知道中国联通网络建设的采购合同是2001年5月才签订的。此外，由于之前的CDMA手机是没有SIM（用户身份识别）卡的，而中国联通率先在CDMA手机上配置了UIM卡（UIM卡是与GSM的SIM卡类似的用户识别模块芯片）。这样，国外已经投入商用的CDMA手机产品就需要进行技术改造，增加UIM（用户识别模块）卡的功能，而这也需要时间。

在中国联通在与各手机制造厂商共同努力下，联通公司迅速解决了CDMA手机短缺的问题。一开始，CDMA手机的制造商都是北美和韩国的企业，后来，欧洲一些原来只生产GSM手机的制造商也同时生产CDMA手机了。其中一些手机制造商还为新手机设计了GSM和CDMA两个版本。

尽管CDMA手机的供应已经正常，但是在CDMA的经营中仍然存在许多困难。主要有以下几个方面：

首先，与GSM手机比，CDMA手机的价格偏高。因为一方面CDMA手机制造企业要向高通支付专利费，另一方面高通提供的CDMA手机芯片的价格明显高于GSM手机芯片，以致CDMA手机的制造成本高于GSM手机。

其次，CDMA 在技术标准化方面不够成熟。许多设备的功能和技术指标都需要运营商在设备采购时与制造厂商谈判确定。这样就造成了不同运营商之间在技术规范方面的差异。

最后，CDMA 的国际漫游也是一个难题。CDMA 的运营商本来就比 GSM 少，而当时有的运营商对国际漫游又不感兴趣。中国联通于 2001 年 6 月与 13 家 CDMA 运营企业签署了 CDMA 网间漫游协议，这些公司包括加拿大的贝尔移动、美国的斯普林特、墨西哥的 Iusacell、韩国的 KTF（韩国第二大移动通信运营商）和 SK 电讯、日本的 KDDI、新西兰电信、澳大利亚电信等。尽管中国联通做了很多努力，但是国际漫游的范围仍然不大。

其他 CDMA 运营商也碰到了上述问题。为此，中国联通发起每年召开一次 CDMA 运营商 CEO 峰会，邀请各国 CDMA 运营商和 CDMA 设备制造商参加。峰会的目的是交流 CDMA 运营经验，并探讨 CDMA 在技术和运营方面需要解决的问题。在交流 CDMA 的经营经验时，大家最感兴趣的话题是如何利用 CDMA 1X 的技术优势开发各种应用服务，所以每一家运营商都会在峰会上演示自己开发的新应用。

高通公司也应邀参加每一次 CDMA 运营商峰会。运营商们充分肯定了高通在 CDMA 技术发展上发挥的重要作用，也对高通提出了一些要求和建议，比如，希望高通降低 CDMA 芯片的销售价，降低 CDMA 手机制造成本，使 CDMA 手机的价格可以与 GSM 持平。不过，对于这样的建议，高通一般是不答复的。

在 2G 阶段，移动运营商通常是在 GSM 和 CDMA 两种制式中选择一种，但也有同时经营两种制式的。除了中国联通以外，还有一些运营商也同时经营 GSM 网络和 CDMA 网络，例如澳大利亚电信、印度信实通信等。2008 年，中国电信以总价 1 100 亿元收购了中国联通的 CDMA 网络，于是中国联通结束了同时运行两个不同技术制式的移动网络的局面。

手机进入农村地区

2005 年，中国移动准备在农村地区全面覆盖移动通信网络，但这遭到了投资银行的反对。反对理由如下：

一是农村地区不符合移动通信的定位。反对者认为，移动通信的目的是满足人们在移动过程中的通信需求，而这种需求主要存在于城市。农村居民的活动范围比较小，这方面的需求自然要小得多。从全球移动通信的发展情况来看，移动通信网络主要建立在城市，连像美国这样的发达国家，在偏远的农村地区都还没有普及移动电话。

二是农村的建网成本太高。农村地区宽阔广大，人员居住分散，在农村地区建设全覆盖的移动通信网络需要很大的投入。

三是农村地区的购买力太低。当时移动电话的价格还是比较高的，反对者担心农民买不起也用不起手机，这样就会降低网络的利用率，进而拉低整个中国移动的 ARPU（每用户平均收入，这是当时对移动运营商很重要的估值指标）。

反对者特别担心巨大的农村移动通信网络建设投资会降低公司的价值，从而损坏了投资者的利益。

其实，这些反对理由都有一定的道理。但是，当时移动通信正在全球范围内迅猛发展，这一态势让中国移动形成一个很清晰的直觉：

> 移动通信将会以前所未有的速度普及所有的地方和所有的人，手机会成为每一个人不可或缺的必需品。无论在城市还是农村，无论在高山还是海岛，每一个地方都必须有移动通信的覆盖。这件事即使今天不做，明天还是要做的；即使我们不做，别人也是要做的。

投资银行在中国移动上市和融资的过程中给予了很多指导和帮助，中国移动正是通过投行人士知晓国内外资本市场的情况，因此，移动公司对投行人士的建议一直都很重视，但是这次中国移动很难说服他们。

于是，中国移动决定用行动来证明自己的决策不仅不会损坏投资者的利益，而且可以提升自身的投资价值。

中国移动在建设农村网络初期，以扩大网络覆盖为重点，兼顾容量。在话务量较低、用户数量较少，手机在使用中移动不频繁且对移动速度要求不高，用户对数据业务需求相对较低的情况下，中国移动先采取广覆盖、低成本、高速度的方式建设农村网络。具体来说，就是强化主设备功能，简化配套设备，增加蜂窝小区的覆盖半径，减少站点数量，这样既降低了投资，又加快了建网速度，还降低了维护难度。之后，随着用户数量的增加，中国移动再逐步增加覆盖的密度，扩大网络的容量。

很快，中国移动完成了农村地区的移动通信网络覆盖。宏大的移动通信网络唤醒了沉寂万年的大山，为乡村的农民开辟了广阔的无线天空。

在中国移动意料之中的是，农村移动通信网络建成以后，农村地区对移动通信的需求像火山一样爆发出来。广大的农村地区也像城市一样掀起了"手机热"，乡亲们争相购买手机。

我曾与一位种植黄瓜的农民聊天，他告诉我，他种植的黄瓜都是通过中间商销售到城市的，市场中黄瓜的价格经常会发生变化，在以前他完全不知道市场行情，黄瓜的收购价格都是中间商说了算。有了手机以后，他随时可以查询每个城市蔬菜市场中的黄瓜价格。

很快，农村移动通信市场成了中国移动业务增长的重要驱动力。资本市场最关心的移动用户数、营业收入、净利润等各项业绩指标都持续上升。2007 年 10 月，中国移动的市值达到了 4 000 亿美元。

这样的结果使投资者倍感兴奋，投行分析师们的看法也完全改变了。中国移动邀请了 30 多家投资银行的分析师到农村参观，参观之后，分析师们在他们的报告中都充分肯定了中国移动建设农村移动通信网络、发展农村移动通信业务的战略。

农村地区移动网络的建成在一定程度上填补了农村与城市之间的数字鸿沟。在偏远的农村地区，如果缺乏信息和通信基础设施，这些地区就难以参与以信息技术为基础的数字经济，当地的农民就无法享受以信息技术为基础的教育、文化、娱乐等各种活动。移动通信网络覆盖到偏僻农村以后，消除了高山大海的阻隔，拓宽了这些地区与外部的信息沟通路径，使当地的农民也能享受信息技术的成果。

在现代电信业问世以后，人们开始关注电信业的普遍服务问题。许多国家都制定了有关电信普遍服务的规定。电信普遍服务的目标是要以确保质量的服务、合理并且可承担的价格为整个国家所有的居民，包括居住在低收入地区、农村地区和偏远地区的居民提供基础电信服务。一直以来，电信运营商都把提供电信普遍服务作为自身的义务，通过各种方法实现普遍服务的目标。普遍服务强调的是基础电信业务，而在发展早期，移动通信并没有被列入基础电信业务的范畴，这是因为早期移动通信的建设成本远大于固定通信。后来随着移动通信的成本快速下降，再加上移动通信不必像有线通信一样为每家每户铺设线路，许多运营商通过建设移动通信网络来实现普遍服务，深受用户欢迎。移动通信网络不仅为偏远地区提供了话音服务，也提供了互联网接入等各种信息服务，这些服务已经超越了早期提出的普遍服务的目标。

中国移动在两年时间里完成了 90 000 多个最偏僻乡村的移动通信。除了建设资金缺乏以外，施工难度大也是一项严峻的挑战。这些村子分布在交通非常不方便、电力供应短缺的崇山峻岭之中，设备的运输、施工、调测都很困难。但中国移动与通信设备厂商合作，克服各种困难完成了这一艰巨的任务。

我在国内外的各种场合讲述农村移动通信的情况时，总要提到这些不畏艰难的建设者。2007 年 2 月，我第二次参加在西班牙巴塞罗那举行的全球移动通信大会。在开幕大会上，全球移动通信协会时任 CEO 罗伯特·康韦做了主旨讲话之后，全球移动通信协会时任主席克雷格·埃利希主持了一个论坛，我也是论坛的发言者之一。发言之前，我问克雷格，在我的讲话中间能否放一段视频，他说可以。于是我用了一组照片，介绍中国移动发展农村移动通信的情况。当我讲到我们在最偏僻的山区建设移动通信基站时，我放了一段约 45 秒钟的视频，这段短视频记录了中国移动在山区架设移动通信基站时，施工人员辛勤工作的场景。

由于没有道路，又没有电源，施工队只能采取人拉肩扛的原始方式施工，镜头中大家看到的是工人们光着的脊梁、黝黑的手臂和流淌的汗水。事先我曾担心，这段视频会给人带来技术落后、操作方式原始的负面印象。然而视频放完，会场上一片寂静，我正要继续讲话，突然，会场爆发出一阵猛烈的掌声。我感觉得到，这是一种表示钦佩的掌声，这也是我完全没有想到的。我由衷地感到自豪，为用艰苦工作换得偏僻农村移动通信覆盖的同事们而骄傲。我的国际同行们用掌声赞誉了中国移动为消除数字鸿沟而做出的努力。

后来，哈佛商学院专门派人来中国移动，把中国移动建设农村移动通信网络的工作做成该学院的一个案例（如图 3-1 所示）。案例的主要内容是中国移动倡导和推动用信息技术缩小数字鸿沟。案例最后一段的小标题是"从长期考虑，中国移动的农村通信是可行的吗？"，在这个标题下，有这样一段话：

移动通信使广大的农村居民接受新的信息，并扩大了他们的接触范

图 3-1　哈佛商学院的案例：《中国移动的农村通信战略》

围，这一切给农村带来了巨大的变化，不仅提升了农村居民的生活水平，而且为他们创造了很多机会。这几年，农民的收入得到很大程度的提高，这与农村移动通信网络的建立是分不开的。

然而，挑战也是明显的，在继续扩大农村网络的时候如何控制成本就成了一个棘手的问题。虽然过去农村地区的劳动成本和土地成本都比较低，但是，当中国移动要解决最后一英里的移动网络覆盖的时候，成本已经提升了近三倍。

市场的竞争很激烈，中国移动的竞争对手是两家实力雄厚的全业务电信运营商。电信运营商不仅要关注农村市场，也要关注城市市场，毕竟，对移动通信业来说，城市市场更容易获利。此外，电信运营商还要关注海外的移动通信市场。

那么，从长期考虑，中国移动如何才能更好地分配公司的资源呢？

在激烈竞争的市场环境下，如何利用有限的资源，既要去开拓农村市场，又要发展城市市场，还要寻找海外投资的新机会，这些都是电信企业的领导经常要思考的问题。

移动通信在非洲大陆兴起

2005年，非洲的一家移动通信公司 Celtel 准备出售，摩根士丹利问中国移动是否有意愿参与。当时，我们对非洲的电信业缺乏了解，更不知道 Celtel 是一家什么样的公司。华为和中兴在非洲工作的人员提醒我们，想要了解 Celtel，首先要了解 Celtel 的创始人莫·易卜拉欣。

莫·易卜拉欣出生于苏丹，具有努比亚血统，年幼时随父母移居埃及亚历山大。在亚历山大大学获电气工程学士学位以后，莫·易卜拉欣回到了苏丹，在喀土穆的苏丹电信公司工作。1974年，莫·易卜拉欣离开苏丹来到英国，就读于布拉德福德大学，在取得电子电气工程硕士学位之后，他又在伯明翰大学获得移动通信博士学位。在伯明翰，莫·易卜拉欣还当过老师，主授移动通信，尽管当时这门课并不时髦。在莫·易卜拉欣早期的授课中，他特别重视无线电频率复用技术，而频率复用是蜂窝式移动通信的主要技术特点。

1983年，莫·易卜拉欣进入英国电信旗下的移动通信公司赛尔奈特（也就是后来的O2公司）担任技术经理。但他不太喜欢英国电信的工作氛围，于是在1989年，莫·易卜拉欣创建了一家名为MSI的技术咨询公司。MSI公司主要通过为运营商提供技术支持，帮助运营商用最少的硬件设备来建立完善的移动通信网络，这让他深受移动运营商的欢迎，公司规模也快速扩大。2000年，MSI已有17家国际分支机构和800个员工，这些员工大多是工程师。莫·易卜拉欣鼓励员工购买公司股份，同时也将公司股份作为奖金分配给员工，其员工持有公司股份达30%。2000年年初，马可尼公司以9.16亿美元的价格收购了MSI公司。

1998年，在出售MSI之前，莫·易卜拉欣已经将MSI的蜂窝投资子公司分拆出来，后来又将其改名为CelTel，让其专注于非洲的移动运营。那时，世界上许多地方都在高价出售移动通信牌照，只有在非洲还可以免费获得移动通信牌照，因为大公司大多不愿去非洲经营移动通信。

CelTel取得了在非洲多国经营移动通信的牌照，并快速地扩大网络规模。2004年，CelTel的移动网络已覆盖布基纳法索、乍得、刚果民主共和国、加蓬、肯尼亚、马达加斯加、马拉维、尼日尔、刚果共和国、塞拉利昂、坦桑尼亚、乌干达和赞比亚等13个国家。

2005年3月，CelTel准备在伦敦和约翰内斯堡上市，便于投资者的股份在证券交易所流通。这个消息引起了一些国际电信集团的关注，它们希望收购CelTel。这些收购意向令CelTel的股东们很感兴趣，因为上市需要花费很大的成本，而且市场也不允许主要投资者在公司上市后立马出手自己的股份，他们宁可公司被收购。面对这样的情况，CelTel的CEO马滕·彼得森表示："如果那些有意收购的团体的报价足够高，董事会有责任向股东们报告。"

2005年3月29日，科威特移动电信运营商MTC提出了34亿美元的报价。MTC方面认为，由于对文化价值的认同，MTC和CelTel的结合会产生强大的协同效应。

CelTel 的股东们都喜欢这个方案，因为这个报价几乎是投资者初始投资金额的 2.5 倍。CelTel 的股东包括南非的私募股权基金艾克蒂斯、奥特姆丘和非洲商业银行等。艾克蒂斯拥有 9.3% 的股份，是除了 CelTel 创始人莫·易卜拉欣之外最大的股东。

莫·易卜拉欣原本计划通过上市筹集资金，用以网络的扩展。但是，当得知股东们都表示喜欢 MTC 的收购报价时，莫·易卜拉欣也欣然接受了。由于 CelTel 的许多员工也拥有股权，所以他们获得了大约 5 亿美元的收购资金，有 100 多个员工因此成了百万富翁。

然而，这项收购刚完成，南非移动运营商 MTN 就向伦敦高级法院提出了法律诉讼请求，要求取消科威特 MTC 对 CelTel 的收购。MTN 指出，CelTel 在 3 月 17 日已经接受了 MTN 提出的 26.7 亿美元的收购报价，但在 3 月 29 日又接受了科威特 MTC 提出的 34 亿美元的收购报价。MTN 认为 CelTel 的这种做法有失公平。按营业收入和利润计算，MTN 是当时非洲最大的移动通信运营商，其一直希望通过并购来扩展非洲的移动通信业务。

这件诉讼案后来不了了之了，不过，我们从中可以看出移动通信业的并购也充满了竞争。

在出售了 CelTel 之后，莫·易卜拉欣开始了新的事业。2006 年，莫·易卜拉欣成立了莫·易卜拉欣基金会。2007 年，该基金会推出了莫·易卜拉欣非洲领导成就奖。这个奖项专门授予那些已离任的但对非洲发展做出杰出贡献的非洲国家前领导人。莫·易卜拉欣基金会指出，获得非洲领导成就奖的人不仅在他们的任期内显示了非凡的领导能力，而且在他们卸任领导职务之后，非洲大陆仍然能从他们的经验和智慧中得益。该奖项的奖金额是 500 万美元，分 10 年授予，金额总数超过诺贝尔奖的奖金，是迄今全世界金额最高的奖项。

2007 年，莫桑比克前总统若阿金·希萨诺由于在领导国家摆脱暴力和饥饿，维护和平和稳定，推动经济发展方面取得了杰出成就，成为第一个获得非洲领导成就奖的人。2008 年，博茨瓦纳前总统费斯图斯·莫加埃被授予非洲领导成就奖，以表彰他面对艾滋病流行的挑战，努力维护国家稳定和繁荣的成就。这个奖项并非每年颁发，但每次颁奖都会产生较大的影响力。2010 年的获奖者是佛得角前总统佩德罗·皮雷斯，2014 年的获奖者是纳米比亚前总统希菲凯普奈·波汉巴，2017 年的获奖者是利比里亚前总统埃伦·约翰逊·瑟利夫。

莫·易卜拉欣基金会还推出了易卜拉欣非洲治理指数。该指数通过统计的方式反映非洲国家的治理状况，指数分成 4 个维度：安全和法律，参与和人权，可持续经济机会，人力发展。每个维度下设 100 多个指标。自 2007 年以来，莫·易卜拉欣每年都会发布易卜拉欣非洲治理报告，2018 年发布的报告已囊括 54 个非洲国家。非洲治理指数最初是用于评选非洲领导成就奖的，但后来随着指数影响力的不断扩大，发布非洲治理指数已成为莫·易卜拉欣基金会的一项重要工作。

2010 年 2 月，CelTel 再次转手，印度电信运营商巴蒂收购了科威特运营商 Zain 的非洲资产。那时候，Zain 的非洲业务已布及 15 个国家，拥有 4 000 多万用户，收购金额达 107 亿美元。

除了 CelTel 以外，非洲还有几家很有影响力的电信运营商，包括南非的 MTN，它们都为发展非洲的移动通信做出了很大的贡献。中国移动曾与 MTN 讨论过合作事项。2005 年，MTN 的 CEO 帕图玛·尼尔科来访中国移动总部，介绍了 MTN 的情况并邀请我们去非洲投资。

几个月后，我们出发去非洲考察移动通信。尼日利亚是我们非洲之行的第一站，也是 MNT 的重要市场，MTN 的 1/3 的收入来自尼日利亚。当时，2G 业务在尼日利亚快速发展，在拉各斯、阿布贾等城市，到处可以看到有人在大街上推销 GSM 的 SIM 卡和充值卡。销售者把充值卡插在透明的塑料袋里，连成一串，看上去很像在旅游区兜售风景照片。还有大量的二手汽车在街上快速行驶，人们一边开车一边拿着手机打电话。在拉各斯郊区，我们还看到了一个很大的手机市场，市场里熙熙攘攘，销售各种手机和配件。

MTN 也是通过收购实现快速扩张的移动通信运营商。2006 年 5 月，MTN 以 55 亿美元收购了黎巴嫩的 Investcom。Investcom 的移动通信业务覆盖贝宁、塞浦路斯、加纳、几内亚比绍、利比里亚、苏丹、叙利亚、也门等 9 个国家，还拥有阿富汗和几内亚的移动通信经营牌照。这次收购完成后，MTN 的移动网络覆盖了 21 个国家。

在美国和欧洲，多数人是先有家庭住宅电话，后来才开始用移动电话的。但是在非洲，有许多人从来没有使用过固定电话，他们使用的第一个电信工具就是手机，而且一旦开始使用了手机，他们就一步也离不开手机了。以尼日利亚为例，直到 20 世纪末，全国一共只有 10 万条电话线路，而 2018 年手机的总量已经达到了 1.6 亿部。

手机的普及给非洲人民的生活带来了巨大的改变。在农业方面，农民通过手机获取气象预报、农业生产信息和市场价格情况。肯尼亚的电信运营商 Safaricom 与肯尼亚农产品交易所合作，建立了一个名为 SokoniSMS64 的农产品价格信息平台，农民通过手机短信即可获得各种农产品的最新价格信息。在医药卫生方面，28 岁的加纳人布赖特·西蒙斯开发了一个项目，在每个药品的包装上印刷唯一的代码，人们可以用手机将代码信息发给平台，从而了解他们所购买的药品的真伪。南非有一个 24 小时开放的名为 Impilo 的医疗服务平台，人们可以在任何时候用手机寻求医疗服务。在教育方面，南非有一个名为 MoMath 的数学教育平台，使没有机会上学的学龄儿童也能得到数学教育。同时，手机丰富了非洲人的娱乐生活，人们用手机下载歌曲，玩游戏，参与媒体互动节目。

非洲大陆积累多年的对电信服务的需求，随着移动电话的进入而爆发了，固定电话基础非常薄弱的非洲成为移动电话发展最快的地区。移动电话在非洲曾以年增长 40% 的速度发展，没过几年，非洲的移动电话总数就远远超过了固定电话总数。为什么移动电话在非洲会得到如此快的发展呢？

首先，这得益于移动通信网络建设的灵活性。固定电话需要将线路架设到每家每户，这对那些交通不便的地区来说，架设线路不仅难度大，成本也特别高。而移动通信采用无线方式接入，其特别适合在交通不便的地方发展。与固定电话相比，移动电话的建设周期也比较短，建成以后可以不断扩大容量。

其次，非洲各国在移动通信网络的投资方面，普遍对外资开放，通过外商投资非洲各国迅速解决了移动通信网络的资金来源。例如，沃达丰在 1994 年就进入南非，与南非电信合资成立了 Vodacom 经营移动通信。2008 年，沃达丰在合资公司的股份从 50% 提升到 64.5%。Vodacom 的移动通信网络从南非延伸到坦桑尼亚、刚果民主共和国、莫桑比克、莱索托等非洲国家。瑞典电信运营商米雷康姆在坦桑尼亚、塞内加尔、塞拉利昂、毛里求斯、乍得、加纳、刚果民主共和国等非洲国家经营移动通信业务。

除了来自欧洲的跨国电信运营商以外，非洲本土的一些大型电信运营商也都在非洲多个国家经营移动通信。如南非 MTN 的移动网络覆盖贝宁、博茨瓦纳、喀麦隆、刚果共和国、加纳、几内亚、几内亚比绍、科特迪瓦、利比里亚、尼日利亚、卢旺达、苏丹、南苏丹、斯威士兰、乌干达、赞比亚等国家。埃及奥雷斯康姆的移动网络覆盖阿尔及利亚、突尼斯等国。

最后，移动通信成本的下降也是非洲移动通信快速发展的重要原因。在非洲移动通信起飞之时，2G 已经进入成熟期，无论网络设备还是手机的成本都已经大幅下降。消费者最关心的是手机本身，进入 21 世纪以后，2G 手机的价格明显下降，并且出现了许多适合大众市场的普及型款式，这些手机深受非洲用户的欢迎。

i-mode——从话音到数据

投行人士对信息通信行业的变化非常敏感，其反应速度甚至比业内人士还快。2001 年春天的一个早晨，美林银行的一位董事总经理走进了我在中国联通总部的办公室，那时我还担任中国联通的总裁。他说自己刚从日本回来，特地过来与我谈谈在日本的所见所闻。他说，日本 NTT DoCoMo 推出的 i-mode 已经风行全日本，并且正在迅速地改变日本人的日常习惯。他举例说，以前，日本人在乘坐地铁列车时，总要利用坐车的时间看书或看报，现在不一样了，大多数日本人在乘坐地铁时不看书也不看报，而是看手机上 i-mode 提供的内容了。他说，没想到手机会对日常生活带来这么大的改变，他强烈建议我赶紧去日本了解一下 i-mode 技术的情况。

几个月后，我与中国联通的同事们一起去日本考察移动通信的发展情况。到达东京以后，我们直奔附近的地铁站。进入地铁车厢后，果然看到车厢内人们都在低头看手机。这是我们第一次看到这样的场景，手机真的开始改变人们的日常习惯了，作为业内人士，我们对此有点兴奋。

NTT DoCoMo 于 1999 年 2 月 22 日推出 i-mode。i-mode 的含义是移动互联网采用分组交换技术，为用户提供邮件服务和各种应用服务。用户通过 i-mode，可以查看天气预报、体育消息、财务信息、文学读物、漫画等，还可以听音乐、传送照片、玩游戏、购买电影票。各种内容都由内容提供商负责提供，但是所有内容都必须经过 i-mode 的网关，并通过 i-mode 平台来收费。i-mode 平台开通不久，就有 12 000 个官方网站入驻 i-mode，提供各种应用服务。手机上还设有专门的 i-mode 键，供用户在 i-mode 菜单选择使用应用服务。

那是在 2G 时代，手机的硬件受到各方面的限制，手机的处理能力低，存储能力弱，显示屏小，且只有黑白显示。那时手机的传输速率很低，NTT DoCoMo 的 PDC 系统的分组交换数据传输速率只有 28.8 Kb/s，而实际上 i-mode 的传输速率只有 9 Kb/s。在这样的条件下，还能够通过手机提供如此丰富的数据应用服务，而且又那么受用户的喜爱，这确实是手机应用的一次飞跃。

很快，日本的其他移动通信运营商也推出了类似的服务。KDDI 推出的是 EZweb 平台，J-Phone 推出的是 J-Sky 平台。后来，沃达丰收购了 J-Phone，并将其改名为 Vodafone live！ 2006 年 6 月，日本的这三个移动应用平台已经拥有 8 000 多万用户。

走在东京的街头，我们可以看到很多年轻人手里握着手机，低着头熟练地用拇指操作手机键盘，他们充分地利用各种零星时间浏览各种信息、发邮件、下载歌曲。许多年轻人用两个拇指在手机上输入文字的速度甚至超过了用 10 个手指在计算机键盘上的输入速度。在日本，这些人被称为"拇指族"，这种文化则被称为"拇指文化"。

i-mode 的设计师松永真理女士以前从未用计算机上过网，也许正是这种经历使她更了解那些不会使用计算机的人们的需求。与传统电信业内人士不同，松永真理女士在设计 i-mode 时的主要关注点并非移动传输技术，而是内容。i-mode 强调内容必须是新鲜的，每时每刻都要更新，这样用户就会反复使用 i-mode。用户为内容付费，内容提供商得到收入，i-mode 的运营商 NTT DoCoMo 也从中得到分成。

i-mode 的成功离不开 DoCoMo 的 CEO 立川敬二先生的支持。立川敬二在 1962 年就以工程师的身份加入了 NTT 公司。1998—2004 年，他担任 NTT 的 CEO。他努力改变电信行业的一些传统方式，积极支持在业务领域的创新。当 i-mode 刚开始研发的时候，人们并不理解，但立川敬二给了开发团队很大的发展空间，直到 i-mode 取得巨大的成功。

那时，日本移动电话用户每月使用的话务量不高，这给移动电话业务的财务业绩增长带来了挑战。但是 i-mode 的成功，使 DoCoMo 的数据业务收入得以快速增长，公司取得了很好的财务业绩，i-mode 也被媒体称为"印钞机"。2000 年年末，NTT DoCoMod 的市值达到 2 250 亿美元，超过了其母公司 NTT，成为日本市值最高的上市公司。立川敬二也因此被《财富》杂志评为 2000 年亚洲经济年度人物。

其间，DoCoMo 用大手笔拓展国际市场。2000 年 11 月，DoCoMo 以 98 亿美元收购了美国 AT&T16% 的股份，这在业界引起了轰动。在 DoCoMo 和 AT&T 的协议书上明确表示，双方要加强移动通信技术合作，AT&T 承诺将使用 i-mode 技术。DoCoMo 还入股了荷兰 KPN 移动，拥有其 15% 的股份，此外，还购买了和记电信旗下英国 3 公司 20% 的股份。很显然，NTT 海外投资的一个重要目标是在国际上推广 i-mode。

但是，DoCoMo 的海外投资并没有为公司带来可观的财务效益，由于国际电信股的估值下降，DoCoMo 不得不为此在账面上减值，这反而影响了整体财务业绩。i-mode 在国际上的推广成果也低于预期，这源于两方面的原因。一方面，i-mode 基于日本的 2G 技术 PDC，移植到 GSM 网络后，功能会有所减弱。同时还有手机供应的问题，在日本，电信运营商控制着手机的供应，而在欧洲由于缺乏手机制造商的配合，一定程度上也影响了 i-mode 的推广。另一方面，3G 技术已经进入市场，3G 网络具有较强的数据传输功能，这种功能可以支撑更大规模的移动互联网应用。在 3G 时代，围墙式的移动互联网模式显然已经不再适用了。

2004 年，Cingular 以 410 亿美元收购了 AT&T 无线公司，按照并购双方的协议，持有 AT&T 无线公司 16% 股份的 DoCoMo 必须将其股份全部出售。同年，DoCoMo 又将其在和记英国 3G 公司 20% 的股份出售给和记黄埔，出售价远低于当年的收购价。DoCoMo 的其他一些海外资产也先后出售了。

爱立信的工程师文化

移动通信业务的兴起使爱立信获得了新的发展机会，令这家电信行业的百年老店开始焕发新的生机。20 世纪 90 年代，移动通信开始成为爱立信的最主要业务。基于在移动通信产品方面的领先地位，爱立信的财务业绩获得了明显改善，1990 年爱立信的营业收入仅 457 亿瑞典克朗，到了 1999 年营业收入已达 2 154 亿瑞典克朗。同年，移动通信产品收入已占爱立信总收入的 40%，仅手机产品收入就占总收入的 25%。此时，爱立信的员工总数已经超过 10 万人。

爱立信是一家技术驱动的公司，多年来一直在电信技术方面占据领先地位。1G 时代，爱立信就占有很大的市场份额，这得益于爱立信在技术上的优势。爱立信在 70 年代率先推出了 AXE 数字电话交换机，80 年代初，爱立信便将 AXE 数字电话交换机作为移动通信交换中心。数字交换机的使用有利于移动通信系统实现切换、漫游等功能，而此时，其他的移动通信设备制造商还无法提供数字交换机，这就使爱立信在 1G 网络设备的竞争中处于主动地位。爱立信还利用这种优势提供多种制式的移动通信设备，在 1G 时代，爱立信是唯一可提供 NMT、AMPS 和 TACS 三种制式的电信设备制造商。

爱立信在 2G 产品上也有优势，不仅能够提供 GSM 设备，还提供 D-AMPS 设备，从而进入了美国 TDMA 市场。日本当时使用自己的 2G 标准 PDC，爱立信也向日本电信运营商提供 PDC 设备。后来在美国的一些运营商利用 PCS 1900 牌照建设 GSM 网络时，爱立信又迅速推出了基于 1900 MHz 频率的 GSM 移动通信系统。爱立信还从高通购买了 CDMA

网络设备制造部门，以提供 CDMA 网络设备。爱立信在 2G 方面的优势使其在 3G 标准的制定上拥有很大的发言权，在 3G 网络设备的研发上居领先地位。

爱立信提出的企业价值观是：专业精神、尊重、毅力。外部评价爱立信有一种工程师文化，这种工程师文化是经过多年的积累传承下来的。

1977—1990 年间担任爱立信 CEO 的比约恩·斯维德伯格博士本人就是一位工程师，其曾任爱立信交换部门的技术经理，深谙交换技术。他担任爱立信 CEO 之后做的第一件事就是将爱立信的整个交换机制造体系从生产机电式交换机转变为生产电子式交换机。交换技术的数字化使得电信网络设备的技术产生了一次飞跃。不过令比约恩·斯维德伯格最自豪的还是爱立信在移动通信设备方面的成绩，特别是爱立信在移动通信的发源地美国拿到了 30% 的移动网络设备市场份额。比约恩·斯维德伯格于 1990 年转任爱立信的董事长。

同年，拉尔斯·兰科威斯特担任爱立信 CEO。兰科威斯特是一位资深的电子学博士，曾师从 1981 年诺贝尔物理学获奖者凯·西格班教授。

20 世纪 90 年代初，移动通信从 1G 过渡到 2G，即从模拟移动通信升级为数字移动通信。90 年代中期，2G 网络快速发展。90 年代末，移动通信准备升级到 3G。这一系列产品升级的过程就是一个技术不断创新的过程。其中，兰科威斯特的技术背景充分发挥了作用。兰科威斯特常年从事技术工作，曾担任爱立信无线产品的负责人，在无线产品方面经验丰富。他特别注重研发部门的工作，坚持在研发方面加大投入。尽管这样做遭到了一些股东的反对，但兰科威斯特坚定地支持研发部门。1994 年，爱立信在 20 个国家建立了 40 个研发中心，拥有 16 500 名研发人员。此前在研发方面的高投入取得了很好的效果。由于获得了足够的技术支持，爱立信不断推出各种新的移动通信技术，包括 GPRS、EDGE 等各种基于 2G 的数据传输技术。

1999—2003 年间担任爱立信 CEO 的柯德川也是工程师背景，他曾担任爱立信无线部门总裁。柯德川曾说过："在今天的市场上，速度是最重要的，我们必须争得第一，第一个掌握新技术，第一个推出新产品。当然，如果既是第一个，又是最好的，那当然很理想，但是最重要的是在速度上争第一。"

在这几任 CEO 的影响下，爱立信形成了一种以技术驱动为特征的工程师文化。不过，在 21 世纪初，这种工程师文化经受了考验。2001—2002 财务年度，爱立信出现严重亏损，亏损额高达 300 亿瑞典克朗，随之而来的是公司股价的急剧下跌，一度跌至历史最高股价的 5%。爱立信是瑞典最有影响力的公司之一，所以在那时几乎有一半的瑞典家庭持有爱立信的股票。

在如此严峻的时刻，2003 年，思文凯出任爱立信 CEO。思文凯拥有应用物理学硕士学位，有一定的工程背景，但是没有电信行业工作经历，此前，他是亚萨合莱集团的 CEO，这是全世界最大的制锁企业。出乎业内人士的意料，在宣布思文凯任职的消息后，爱立信的股价立即上升了 14%。

从外部聘请 CEO，这在爱立信历史上是罕见的、至少有 60 年没有过这样的事。思文凯没有在电信行业工作过，不过他此前重组亏损企业的经验派上了用场。为了提升民众信心，思文凯个人购买了 1 亿瑞典克朗的爱立信股票，受到民众称赞。思文凯要让爱立信这个技术驱动的公司实现转型。他大力推动削减成本，精简公司机构，减少管理层次，按照客户的要求改进产品结构。在他的支持下，爱立信一举裁减了 5 万个员工，使员工总数减少到 47 000 个，达到了爱立信 35 年来员工人数最低值。

这些举措很快取得了效果，2003 年下半年，爱立信营业额出现了赢利，这是那三年来爱立信第一次赢利。

2009 年年末，思文凯离开爱立信，担任 BP（英国石油公司）董事长。接替思文凯出任爱立信 CEO 的是卫翰思。卫翰思在爱立信工作多年，此前主要从事财务工作。他曾担任爱立信巴西公司 CFO（首席财务官）和爱立信北美公司 CFO，2007 年担任爱立信集团 CFO，在财务管理方面很有经验。卫翰思担任 CEO 以后，又给爱立信带来了不同的领导风格。2016 年 7 月，卫翰思卸任爱立信 CEO，两年后，卫翰思出任美国电信运营商威瑞森 CEO。

2017 年 1 月，鲍毅康·埃克霍尔姆成为爱立信的 CEO。拥有电子工程硕士学位的鲍毅康此前是 Investor AB（瑞典银瑞达集团）的 CEO，还是国际上多家公司的独立董事。在鲍毅康上任时，爱立信又出现了财富业绩下滑的局面。

大型公司的董事会在遴选 CEO 的时候，经常会碰到一个问题：CEO 需要什么样的背景？事实上，大型跨国公司的优秀 CEO 来自各种不同的背景，有的曾是工程师、会计师，也有的曾是律师。那么，什么背景的人最能胜任 CEO 这一职位呢？查看媒体的评论，我们会发现，当一个技术背景的 CEO 取得优秀业绩的时候，有人会说：面对着瞬息万变的技术，只有具有深厚技术功底的人才能驾驭高技术企业。当一个具有财务背景的 CEO 取得优秀业绩的时候，又有人会说：对一个企业领导人来说，管理知识比技术知识更重要。可见对于这个问题，可以说是仁者见仁，智者见智。

在分析更多的优秀企业后，我们会发现，CEO 的业绩优秀与否，与他年轻时在学校主修的专业并没有多大关系。在企业的领导力中，前瞻力是起决定作用的，一个企业的领导人如果能够观察到行业发展的未来，看到别人看不到的东西，从而确定企业的未来发展目标，这个企业就可能成功。而这种具有前瞻性的观察能力，是来自企业领导对行业的深刻理解。当然，有了前瞻性，还要有执行力，这样才能把目标变为现实。

华为初露头角

2G 阶段是电信设备制造商数量最多的时候。1G 设备制造市场产生了巨额赢利，当时摩托罗拉和爱立信两家制造商占据了市场的主要份额。看到移动通信网络设备市场的丰厚赢利之后，国际上的大型电信设备制造商都迅速转型，把重心转向移动通信设备的制造。除了摩托罗拉和爱立信以外，还有很多公司可以提供 2G 网络系统设备，包括芬兰的诺基亚、德国的西门子、法国的阿尔卡特、意大利的伊特泰尔、美国的朗讯、加拿大的北方电讯、日本的富士通和 NEC、韩国的三星和 LG。这些企业有的只生产单一制式的移动电话系统设备，有的可以生产 GSM 和 CDMA 等多种制式的设备。为什么如此多的移动通信设备制造商都能够生存？因为那时移动通信迎来了大发展，电信运营商急于采购网络系统设备，迅速建立网络并扩大网络，以满足市场需求。而且，那时移动通信设备的价格比较高，只要能够提供移动通信产品，即便市场份额不高，也能赚得盆满钵满。

2G 网络在世界各地迅速扩大，幅员辽阔、人口众多的中国成为规模最大、增长最快的移动通信市场。国际上能够提供 2G 设备的制造商几乎都进入了中国，还在中国建立了许多制造移动通信设备的合资企业。

此时，华为这家在中国大地上成长起来的电信设备制造商也初露头角，进入了移动通信市场。

1987 年，任正非在深圳创立了华为公司。建立初期，华为从事用户交换机的销售代理，1989 年公司开始研发自己的用户交换机，很快就扩大了市场占有率，成为中国的用户交换机主要供应商之一。在用户交换机取得突破的基础上，华为迅速进入了局用交换机领域，并于 1994 年成功推出了 C&C 08 数字程控交换机。那时，C&C 这个说法在技术界很流行，通常指通信（communication）和计算机（computers）的结合。不过，华为给了 C&C 新的解释，那就是城市（city）和农村（countryside），即先进的通信设施将改变城市和农村的面貌。后来，华为用其行动证实了这样的解释。

20 世纪 90 年代末，华为将自己的产品从固定通信延伸到移动通信，推出了自己的 GSM 移动通信设备。此时，中国的两个电信运营商都已经基本完成了 GSM 网络的布局。随着移动通信市场需求剧增，各个城市的移动通信网络经常需要扩大容量，扩容工程一期接一期。但是，一个城市在确定了移动通信网络设备的供应商之后，在较长一段时间通常会继续使用原制造商提供的设备来进行网络扩容，这样有利于网络的运行和维护。不过，这也给像华为这样的后来者进入移动通信设备市场增加了难度。

但是，华为利用自己的特长，巧妙地进入了 GSM 市场，并且逐步提高了市场占有率。

华为的第一个机会是移动软交换产品的研发。3GPP（第三代移动通信合作伙伴计划）在制定 3G 标准的时候，提出要对移动网络的交换系统进行革命性转变，引入软交换技术，将控制与承载面分离，同时在信令和话路方面都引入分组技术。华为公司看到了这个机会，认为软交换可以提高效率、降低成本，在 2G 阶段就可以引入软交换技术，而且还可以平滑过渡到 3G。

华为快速将软交换技术变成了产品，其软交换产品受到了电信运营商的欢迎。中国移动采用华为的软交换设备建立了移动通信全国汇接网，阿联酋的 Etisalat、泰国的 AIS、毛里求斯的 Emtel 等运营商也都采用了华为的软交换设备。移动通信系统实现软交换是移动通信网络结构的一次重大的技术变革，华为在这次移动通信技术变革中抢到了先机，此举提升了华为在移动通信领域的影响力和竞争力。

华为的第二个机会是边际网的建设。各国的移动通信网建设都是从城市开始的，因为城市的人口分布密集，移动通信的基站设施利用率比较高。随着城市移动通信的发展，在农村也出现了对移动通信服务的需求，运营商开始计划在农村建设移动通信网络。但是农村地域辽阔，人口分布比较分散，加之地形复杂，建设和经营移动通信网络的成本比较高。为了解决农村地区建网成本高的问题，华为提出了移动通信边际网的概念，将当时尚未普及移动通信的乡村、公路、海面等区域，统称为移动通信的边际地区，并采用特定的技术，以低成本实现对边际地区移动网络的覆盖。

边际网的特点是高速度、低成本、广覆盖。例如，对于话务量较低的地区，采用广覆盖的方案，减少站点数量，提高单站覆盖范围。华为公司为不同的地区制定了不同的解决方案，分别推出了乡村解决方案、公路解决方案、海洋解决方案。在草原、沙漠、海面等区域，采用超距离覆盖技术，使基站距离达到 30~120 公里，节省了大量投资。基站采用全室外型设计，无须机房和空调，可以直接使用市电，不需要配备专门的电源系统。此外，这一方案还增强了基站的室外环境保护能力、预防雷击的能力，提升了农村网络的可靠性。

华为的边际网产品为正要建设农村移动通信网络的电信运营商带来了非常合适的技术解决方案。中国移动在建设移动通信网络的过程中，大量选用了华为的边际网产品，实现了低成本建设和经营农村移动通信网络的目标。

华为的 GSM 产品先从农村地区的边际网进入，然后又逐步进入城市的移动通信市场，并不断扩大在 GSM 移动通信设备市场的份额。

哈佛商学院的迈克尔·波特教授在《竞争战略》一书中将差异化战略列为三大通用竞争战略之一。他认为，企业在激烈的市场竞争中，要根据行业结构，针对企业的优势和劣势进行定位，在行业中寻找竞争合力最弱的地方切入。华为在进入 GSM 市场初期，面对的是众多实力雄厚的电信设备制造商，这些制造商在移动通信设备市场上经验丰富，能为运营商提供成熟的 GSM 设备。华为作为 GSM 设备市场的新进入者，无论在经验方面还是产品的成熟度方面都处于劣势，但是华为抓住了两个新的机会，即移动软交换和边际网设备空缺的市场。移动软交换是那时刚刚提出的技术，新老制造商在这方面都没有经验，华为公司瞄准这个空隙，集中力量突破了软交换的技术研发，率先提供给运营商。边际网络在当时也是一个空白，那些市场占有率较高的移动通信设备制造商都把重点放在城市，因为城市的市场空间还非常大，而华为公司专门开发出适合农村地区的移动通信边际网设备，据此受到运营商的青睐。正是这种差异化的竞争战略，使华为在竞争激烈的移动通信设备市场中得以突出。

20 世纪 90 年代，在深圳活跃着一大批通信设备公司，这些公司有的凭销售用户交换机起家，也有的以销售电源设备、传输设备、移动电话、手机电池、接插件等起家，这些企业初期规模都比较小。20 世纪 90 年代末至 21 世纪初，正是中国电信业快速增长的时期，深圳的这些通信公司正好遇上了电信大发展的好时机，它们面对的是像火山一样爆发的电信需求，这意味着各种各样的赢利机会。在机遇面前，与深圳大部分通信设备公司 CEO 不一样，任正非把工作的重心首先放在建立一套着眼于长期的管理办法、内部机制和业务流程上。为此，华为借鉴了 IBM 的管理经验，还从 IBM 聘请了管理顾问。

业务流程是企业最重要的基础工程，对制造企业而言更是如此。我们曾经碰到过许多电信设备制造商，它们的产品技术很独特，产品价格也合理，但是，一旦与之签下供货合同，后续往往会碰到一连串问题，例如交货不及时、产品与合同不符、调测人员不到位等，这些问题大多是由业务流程上的缺陷造成的。华为花大力气建立内部管理制度确实很有必要，此举为华为的长期发展打下了坚实的基础。

华为在实施新的管理制度时，坚持先"固化"，不允许任何变通。这需要很大的魄力，甚至要冒一定的风险，但效果无疑是很好的。

任正非曾说过："华为第一靠流程，第二靠执行能力。公司的流程确定后，公司每个人都要严格地执行。只要能做到这两点，就能把产品做好。今天我们做电信设备，可以把电信设备做得很好，如果哪天电信设备市场变化了，我们可以生产别的产品。例如，我们要是专心做拖拉机，我们也一定能生产出全世界最好的拖拉机。"

华为此前并未在证券交易所上市，而是实行员工持股制度。对此，《华为基本法》是这么解释的：

> 我们是用转化为资本这种形式，使劳动、知识以及企业家的管理和风险的积累贡献得到体现和报偿；利用股权的安排，形成公司的中坚力量和保持对公司的有效控制，使公司可持续成长。知识资本化与适应技术和社会变化的有活力的产权制度，是我们不断探索的方向。
>
> 我们实行员工持股制度。一方面，普惠认同华为的模范员工，结成公司与员工的利益与命运共同体。另一方面，将不断地使最有责任心与才能的人进入公司的中坚层。

华为通过这种股权激励的方式充分调动了员工的积极性，提升了华为的竞争力。特别可贵的是，随着员工持股数量的大幅增加，创始人的持股数量在不断稀释。

在 2G 时代，华为已经初露头角。不过，对华为来说，这只是个序幕，它要唱的大戏还在后头。

中兴的道路

无独有偶，在深圳这个城市，还诞生了另一家通信设备制造企业——中兴通讯。1985 年，侯为贵先生创立了中兴通讯，最初这家企业只是加工制造一些小电器，后来开始进入通信设备制造领域。像许多深圳的通信设备制造商一样，中兴通讯也是从制造用户电话交换机起步的，1987 年，中兴通讯成功开发出 ZX-60 模拟空分用户交换机。当时，中国的许多城市都出现了"装电话热"，众多的机关、企业、学校和家庭都盼望着装上电话，但是，由于市内电话设施供不应求，安装电话需要等待很长的时间。相对而言，用户电话交换机的安装就比较快捷，一台用户交换机可以连接许多电话机，所以许多企业都热衷于安装用户交换机。这一市场需求催生了一批制造和销售用户交换机的企业，但这些企业大部分只是代理销售进口的用户交换机，只有华为、中兴通讯等少数几家独立开发并制造用户交换机。

1990 年，中兴通讯又推出了数字程控用户交换机 ZX500，这款产品深受市场欢迎。1993 年，中兴通讯推出的 ZXJ2000 数字程控交换机，最大容量已达 2 048 线，不仅可以作为企业内部的用户交换机，还可以作为农村公众电话网的交换机。后来，中兴通讯又开发出大型局用数字程控交换机 ZXJ10。

20 世纪 90 年代末，当中兴通讯进入移动通信市场时，其同样面临着 GSM 市场已挤满供应商的局面。中兴通讯选择通过开发 CDMA 网络设备的方式进入 2G 市场。当时，电信设备制造商都把研发重点放在了 GSM 和 3G 产品上，而中兴通讯认为在发放 3G 牌照之前，窄带 CDMA 还有很大的发展空间。于是，中兴通讯集中力量开发 CDMA 的网络设备。

事实上，CDMA 的设备市场也充满竞争，当时的 CDMA 网络设备主要供应商包括摩托罗拉、北电网络、朗讯、爱立信等，它们都是经验丰富、实力雄厚的电信设备供应商，此外，韩国的三星和 LG 在 CDMA 设备制造上也具备很强的竞争力。在如此激烈的竞争中，中兴通讯初次征战，就取得了很好的成绩。2001 年 5 月，在中国联通 CDMA 一期网络设备工程建设招标中，中兴通讯获得了在广东、贵州、云南等 10 个省的 CDMA 采购合同；2002 年 11 月，在中国联通 CDMA 二期招标中，中兴通讯与中国联通共签署了总额达 15.7 亿元的 CDMA 采购合同。到 2003 年的联通三期招标，中兴通讯的设备已经进入了中国联通 15 个省的 CDMA 市场。

中兴通讯的 CDMA 设备在中国联通的运行质量深受好评，以此为起点，中兴通讯开始开拓国际 CDMA 市场。2004 年，中兴通讯为印度尼西亚的运营商 Indosat 提供 CDMA 1X 网络设备，随后又为俄罗斯运营商 KCC 建设 450 兆频段的 CDMA 网络设备。中兴通讯的 CDMA 产品还成功进入阿尔及利亚、印度、越南、科威特、沙特阿拉伯、埃及、乌兹别克斯坦等国。

中兴通讯在开拓 CDMA 市场的同时，还在寻找别的渠道扩大无线通信产品市场。2000 年，固定通信的增长已经减速，而移动通信在快速增长，没有获得移动通信牌照的电信运营商也在考虑进入移动通信市场。PHS（个人手持式电话系统）成了这些电信运营商的一种选择。PHS 起源于日本，是一种无线本地电话技术，采用微蜂窝的方式。PHS 通信功率较小，基站体积也小，建造成本低，使用成本也低，在中国市场上，被称为"小灵通"，但是由于基站覆盖面积小，其适用效果也受限，所以"小灵通"设备的供应商也比较少。但是，中兴通讯认为，固定通信运营商在没有取得移动牌照之前，会继续发展"小灵通"，"小灵通"的市场还会延续一段时间。于是中兴通讯决定研发"小灵通"设备。

中兴通讯利用自身在无线通信产品方面的经验，对"小灵通"的网络结构进行了优化。例如，原先的"小灵通"网络用的是固网交换机，而中兴通讯结合其在 GSM 和 CDMA 移动网络产品方面的经验，将移动交换系统用于小灵通，提升了网络的效率。很快，中兴通讯的"小灵通"产品受到了中国电信和中国网通的欢迎。

固定运营商采取"小灵通"与固定电话捆绑的方式，吸引了众多用户。例如，中兴通讯为电信运营商提供"两号捆绑"的业务，当用户家里的固定电话振铃时，如果用户不在家，他手中的"小灵通"也会同时振铃，这样用户就可以用"小灵通"方便地接听别人打到家里的电话。这些功能在那个以固定电话为主要通信手段的年代很有吸引力。

出乎业内人士的预计，"小灵通"发展非常快速。2004 年，中国电信和中国网通的"小灵通"用户为 4 700 万户，2005 年攀升至 8 100 万户，2006 年达到了 9 300 万户。提供"小灵通"网络设备和"小灵通"手机的制造商也因此获得了丰厚的利润。

在中国移动通信网络设备制造商中，中兴通讯是第一个进入手机制造领域的。1998 年，中兴通讯就成立了手机产品部，并于 1999 年推出了首款 GSM 手机 A189。2000 年，中兴通讯在韩国设立 CDMA 手机研发机构，2001 年，按中国联通的要求，推出了机卡分离式的 CDMA 手机。2003 年又开始生产"小灵通"手机。2004 年，中兴通讯全年销售的手机已经超过了 1 100 万部。

我是在 20 世纪 90 年代认识侯为贵先生的。侯为贵先生学识深湛，气度温文尔雅。他看起来比较内向，言辞简练，但是在做出公司决策时非常坚决。据中兴通讯内部人士说，当时在选择无线本地电话技术时，有两种方案，除了 PHS 以外，还有一种 DECT（数字加强式无线通信系统）技术，这是由欧洲电信标准组织制定的增强型数字无绳电话标准。中兴通讯的技术部门从技术优势、建网成本和标准通用性等方面分析，写了一份 70 页的评估报告，结论是选择 DECT 技术。报告到了侯董事长那里，侯董事长明确批示："选择 PHS。"理由是，PHS 在日本东京一个城市就有几百万用户，而 DECT，从来没有建过那么大的网络。[①]

华为和中兴通讯都于 20 世纪 80 年代诞生于深圳，也都是以销售和制造用户交换机起家的。它们都研发出了中国第一代数字程控电话交换机，取得了开发固定通信网络设备的优秀业绩。虽然在模拟移动通信阶段它们未能进入移动通信市场，但是当移动通信进入 2G 阶段，它们赶上了移动通信技术发展的好时机，也赶上了移动通信市场需求迅速增长的好时机。面对强大的竞争对手，它们扬长避短，以各自不同的方式成功地进入了 2G 市场。开始，它们在 2G 市场所占份额并不大，但是，这为它们进入国际移动通信市场，开发 3G 以及更前沿的移动通信技术奠定了基础。

---

① 王守成 . 文字不灭：我在中兴通讯黄金二十年 [M]. 上海：上海远东出版社，2018.

印度的移动通信

印度的移动通信是在 2G 阶段发展起来的，在这个人口众多的国家，移动通信的发展从一开始就显露了勃勃生机。

2004 年，我与中国联通的同事前往印度，当时中国联通正在大力推进 CDMA，我们希望能够与印度运营 CDMA 的电信运营商建立合作关系。

印度的移动通信牌照是按区域发放的，全印度共分成 22 个圈，因此，印度的移动通信运营商很多，一度多达 12 家。大的运营商持有多个区域的牌照，用户数量也多，小的运营商网络覆盖的区域范围就比较小。以 CDMA 为例，印度共有 6 家运营商经营 CDMA，但其中信实通信拥有59.6% 的用户，塔塔电信拥有 32.7% 的用户，其余 4 家加起来也只拥有7.7% 的 CDMA 用户。

印度的移动电话服务价格很低，与 GSM 相比，CDMA 的资费更低，当时 CDMA 的资费比 GSM 要低 39%。但是，移动运营商的成本控制也做到了极致，我们在与运营 GSM 的巴蒂交流时，得知其在移动通信经营中，最大限度地采用了外包的方式。它们将网络建设、设备运行维护等都外包给专业公司，这样不仅减少了电信运营商的资本性开支，也减少了经营性开支。这种低资费、低成本的经营方式一度取得了很好的效果。巴蒂创始人苏尼尔·米塔尔在美国的一所大学演讲时曾经这样说：欧洲有的电信运营商的移动电话 ARPU（每用平均月收入）达到 40 欧元，但仍旧亏损，而巴蒂的 ARPU 只有 4 美元，却依然能够赢利，这是因为巴蒂的经营方式很好地控制了成本。

那次去印度，中国联通团队主要考察的运营商是经营 CDMA 网络的信实通信和塔塔电信。

信实通信隶属于信实集团。2002 年，在信实集团创始人迪鲁拜·安巴尼去世后，他的儿子阿尼尔·安巴尼继承了原信实集团的电信、电力和金融服务业资产，这样信实通信就归入了阿尼尔·安巴尼旗下。

谈及阿尼尔·安巴尼的时候，总不免要提到他的哥哥穆克实·安巴尼。穆克实是印度非常有名的企业家，他继承了信实集团的石油开采和冶炼业务，担任信实工业的董事长。2009 年，我在达沃斯参加世界经济论坛年会的时候，曾和穆克实谈论移动通信的发展，穆克实告诉我，他在 7 年前曾掌管过移动通信业务。没想到几年后，穆克实又重操电信业。2016 年，信实工业旗下的信实 Jio 在印度 22 个电信服务区域全面推出 4G 服务，只花了 170 天就使 Jio 的用户数突破 1 亿，这在印度的电信市场引发了极大震动。

大部分印度的大型企业都是从 2G 时代开始参与移动通信业的，塔塔就是其中的一家。2002 年我们在去印度的时候，专门去了位于孟买的塔塔集团总部。

当时塔塔集团的第四代掌门人拉坦·塔塔先生接待了我们，经他介绍，我们了解到塔塔集团商业运营的范围很广，涉及通信和信息、工程、材料、能源、化工、汽车和各种消费产品。当时塔塔经营的 CDMA 移动通信网络规模并不大，塔塔集团希望能通过合作的方式迅速扩大网络规模。

拉坦·塔塔平时话不多，有媒体称其为"孤独人"。但是在决策的关键时刻，他非常坚定。他曾力排众议收购了克鲁斯钢铁公司和捷豹、路虎汽车，使塔塔集团成为国际化公司。

印度诗人泰戈尔曾说："不是槌的敲打，乃是水的载歌载舞，使鹅卵石臻于完美。"耐心、沉着、甘于寂寞，这些都是优秀的企业领导人所必需的品质。

铱星与卫星移动通信

在地面移动通信系统蓬勃发展的同时，卫星移动通信也在积极推进之中。业内一直有着这样的观点：移动通信强调的是最广泛的覆盖，而通信卫星在这方面有着天然的优势。

最早的卫星移动通信系统是国际海事卫星组织提供的国际海事卫星电话业务。这是通过国际海事卫星连接的船舶与船舶之间、船舶与陆地之间的通信服务，覆盖了太平洋、印度洋和大西洋地区。早期的海事卫星通信系统只提供船与岸之间的通信，而船与船之间的通信需要通过岸上转接，后来的海事卫星通信系统可以提供船与船之间的直接通信，并支持便携式电话终端。但是这种建立在地球静止轨道卫星基础上的通信系统存在明显的不足，比如终端笨重、价格高昂、容量不足、通信时延长等。在这种背景下，低轨道卫星移动通信系统引起了业界的关注。

1985 年，摩托罗拉的工程师巴里·伯提格与妻子在加勒比海的巴哈马度假，他的妻子抱怨无法用移动电话联系她的客户。度假结束后，巴里和同在亚利桑那州的摩托罗拉卫星通信团队的另外两名工程师一起，提出了通过低轨道卫星建立一个可以在世界任何地方通话的电话系统。这个系统由 77 颗卫星组成，而金属元素铱正好有 77 个电子，因此这项计划被称为铱星计划。尽管后来实际只用了 66 颗卫星，但大家仍称其为铱星系统。

时任摩托罗拉董事长的罗伯特·高尔文批准了铱星计划。铱星计划于 1987 年正式开始执行。后来，罗伯特的儿子克里斯托弗·高尔文担任摩托罗拉 CEO，克里斯托弗对这个计划更是雄心勃勃。他认为，铱星计划将成为摩托罗拉向世界展示其超凡技术能力的标志性项目。

铱星系统是个宏大的计划，卫星计划运行在距地面约 700 千米的高空，共有 6 条轨道，每条轨道除 11 颗正常服务的卫星以外，还有 1~2 颗备用卫星。每颗卫星重约 670 千克，服务寿命为 5~8 年，可提供 48 个波束，每个波束平均包含 80 个信道，即每颗卫星可以提供 3 840 个全双工电路信道。铱星系统通过在地面设置的关口站与公众电话网连接，这样世界上任何地方的用户只要使用铱星手机就能通过铱星系统实现与他人通话。

与建立在地球静止同步轨道上的海事卫星相比，铱星有许多优势。例如，海事卫星的运行高度约 35 000 千米，铱星的运行轨道则要低得多，所以，铱星的手机比海事卫星的手机要小，通话的时延也缩短了。

每颗铱星都有三个长方形天线，天线的表面像镜子一样平滑，可以反射阳光。从地面观察铱星，可达 −8 ～ −9 度的亮度。只要时间合适，人们在地面上就可以看到铱星的光点在夜空中出现，掠过天际，整个过程持续几秒钟。这种现象被称为铱星闪光。

不过，铱星的经营状况却远不如铱星闪光那样美丽。

1991 年，摩托罗拉分拆铱星业务，成立了铱星公司。摩托罗拉出资 4 亿美元，获得了铱星公司 25% 的股份，在 28 人的董事会中占有 6 席。摩托罗拉还为铱星提供了 7.5 亿美元的贷款担保。当然，摩托罗拉也获得了来自铱星公司的大合同，合同总金额高达 66 亿美元，其中 34 亿美元用于卫星的制造和发射，29 亿美元用于铱星系统的运行和维护。90 年代中期，摩托罗拉财务状况不佳，但是仍然没有停止铱星计划的执行。

经过 11 年的努力，铱星系统于 1998 年 11 月 1 日正式开通。但是，在这 11 年中，全球移动通信市场已经发生了巨大的变化。

1987 年，摩托罗拉在设计铱星系统时，曾描绘出这样的情景：

> 一个美国商人提着一个公文包在全球旅行，无论在巴黎还是在伦敦，他从公文包里掏出铱星手机高声通话，四周行人投来羡慕的眼光。

尽管铱星公司将 1.8 亿美元用于铱星的广告，但这样美好的场景终究没有实现。

1998 年，无论在巴黎还是伦敦，蜂窝式移动通信已实现全面覆盖，人们不会去花 3 000 美元购买铱星手机，更不会为每分钟的通话支付 3~8 美元。不要说伦敦和纽约这样的国际大都市，那时在许多发展中国家，也可以使用蜂窝式移动电话了。

至 1999 年 4 月，铱星系统只有 1 万个用户，凭铱星公司那些微不足道的收入，根本不可能偿还巨额的贷款利息。在当年 4 月宣布季度业绩的前两天，铱星公司的 CEO 爱德华·斯坦易埃诺被解除职务。

爱德华·斯坦易埃诺于 1996 年加入铱星公司，在此以前，他在摩托罗拉工作了 23 年。他领导的部门创造过优秀的业绩，1995 年摩托罗拉总营收的 270 亿美元中，有 40% 来自这个部门。爱德华·斯坦易埃诺放弃了摩托罗拉给予的 130 万美元的年薪，宁愿接受铱星公司 50 万美元的年薪和 75 万股 5 年期的股票期权。可惜他在铱星公司雄心勃勃的计划目标没能实现。

之后，约翰·理查德森接替爱德华·斯坦易埃诺，成为铱星公司新一任 CEO。他一上任，刚刚推出铱星服务不久的铱星公司便开始裁员，裁掉了 15% 的员工，其中包括 7 位参与设计公司市场策略的经理。但是铱星的运营情况并没有好转，爱德华·斯坦易埃诺曾预计在 1999 年年末铱星用户将突破 50 万户，而实际上，截至 1999 年 8 月，铱星的用户总数也只有 2 万户，距离目标相差甚远。这样的经营业绩连债务利息都无法付清，更不要说归还债务本金了。

铱星公司所欠的 15 亿美元贷款本应在 1999 年 8 月归还，在违约期限两天后的 1999 年 8 月 13 日，铱星公司申请破产保护。

人们曾对铱星系统充满期待，1997 年 6 月，铱星公司在纳斯达克上市时的股价是 20 美元，1998 年 5 月，其股价高达 72.19 美元，而 1999 年 8 月铱星公司在宣告破产后，股价跌到 3.06 美元。1999 年 11 月，铱星公司被从纳斯达克摘牌。铱星公司的合作伙伴除了在股权投资上的损失以外，在关口站建设、业务推广等方面也都付出了不小的代价。那些为铱星提供贷款的银行也遭受了巨大损失，经过铱星公司与债权人的谈判，15 亿美元贷款按照 1 美元兑 15 美分归还。

经过 11 年努力建成的铱星系统，运营不到一年就破产了。铱星公司的破产成了财经媒体报道的重点，也成了商学院讨论失败项目的一个典型案例。在移动通信发展史上，很少有这样惨败的项目，摩托罗拉公司成立几十年来，也没有受过如此大的挫折。人们对铱星项目失败原因的分析特别感兴趣。众多媒体评论和分析报告将铱星失败的原因大体归纳为以下几个方面：

首先，技术上存在局限。低轨道移动通信要求手机天线与通信卫星之间不能有任何阻挡物存在。基于此铱星手机就只能在空地使用，无法在建筑物内和汽车里使用。而商务人士大部分时间都在室内，所以这一人群就不适合使用铱星手机。此外，铱星手机虽然比海事卫星手机要小，但与地面移动通信系统的手机相比，还是偏大、偏重。

其次，营销体系不够健全。京瓷公司是铱星手机的主要供应商之一，但是直到铱星宣布开通之时，京瓷公司仍然无法提供足够的铱星手机。在用户数量很少的情况下，居然还出现了手机供不应求的情况，可见其营销体系的不健全。

再次，合作伙伴配合不协调。铱星的地面关口站和销售系统都是由各地合作伙伴提供的，这些合作伙伴多是大型电信企业，它们对铱星业务并没有给予足够的重视。

最后，公司治理不健全。尽管铱星公司是上市公司，但铱星公司共有28个董事中，27个来自摩托罗拉和铱星公司的其他股东单位，缺乏来自外部的独立董事。由于大部分董事都是由股东单位指派的，他们作为投资者的代表，在董事会的会议上往往只从股东单位的角度考虑问题，对整个铱星系统的市场和销售策略考虑较少。

人们对铱星计划破产的评论各有各的道理，但是，铱星系统给我们的主要教训是，无线通信技术的发展日新月异，无线通信市场的环境也在不断变化，企业不可能守着一个发展计划10多年一成不变。1987年，在摩托罗拉公司开始推行铱星计划的时候，第一代移动通信刚刚出现，那时移动电话价格高昂，只有少数人能够使用。而且移动通信网络只覆盖于城市中心地区，移动电话在不同地区之间无法漫游。这时候，一个能够覆盖地球上所有地方的低轨道移动通信系统当然会很受市场的欢迎特别是那些经常在世界各地旅行的商务人士。但是，1998年，当铱星系统正式开通的时候，2G已经全面投入应用。无论是GSM还是CDMA都已进入大众市场，手机价格下降了，功能增加了。"在世界上的任何一个国家都能使用铱星电话"曾经是铱星最吸引人的卖点，但在2G阶段，移动电话已经可以方便地实现国际漫游，而铱星的卖点仍然停留在11年前，这样自然无法实现铱星的商业目标。

但是，铱星计划毕竟是对低轨道卫星移动通信的一次有益探索。事实上，这一类低轨道移动通信的项目在当时还有好几个，如全球星系统、泰勒戴斯克系统等。

全球星是由美国劳拉公司和高通公司发起的低轨道卫星移动通信系统。全球星系统共有48颗卫星，运行在高度为1 400千米的轨道上，另有4颗备用卫星。全球星系统由卫星和地面关口站组成，采用CDMA技术，卫星系统与地面系统联合组网，因此，卫星上没有复杂的交换和处理系统。整个系统的覆盖区为南纬70度与北纬70度之间的地区。通话期间，每颗卫星能够与用户保持17分钟的连接，然后通过软切换转到另一颗卫星。全球星手机的体积略大于地面蜂窝移动手机，分成全球星单模、全球星与 GSM 双模、全球星与 CDMA 双模等多种形式。如果使用双模手机，那么用户大部分时间都可以使用地面蜂窝网络，只是在没有地面蜂窝移动通信网络的地方用户需要使用全球星网络。1999 年 10 月，当入轨卫星达到 32 颗时，全球星开始分阶段提供通信服务。2002 年 2 月 15 日，全球星公司宣告破产，2004 年，泰尔莫资本成为重组后的全球星公司的主要股东。

泰勒戴斯克公司成立于 1990 年，主要投资人是克雷格·麦考和比尔·盖茨，公司的目标是利用低轨道卫星提供互联网接入服务。由于受到铱星和全球星项目失败的影响，2002 年 10 月，泰勒戴斯克项目也进入停滞状态。

值得庆幸的是，尽管遭受了很多挫折，但人类对于低轨道卫星通信的研究并没有停止，还在继续进行中。

2015 年，太空探索技术公司推出了 Starlink（星链）计划，埃隆·马斯克宣布要建立覆盖全球的卫星网络，为世界所有地区提供互联网连接。埃隆·马斯克计划在 2019 年发射 4 425 颗卫星，轨道高度为 1 150~1 350 千米。此外，该计划还要再发射 7 518 颗卫星，轨道高度为 340 千米。

2019 年，亚马逊公司也提出计划，要在三个不同的轨道发射 3 236 颗低轨道卫星，为全球提供高速互联网接入服务。其中轨道高度 590 千米的轨道上有 784 颗卫星，轨道高度 630 千米的有 1 156 颗，轨道高度 610 千米的有 1 296 颗。

到现在很多人都觉得铱星已经寿终正寝了，其实不然。破产后又重组的铱星公司正以新的姿态提供卫星通信服务。

在摩托罗拉进入破产保护阶段以后，铱星的资产被拍卖，尽管标价已经低到不可思议，但依然无人问津。当时，几乎已经进入了让这些卫星自毁的程序。就在那时，一个名为丹·科卢西的企业家介入了交易，经过一番周折，他成功地收购了这些卫星，包括 66 颗在轨运行卫星和 12 颗在轨备用卫星。丹·科卢西不仅想方设法地维持卫星的运转，而且改变了铱星的经营方向，将"在没有地面移动通信系统的地点提供特殊的通信服务"作为新的目标。在科学探险、远洋捕鱼、攀登高山、紧急救援等领域，铱星手机发挥出了特别的作用。2004 年 7 月，铱星公司实现 EBITDA（一种公司经营业绩的测算方法）转正。

2006 年 9 月，马修·德施出任铱星公司 CEO，丹·科卢西继续担任铱星控股公司董事长。随着用户的增加，铱星公司的财务状况逐渐好转，2008 年，铱星公司赢利达到 5 400 万美元。

铱星公司实施了第二代铱星计划，2010 年与 SpaceX 签署发射新铱星的协议，2017—2019 年，SpaceX 先后将 75 颗二代铱星送入预定轨道。

手机取代无线寻呼机

无线寻呼机是最早普及大众市场的移动通信设备。英语中无线寻呼机被称为 beeper，意思是能发出哔哔声的设备，后来简称为 BP 机。

无线寻呼系统是一种单向信号传输系统，当主叫用户要呼叫被叫用户时，主叫用户可以利用普通电话机拨出被叫用户的寻呼机号码，经电话网先传到无线寻呼台，再将这个信息发出去。

第一台与电话系统连接的无线寻呼机是阿尔·格罗斯于 1949 年发明的。阿尔·格罗斯 1918 年出生于加拿大多伦多，从小就随家庭移居到美国俄亥俄州的克利夫兰。阿尔 9 岁时就对无线电产生兴趣，16 岁就安装了小型无线电台，并取得了业务无线电牌照。1949 年，阿尔·格罗斯发明了无线寻呼系统并申请了专利。1950 年，这套寻呼系统在纽约的犹太医院开始投入使用，不过那时还没有称其为寻呼系统，而被称为紧急通信系统。虽然阿尔·格罗斯的专利到 1970 年才失效，但阿尔·格罗斯本人一直没有因为他的发明而获得赢利。2000 年，已步入晚年的阿尔·格罗斯表示，无线寻呼系统已经渗透到社会，尽管没有获利，他也非常高兴。

1960 年，摩托罗拉的约翰·F. 米切尔将摩托罗拉的对讲机和汽车收音机的原理相结合，制造出第一部晶体管无线寻呼机。

1964 年，摩托罗拉推出商用音调式无线寻呼机 Pageboy 1，从此开启了摩托罗拉在寻呼机领域长达 40 年的主导地位。音调式寻呼机可随身携带，没有显示屏，也不能存储信息，每次只能收到一个重复的单音，如滴-滴-滴或者嗒-嗒-嗒，不同的音调代表不同的意思，我们把这种单音称为通知音。例如，在医院里，当医生听到寻呼机里发出滴-滴-滴的声音时，这可能提示他需要直接去急诊室；当医生听到嗒-嗒-嗒的声音时，这可能提示他应该马上给电话总机话务员打电话，从获取具体的信息。这样的寻呼机功能听起来很简单，但是，如果碰到有危重病人需要急救，在没有其他无线设备的情况下，要以最快的速度找到医生，这也不失为一个很实用的办法。所以，当时的无线寻呼系统在医院用得比较多。

日本于 1968 年在 150 MHz 频段上开通音调式无线寻呼系统。

20 世纪 80 年代，摩托罗拉推出字母和数字无线寻呼机，可以传送文字信息，而且网络覆盖范围也扩大了，在一个城市范围内都可以使用无线寻呼系统。此后，无线寻呼的使用从专业市场延伸到大众市场。[1] 无线寻呼系统由寻呼中心、基站和寻呼接收机三部分组成。当一个主叫用户要寻找某一个被叫用户时，他可以通过市内电话拨通寻呼中心的话务员，并用语音告知被叫用户的寻呼机号码和回电号码，还可以加上简短的信息内容。这些信息通过基站发射给被叫用户，被叫用户随身携带的寻呼机则会发出通知音或震动，并在寻呼机的显示屏上显示主叫用户所告知的信息。

后来又出现了自动寻呼系统，用户可以自己在电话机上操作，直接向被叫用户发送信息。

1996 年，加拿大 RIM 公司推出双向寻呼技术，寻呼机本身带有全键盘，除了可以接收信息以外，还可以发送信息。这款双向寻呼机当时叫 Inter@active，后来改称为黑莓。

20 世纪 80 年代，无线寻呼进入中国。1983 年 9 月，中国第一个模拟寻呼系统出现在上海，该系统使用 150 MHz 频段。1984 年 5 月，广州出现了数字寻呼系统，也使用 150 MHz 频段。紧接着，其他城市也都先后出现了无线寻呼服务。无线寻呼一进入市场，就吸引了大批消费者。那时候，在腰上别一部无线寻呼机很容易引来路人羡慕的眼光。

1987 年，模拟移动电话在广州开通，随后全国各地都有了移动电话网络。在此后的 10 多年时间里，无线寻呼与移动电话同时快速发展。

---

[1] Mary Bellis, History of Pagers and Beepers, ThoughtCo. [EB/OL]. [2019.9.18]. https://www.thoughtco.com/history-of-pagers-and-beepers-1992315

1995—1998 年，是无线寻呼发展最快的时期，中国每年新增的无线寻呼用户都在 1 000 万户以上。1999 年，全国的无线寻呼台已有 1 400 多家，无线寻呼用户总数更是达到 7 360 万户。

在这段时间里，"有事呼我"成了一句社会流行语。在公共电话亭前，常常能看到人们手持无线寻呼机排着队等待回电话。

不过这种局面很快就发生了变化。1998 年以后，移动电话发展加速，2000 年，中国移动电话用户总数超过了无线寻呼用户。也就是从这时候开始，无线寻呼用户快速减少。

原因很简单，2G 网络提供的短信服务足以替代无线寻呼的功能，人们没有必要在手机之外再配一个无线寻呼机。

2001 年，曾经的无线寻呼系统和无线寻呼机的主要提供者摩托罗拉宣布停止生产无线寻呼产品。

2007 年 3 月，曾经全球最大的无线寻呼运营商中国联通宣布正式关闭无线寻呼业务。

无线寻呼，这个曾经在全球拥有 3 亿用户的移动通信系统，完成了它的历史使命。

2G 的功绩

其实，2G 这个词是后来才有的。在建设和经营 GSM 网络和 CDMA 网络的初期，没有人将其称为 2G，而是将其统称为数字移动通信系统。直到 3G 的概念出现，人们才把 GSM 和 CDMA 统称为 2G。

2G 是整个移动通信发展历史上的一个重要阶段。它实现了移动通信从模拟到数字的演进这样一次很大的跨越。数字通信是指用数字信号作为载体来传输信息，或用数字信号对载波进行数字调制后再传输的通信方式。数字通信系统有许多明显的优点。比如在模拟通信中，传输的信号幅度是连续的，一旦叠加上噪声，即使噪声很小，也很难消除；而在数字通信中，传输的信号幅度是离散的，即使在传输过程中碰到干扰，也易于辨别，所以数字通信系统抗干扰能力强。再如，数字信号与模拟信号相比，更容易加密和解密，因此，数字通信保密性能强。电信业界一直在探讨从模拟通信向数字通信演进，但是进展缓慢。以电话为例，从 1876 年贝尔发明电话以后，市场一直采用模拟电话系统，直到 20 世纪 80 年代，固定电话系统才从模拟通信演进到数字通信，进而提升了整个电话通信系统的效率，也增加了电话的服务功能。移动通信虽然在 20 世纪 80 年代才问世，但市场只花了不到 10 年的时间，就从模拟移动电话系统演进到数字移动电话系统。

数字移动通信系统带来了一系列新功能，比如短信功能。短信是指通过移动通信的信令信道和信令网传送文字短信息的一种非实时、非话音的数据通信业务。短信看起来并不复杂，提供短信服务的成本也不高，但这项功能带来的影响力出人意料。

短信为人与人之间的文字沟通提供了便捷渠道。文字与话音是电信传输的两种类型，长期以来都是分开完成的，电报的功能是文字传输，电话的功能是话音传输。为了方便文字传送，新的技术和产品不断出现，例如传真、寻呼等。但是这些服务都有欠缺之处，比如，传真虽然很方便，但必须要配备专用的传真机才能完成文字的传送；寻呼机只能单向传输文本，且需要通过寻呼台转接；电子邮件虽然方便快捷，但当时尚无法在移动状态下使用。而短信使文字的传送变得简单了，因为普通的手机既有通话功能，又有文字传输功能，用户可以在任何时间、任何地点使用短信功能。

短信的出现，使文字的传送变得空前频繁。过去的电报只在比较紧急的情况下才使用，传真也只是在商务交往中使用，短信却走入了普通人的生活之中。人们突然发现，有时候在日常生活中发一条短信远比拿起手机通话简单、快捷、明了，还不会打扰别人。后来，人们又发现，短信还可以发段子、写诗、写故事。就像打开了闸门的水流，短信迅速融入了人们的生活。发短信成了人们生活的一部分，可以说，短信改变了人们的生活习惯。

短信是移动通信领域交互式文字通信的初始形式，后来又有了社交网络、即时通信等各种更加便捷的方式。

国际漫游也是在 2G 阶段建立起来的。国际漫游是指移动电话用户在离开本国时，仍可以在别的国家继续使用自己的移动电话。在 1G 阶段，NMT 已经可以提供国际漫游功能，但是由于制式的限制，漫游的范围很小。2G 阶段的 GSM 标准从制定技术规范开始就强调要确保国际漫游，也因此，国际漫游成了 GSM 网络的优势。CDMA 的漫游功能稍弱一些，但是，运营商通过技术革新也很快实现了全球 CDMA 运营商之间的国际漫游。

在 1G 阶段，移动电话是仅供少数人使用的奢侈品，这种情形在 2G 阶段得到了改变。推动这场改变的有以下几个方面的因素。

首先，电信服务是面向人与人沟通的服务，这个特点使电信服务与其他许多服务业存在不同之处。以住宅电话为例，当一个群体中只有少数家庭有住宅电话时，那些没有电话的家庭未必会产生装电话的需求，因为即使装了电话也没什么大用。但是，当这个群体中住宅电话的数量达到一定程度时，会引发强烈的连锁反应，余下没有电话的家庭会迫不及待地要求安装电话。从缺乏需求到需求爆发，这中间存在一个临界点。

对移动通信来说，这个临界点就产生于 2G 阶段。在 2G 初期，移动电话的用户大多是经商人士，其使用移动电话的目的是便于商务联系。很快，人们觉得移动电话给日常生活也带来了很多方便，因此对移动电话服务产生了新的需求。

推动这种需求不断增长的动力之一，是移动电话不断下降的价格。在 2G 阶段，随着移动电话终端和使用价格的大幅下降，移动电话用户数量大幅增长。

多种因素促使上述临界点提前到来，进入 21 世纪后，移动通信在全球范围内呈现大规模快速增长。根据国际电信联盟的统计：1991 年，全球只有不到 1/3 的国家建立了移动通信网络，移动电话用户总数还不到人口的 1%；到了 2001 年年末，90% 以上的国家建立了移动通信网络，全球移动电话用户总数达到了人口总数的 1/6，100 多个国家的移动电话用户数量超过固定电话用户数量；2002 年，全球移动电话用户总数超过固定电话用户总数。①

2G 也是移动通信设备制造商最多的阶段。1G 市场份额最高的摩托罗拉、爱立信继续是 2G 移动通信网络设备的主要供应商，它们既提供 GSM 设备，也提供 CDMA 设备。还有许多欧洲的电信设备制造商在 1G 阶段只提供本国制式的移动通信网络设备，到了 2G 阶段，都统一提供 GSM 设备，例如诺基亚、西门子、阿尔卡特、伊特泰尔等。北美的朗讯和北电网络也都是颇具实力的 2G 设备供应商，高通也曾提供 CDMA 设备，后来将 CDMA 网络设备制造部门出售给爱立信。日本的富士通和 NEC 主要提供日本制式的 PDC 设备。中国的华为和中兴也在 2G 阶段开始提供移动通信网络设备，华为专注于 GSM 研发，中兴则同时生产 GSM 和 CDMA 两种类型的设备。韩国的三星和 LG 提供 CDMA 的设备。巨大的市场需求支撑着这么多 2G 网络设备制造厂商的存在。

移动数据业务其实是从 2G 开始的，早期的黑莓手机是基于 2G 网络的，2007 年苹果推出的第一款 iPhone（苹果手机）也是基于 2G 网络的。2G 首先推出的低速数据业务就是多媒体信息服务，即彩信，它实现了手机之间的图片传送。之后又推出了通用分组无线服务（GPRS），借助 GPRS，用户可以在 WAP（无线应用协议）网站上浏览信息，虽然速率很低，但这就是移动互联网的雏形。之后出现的增强型数据速率 GSM 演进技术则提高了数据速率，把移动互联网的发展进程又向前推了一步。

2G 在移动通信发展史上有着重要的位置，其强大的语音业务功能在此后很长时间内都持续发挥着作用。进入 4G 阶段以后，在 VoLTE（语音承载）尚未完全投入使用的时候，一些运营商仍然将话音业务切换到 2G 网络上去完成。

2G 阶段的一些跨国并购，其规模之大在全球收购史上都属罕见，在电信业的固定通信时代是不可能发生这样的跨国并购的。移动通信业在 2G 阶段发生的这些大型并购，一方面反映了资本市场对移动通信发展的积极预期，并给予了移动通信运营商很高的估值；另一方面，也加固了移动通信业的市场化基础，进一步推动了移动通信业的竞争和发展。

————————
① 雷震洲. 全球移动通信发展趋势 [J]. 中国无线电管理，2002,000（010）.

3G：移动互联网

第四章

3G 标准化

　　早在 1985 年，国际电信联盟就提出了未来公众陆地移动通信系统的概念，1996 年国际电信联盟将之改名为国际移动通信 2000（IMT 2000），其含义是：频率范围在 2 000 MHz 左右，数据速率达到 2 000 Kb/s，商用时间是 2000 年前后。

　　1992 年召开的世界无线电大会确定了 IMT-2000 的频率为 1 885~2 025 MHz 和 2 110~2 200 MHz。1997 年，国际电信联盟开始征集 IMT-2000 的技术方案，进入了制定标准的阶段。

　　国际电信联盟早期的愿望是推出统一的 IMT-2000 移动通信标准，这样全球的移动通信网络就可以使用统一的技术，这正是电信运营商和移动电话用户所盼望的。

　　国际电信联盟对 IMT-2000 的要求是：

　　　要能够实现世界范围内的覆盖，为世界各地的用户使用。

　　　能够提供各种新型的移动通信服务，包括话音、数据、多媒体、互联网服务。

　　　能够同时支持分组交换（PS）和电路交换（CS）两种方式。

　　　能够提供 144 Kb/s~2Mb/s 的数据速率。

　　　提升频率的使用效率。

电信设备制造商和电信运营商都积极地投身于 3G 的标准化制定。

欧洲的产业界对此热情特别高，并希望能借此巩固自己在 GSM 上的辉煌成果，在 3G 时代继续领先。欧盟委员会统一协调 3G 标准的制定，并建立了两个研究组。第一个研究组以爱立信和飞利浦为主，重点研究 WCDMA，即宽带 CDMA 技术。第二个研究组以西门子、阿尔卡特、诺基亚为主，重点研究 WTDMA，即宽带 TDMA。研究组的目标是要制定一个符合大带宽、多媒体和新业务要求的 3G 技术标准。

研究组起初的研究思路，是按照固网 ISDN（综合业务数字网）的方式，建立移动的 ISDN 网络，但 1995 年左右，互联网在欧洲得到快速发展，于是互联网方式成了首选。

两个研究组的工作都在顺利开展，下一步就是要把两个研究组的研究成果结合起来。爱立信与诺基亚先达成协议，决定统一采用 WCDMA 方式。

1997 年夏天，欧洲电信标准组织将 3G 标准定名为 UMTS（通用移动通信系统）。

同样在 1997 年夏天，德国西门子提出了一个不同的方案，也就是 TD-CDMA 方案，这个方案得到了阿尔卡特、北电网络和摩托罗拉的支持。显然，这与爱立信和诺基亚提出的 WCDMA 方案唱起了对台戏。

眼看着西门子阵营将在 ETSI（欧洲电信标准化协会）投票中占得多数，爱立信和诺基亚搬出电信运营商来做救兵，毕竟电信运营商是设备供应商的用户，用户的意见是很重要的。爱立信和诺基亚与欧洲每一家电信运营商会面商谈，其中包括德国的运营商 T-Mobile，最后，WCDMA 方案得到了大多数欧洲电信运营商的赞同。大家都明白，在这个问题上最有发言权的是电信运营商。

爱立信和诺基亚又对 WCDMA 的方案做了一些修改，包括加上了西门子建议中的一部分内容，并将方案提交到 1998 年 1 月在巴黎举行的 ETSI 会议上讨论。该方案得到了参会的绝大多数成员的同意，最终通过，并被提交给国际电信联盟。欧洲的 3G 标准之争至此宣告结束。

WCDMA 的每一个载频的带宽是 5 MHz，当时提出的理论速率标准是 2 Mb/s 以上。

与此同时，美国的产业界也在着手制定 3G 标准。美国制定 3G 技术标准的过程并不复杂，由高通公司主导提出，摩托罗拉和朗讯也都参与其中。美国的 3G 标准被称为 CDMA 2000，这套标准是从 2G 的 CDMA One 衍生出来的，运营商可以将原有的 CDMA One 网络平滑升级到 3G，这样就能降低网络建设成本。

CDMA 2000 分成不同的阶段，第一阶段被称为 CDMA 1X，即使用一对 1.25 MHz 频率作为一个载频，理论上支持最高达 144 Kb/s 的数据速率。第二阶段是 CDMA 1X EV-DO 和 CDMA 1X EV-DV，两者的区别是 EV-DO 只提供数据服务，理论上数据速率下行可达 3.1 Mb/s，上行可达 1.8 Mb/s，而 EV-DV 不仅提供数据，还可以提供语音。第三阶段是 CDMA 2000 3X，即利用 3 个 1.25 MHz 的载频来实现高速率数据传送。

很显然，欧洲主导的 WCDMA 标准与美国主导的 CDMA 2000 标准在许多方面存在着差异。在 CDMA 技术领域已深耕多年的高通对欧洲的 WCDMA 标准提出了异议。1998 年，高通提出不允许爱立信等公司使用高通的 CDMA 技术专利，除非将 WCDMA 标准与 CDMA 2000 融合。

爱立信也不愿意让步，于是，一场专利诉讼大战在爱立信与高通之间爆发，爱立信认为高通从 80 年代末就侵犯了爱立信的技术专利，并提出法律诉讼。

这样的局面使运营商们感到不安，它们开始采取行动来试图打破这个僵局。跨大西洋商业对话组织在华盛顿召开会议讨论解决办法。德国的电信运营商 T-Mobile 提出建立一个 3G 技术的保护伞，各设备制造商把自己提出的技术方案放进这个保护伞，供电信运营商自行选择。这个建议虽然没有带来实质性的改变，但是得到了各方的同意。

1999 年，爱立信与高通共同宣布，双方已达成协议，相互许可使用对方的专利技术，并共同推广 CDMA 技术，至此，爱立信与高通在 CDMA 知识产权方面的纠纷得到解决。让业界颇感意外的是，爱立信还收购了高通的 CDMA 网络设备制造部门。此后，高通又把 CDMA 手机制造部门出售给日本的京瓷公司。之后，高通专注于手机芯片的研发和制造。

1998 年 12 月，多个电信标准化组织签署了《第三代移动通信合作伙伴计划协议》，建立了 3GPP（第三代合作伙伴计划）。3GPP 的工作范围是为与 GSM/GPRS 兼容的第三代移动通信系统制定技术标准和规范。3GPP 将其制定的标准统称为 UTRA。UTRA 包括 FDD（频分双工）和 TDD（时分双工）两种方式。

1999 年 1 月，美国 TIA、日本 ARIB 和 TTC、韩国 TTA4 个标准化组织发起成立了"第三代移动通信合作伙伴计划 2"，也就是 3GPP2。3GPP2 的工作范围主要是制定 CDMA 2000 的技术标准和技术规范。

中国也向国际电信联盟递交了 3G 技术方案。中国提出的是 TD-SCDMA（时分同步码分多址）技术方案，这个方案采用 TDD 的双工方式，具有同步码分多址，智能天线等技术特点。这个方案是由电信科学技术研究院，即后来的大唐电信为主提出来的。TD-SCDMA 的每个载频为 1.6 MHz，理论峰值可以达到 2.8 Mb/s。由于采用了时分双工，TD-SCDMA 可以灵活使用频率，不需要两段对称的频率，因而在频率日益成为稀缺资源的市场中具有独特的优势。同时，TD-SCDMA 采用智能天线技术，可以减少移动终端间的互相干扰，提高频谱利用率。

TD-SCDMA 方案得到了诸多中国电信设备制造企业和国际电信设备制造企业的支持，由此先后成立了 TD-SCDMA 技术论坛和 TD-SCDMA 产业联盟。TD-SCDMA 技术论坛由大唐电信集团与西门子通信、华为、UT 斯达康、上海贝尔、中国移动、中国电信、中国联通、中国铁通、诺基亚、高通、北电网络、摩托罗拉、TCL、InterDigital 等共同发起成立，旨在提供交流平台，推广 TD-SCDMA 技术。后来，TD-SCDMA 技术论坛的成员扩大到 400 多家。接着，大唐电信集团、南方高科、华立、华为、联想、中兴通讯、电子信息集团、普天等联合发起成立了 TD-SCDMA 产业联盟。该产业联盟围绕 TD-SCDMA 技术，致力于标准的完善和实施，促进企业间资源共享和互惠互利。TD-SCDMA 产业联盟共有 90 个成员，大多是从事 TD-SCDMA 技术研发和制造的企业，也有像中国移动这样的电信运营商。

1999 年 10 月，TD-SCDMA 作为 UTRA TDD 的选项被 3GPP 所采纳。并在后来正式被列入 Release 4 版本中。

2000 年 5 月，国际电信联盟批准并公布了 IMT 2000 技术标准，WCDMA、CDMA 2000 和 TD-SCDMA 都被确定为 3G 国际标准。除了这三个基于 CDMA 多址技术的标准之外，国际电信联盟还将基于 TDMA 多址技术的 UWC 136 和增强型数字无绳电话系统 DECT 纳入了首批公布的 IMT 2000 技术标准。2007 年 10 月，国际电信联盟又将 WiMAX 列为 3G 标准。

2000 年 5 月召开的国际电信联盟会议还通过了 IMT 2000 的扩展频谱规划，将 806~969 MHz、1710~1885 MHz、2500~2690 MHz 的频率也列为 3G 频率。

国际电信联盟发布的 3G 技术标准，充分反映了当时移动通信市场的现实情况，尽可能平衡了各方面的利益。当然，这些标准的实际使用情况取决于电信运营商的选择和市场的需求状况。今天，我们回过头来看，尽管国际电信联盟先后确定了 6 个 3G 标准，但是，真正在移动通信市场上广泛使用的只有三个标准，那就是 WCDMA、CDMA 2000 和 TD-SCDMA。

欧洲的 3G 牌照拍卖

拍卖，就是以公开竞价的方式，将特定的物品或财产权利转让给最高应价者的交易方式。

提及拍卖，我们首先想到的可能是苏富比的艺术品拍卖或者荷兰的花卉拍卖。谁能想到，移动通信网络的经营牌照也可以拍卖，甚至一度创造了史上最高的拍卖品价格。

这场 3G 牌照拍卖大戏是从英国开场的。1999 年 10 月，曼内斯曼以 198 亿英镑收购英国的橙公司；2002 年 2 月，英国的沃达丰又以 1 170 亿英镑收购了曼内斯曼。跨世纪的电信业收购把移动通信运营商的估值推到了最高峰，而且给投资者们带来了更高的期待。现有的运营商希望通过经营 3G 网络来保住自己在英国移动行业的市场份额，新的运营商也摩拳擦掌，希望通过购买 3G 牌照进入英国移动通信市场。在这样的气氛下，英国贸易工业部于 2000 年 3 月正式开启 3G 牌照拍卖。

英国拍卖了 A、B、C、D、E 共 5 张 3G 牌照。A 牌照的频谱带宽最大，按拍卖规则只能卖给新进入的运营商，现有的运营商只能竞标 B、C、D、E 这 4 张牌照，其中 B 牌照的频谱带宽明显大于其他三张牌照的频谱带宽。

竞争异常激烈。现有的 4 家运营商沃达丰、英国电信的赛尔奈特、橙和 One2One 毫无例外都参加了竞标。此时，沃达丰已经宣布了对曼内斯曼的收购，也就是说，曼内斯曼旗下的橙公司已经归属沃达丰了。按照竞标的规定，一家运营商只能竞标一张牌照，但是英国贸易和工业部还是同意沃达丰与橙公司都参加 3G 牌照的竞标，因为大家都知道，沃达丰会将橙公司出售。

此外，还有 9 家新进入者参加了英国 3G 牌照的拍卖，包括 MCI 世界通信、西班牙电信、意大利电信、法国电信，甚至还有一些从来没有经营过电信业务的公司。

每一个参加竞标的公司都明白竞争的激烈程度，它们知道 10 亿英镑是最起码的成交价格，但大部分竞标公司都做好了要付出 20 亿英镑的准备。

然而，在竞价正式开始后，大家很快就明白，最后的成交价格将远超 20 亿英镑。

每一轮竞价的情况都在网站上实时公布。

人们看到沃达丰和橙公司一度在 B 牌照上开始了竞争，但是从第 22 轮起，橙公司转投 E 牌照，沃达丰继续在 B 牌照领先，显示出志在必得的样子。

当竞价进入第 80 轮的时候，多数牌照的报价已超过 20 亿英镑，一批竞标者黯然离场。

当报价超过 30 亿英镑时，又有一批竞标者退出了。

报价进行到第 150 轮，终于没有竞标者再加价了。

最后的结果：

TIW 以 43.8 亿英镑获得 A 牌照；

沃达丰以 59.6 亿英镑获得 B 牌照；

英国电信以 40.3 亿英镑获得 C 牌照；

One2One 以 40 亿英镑获得 D 牌照；

橙公司以 40.9 亿英镑获得 E 牌照。

以上 5 张 3G 牌照的总价为 225 亿英镑。

在今天看来，当年电信运营商以这样的天价购买 3G 牌照简直到了疯狂的地步，事实上，在之后的 4G 和 5G 频率拍卖中，再也没有出现过这样的高价。

用历史的眼光来看，英国 3G 牌照的高价拍卖是由当时的技术、资本、市场等各种因素决定的。

从技术角度来看，人们已经享受了 2G 的话音、短信和低速数据传送带来的种种便利，憧憬着将手机作为连接互联网的终端，而 3G 技术正好迎合了人们的这种愿望。当时，3G 的应用虽然尚不明朗，但是，业内人士已经敏锐地察觉到，随着 3G 的到来，移动通信将进入一个新的阶段。运营商们生怕错过了这样的机会。当时有这样的说法：运营商如果错过了 3G 牌照，就将错过 10 年的机会。

从资本市场来看，当时，对移动通信运营商的估值已达到了最高峰，而资本市场对上市公司的估值完全建筑在对这个公司未来发展的预期之上。如果一个运营商没有拿到 3G 牌照，分析师就会认为这个运营商未来没有发展前景，大家就会低估这家运营商的价值。有的运营商算过这样一笔账：如果公司没有获得 3G 牌照，那么其市值至少会下降 10%，而这 10% 的市值远超公司获得牌照需要付出的代价。

从市场角度来看，由于移动通信的快速发展和高估值，许多公司都想进入移动通信市场，这当中既有之前没从事过移动通信，希望拓展经营范围的公司，也有在移动通信方面已有经验，希望借助已有经验进入别国移动通信市场的电信运营商。进入移动通信市场的方式有两种，一种是通过收购进入，另一种是通过购买牌照进入。由于当时电信运营商估值太高，收购现有运营商需要付出很大的代价，所以，许多公司宁愿花高价去竞拍 3G 牌照。

法国电信希望进入英国移动通信市场，从成本考虑，首选参加 3G 牌照竞拍。法国电信与英国有线电视运营商 NTL 合作投标，一直坚持到第 148 轮，对 C 牌照提出 39.7 亿英镑的最后报价。但是，在第 149 轮，英国电信提出 40.3 亿英镑的报价，以此最终赢得了 C 牌照。不过，在竞标英国 3G 牌照失利后，2000 年 5 月，法国电信以 269 亿英镑从沃达丰收购了橙公司，以另一种方法进入了英国移动通信市场，这次收购价比当初曼内斯曼收购橙公司溢价 35%，此外，法国电信还要为橙公司支付 41 亿英镑的 3G 牌照费用。

参加这样的拍卖需要很大的魄力，因为这是一场高代价、高风险但未必能取得高回报的行动。

在英国拍卖 3G 牌照以后，欧洲各国也都相继行动，但情况各异。

2000 年 7 月，德国开始拍卖 3G 频率。需要注意的是，德国拍卖的不是 3G 牌照，而是 12 组 3G 频率，每一位竞拍人可以选择 2~3 组频率，将这些频率合在一起建设 3G 网络。最后，德国电信旗下的 T-Mobile、沃达丰旗下的曼内斯曼等 5 家运营商赢得了这 12 组频率。德国 3G 牌照拍卖的总金额达 427 亿美元，相当于 285 亿英镑，超过了英国 3G 牌照的拍卖总金额。

就在欧洲热火朝天地拍卖 3G 牌照的时候，资本市场发生了巨大的变化，随着一些技术公司的泡沫破裂，NASDAQ 股票指数迅速下跌，电信运营商的股价也开始下调，这一状况自然影响了后续的 3G 牌照的拍卖。

2000 年 10 月，在意大利刚开始拍卖 3G 牌照的时候，大家都期待会出现英国和美国那样的盛况，因为意大利也是一个电信产业很发达的国家。然而，意大利这次拍卖开局不利，虽然一共拍卖 5 个 3G 牌照，但实际报名参加竞拍的只有 6 家运营商。更不幸的是，在牌照拍卖过程中，英国电信与意大利合作伙伴组成的竞标联合体中途解散了，以致出现了 5 个竞标者争夺 5 个牌照的滑稽局面。最后，5 家运营商以 116 亿美元的总额获取了 3G 牌照，相当于平均每个牌照仅 15 亿英镑。

荷兰的情况也差不多，竞标者数量与所拍卖的 3G 牌照数量一样，最终 5 个 3G 牌照只卖了 27 亿美元。

2001 年 9 月，当丹麦拍卖 3G 牌照的时候，电信运营商的估值还在继续下降，电信运营商对 3G 的期望值也在不断下降。丹麦的 3G 牌照拍卖不像以前那样公布每轮的报价情况，而是采用封闭式报价的方式，4 家出价最高的运营商获得 3G 牌照。同时，牌照费用的支付条款发生了变化，获得 3G 牌照的运营商只需提供首付 25% 的成交款项，在之后的 10 年中，每年付 7.5%。在最初的 3 年必须有银行担保交易，在后面的 7 年，运营商可以自行选择是否继续持有牌照，如果 3G 经营状况不好，那么它们可选择放弃。

欧洲 3G 牌照拍卖的故事已经留在了移动通信发展历史上。当初参加过竞标的人在回忆起这件事的时候，也都为当时运营商的非理性竞价感到不可思议。欧洲 3G 牌照的拍卖使欧洲许多移动通信运营商背上了沉重的债务包袱，以至影响了它们之后很多年的财务业绩。不过，随着移动通信技术不断更新换代，电信运营商们也变得越来越成熟。在之后 4G、5G 频率的拍卖中，就很少能看到这种非理性的行为了。

智能手机提升了 3G 的价值

在成功拍得欧洲 3G 牌照之后，运营商才发现 3G 成了烫手山芋：3G 网络肯定要建，但是 3G 的应用前景还不明朗，网络建设的进度太快又将影响财务业绩。

事实上，亚洲的电信运营商在 3G 网络建设上相比欧美国家反而走得更快一些。

日本的 NTT DoCoMo 在 2G 时代一直采用日本的 PDC（个人数字蜂窝式电话）标准，这给移动通信的发展带来了很多障碍，特别是在国际漫游方面。3G 时代，NTT DoCoMO 放弃了这种方式，改用 WCDMA 技术标准。2001 年 10 月 1 日，NTT DoCoMo 在东京率先开通了被称为 FOMA 的 3G 网络。一开始，这一网络仅能覆盖半径为 30 千米的东京市中心。后来随着网络逐渐扩大，到 2003 年 3 月，NTT DoCoMo 的 WCDMA 网络已覆盖了日本 90% 的地区。

2001 年 12 月，挪威的 Telenor（特纳）公司率先开通了完全采用 UMTS 标准的 WCDMA 网络。

2002 年 1 月，韩国的 SK 电讯开通了第一个 CDMA 2000 EV-DO 网络，同年 5 月，韩国的 KT 公司也开通了 CDMA 2000 EV-DO 网络。不过，

SK 电讯和 KT 公司都取得了 WCDMA 的 3G 牌照，几年以后，它们都把 3G 的重心移到了 WCDMA 网络。

2002 年 7 月，美国的 Verizon 开通了 CDMA 2000 EV-DO 网络。之后，AT&T 开通了 WCDMA 网络。

2003 年以后，越来越多的 3G 网络开通了，但 3G 的应用前景仍然不太明朗。

20 世纪 90 年代末，一种被称为智能手机的移动终端开始进入市场，当时的智能手机是针对 2G 网络设计的。

智能手机是掌上电脑与移动电话的结合体，除了保持原功能手机的所有功能之外，还内置了操作系统，用户可以自行安装各种应用软件，可以通过移动网络接入互联网。

1993 年，IBM 推出第一台智能手机 Simon，这台手机体积很大，但是具有话音和多种数据功能，还装触摸屏。

塞班系统是第一个专门为智能手机开发的操作系统。1998 年，爱立信、诺基亚、摩托罗拉和 Psion 共同成立了塞班公司。1999 年，塞班公司推出塞班操作系统。2000 年 10 月，爱立信推出第一款内置塞班操作系统的手机 R380，并称这是第一部移动电话与个人数字助理结合在一起的设备。后来，诺基亚、摩托罗拉、三星、索尼爱立信等也都推出过内置塞班操作系统的智能手机。

塞班的架构与桌面计算机的操作系统很相似，是一个具有实时性、多任务的操作系统，具有功耗低、内存占用少等特点，适合在当时手机内存容量很有限的条件下运行。但是，塞班缺乏一个便捷的开发界面，因此无法建立一个良好的生态系统，用户买了塞班手机却无法享受各种应用，这样用户就感受不到智能手机与原来的功能手机的区别。

1999 年，加拿大的 RIM 推出第一款具有双向寻呼功能的手机黑莓 850，这款手机可以收发邮件，也可以上网浏览。2002 年又推出了的黑莓 5810，配有耳机，增加了通话功能。2004 年，在此基础上，RIM 又推出了黑莓 6210，这是一款真正意义上的智能手机。早期的黑莓手机是 2G 版本的，随后的黑莓都是 3G 版本的了。

黑莓手机使用普通的打字键盘，就像一台可以随时携带的微型计算机，这种设计很快就赢得商务人士的青睐。人们突然发现，使用黑莓手机以后，在出差时不再需要携带计算机了，无论在哪里都可以随时收发邮件了，这对于那些以电子邮件为主要工作交流方式的商务人士来说犹如雪中送炭。人们特别喜欢黑莓的邮件推送功能，因为邮件服务器会主动将收到的邮件推送到用户的黑莓手机上，而不需要用户频繁地连接网络去查看是否有新邮件。一时间，黑莓手机成了商务人士的身份象征之一。

在中国移动提供黑莓手机服务之前，许多北京和上海等地的投行人士用的是中国香港电信运营商提供的黑莓手机，他们愿意为此支付昂贵的漫游费用。等到中国移动开始在北京、上海等地提供黑莓手机服务时，许多投行机构都是集体办理入网，常常一次性购买几十个黑莓手机。

后来，黑莓手机从商界开始延伸，成为很多政界人士和影视明星的标配。RIM 公司的股价也因此快速上升，2007 年达到最高点。

RIM 不仅实现了寻呼机从单向到双向的过渡，而且使原来的寻呼机变成一个高端的移动产品，这确实很了不起。

然而就在 RIM 公司的股价达到最高点的时候，苹果公司推出了 iPhone。

2007 年 1 月 9 日，苹果公司发布 iPhone 产品，于 6 月 29 日正式上市销售，首批提供的是 2G 智能手机。

iPhone 带来了一种全新的手机设计思路，此前的智能电话是用电话的设计思路来设计的，而 iPhone 的设计是以计算机为基础，且充分利用了移动通信网络的功能。iPhone 采用了苹果公司自己研发的 iOS 操作系统。与此前的手机相比，iPhone 有几个很明显的特点：

第一，使用多点触摸的输入方式。手机的键盘输入一直有待优化。用全键盘输入，会占用手机表面很大一部分面积；用简化键盘，则需改变人们常用的输入方法。iPhone 采用触摸式的软键盘，不用时没键盘，要用时手机才跳出全键盘。使用者不仅可以用手指输入文字，而且可以用手指触摸的方式来替代鼠标，还可以用双指触摸实现图像的放大和缩小。

第二，摈弃 WAP，直接使用 WEB。WAP 是在手机终端运算能力有限、移动网络传输能力有限的情况下，专门针对手机制定的无线应用协议。在这种环境下，用户通常只能访问 WAP 网站，而不能访问 WWW

（万维网）网站，也就是说，手机用户的浏览范围很有限。iPhone 摈弃了 WAP，改用 WEB 浏览器，这样手机用户可以直接访问 WWW 网站。

iPhone 直接进入 WEB，既满足了消费者的需求，也迎合了应用开发者的愿望。曾经带围墙的花园，此时完全开放了。

第三，方便的邮件处理功能。iPhone 强大的邮件处理功能，改变了黑莓在手机邮件处理方面一枝独秀的局面。

苹果推出了 iPhone 的应用商店，任何符合条件的开发者都可以在这个平台上销售自己开发的应用软件。一时间，各种基于 iOS（苹果移动设备操作系统）的应用软件如同雨后春笋般冒出来了。

很快，iPhone 就有了 3G 版，3G 网络使 iPhone 的功能得到了更好的发挥。

有人称 iPhone 创新定义了手机，并称 iPhone 将理念、艺术和科技融合在一起。的确，iPhone 注重细节，连手机的包装也不放过。20 世纪 90 年代，随着手机功能的增加，手机的包装越发庞大。iPhone 率先改变了这种状况，iPhone 的包装既体现了极简的美学原则，又符合环保的要求。此后，各家手机厂商也都简化了手机的包装。（如图 4-1 所示）

然而，苹果的 iOS 只供 iPhone 使用，而当时的塞班系统又存在较多缺陷，手机制造商和电信运营商都盼望着能够出现新的智能手机操作

图 4-1 诺基亚 9000 与 iPhone4 的包装风格截然不同

系统。

在这种期待中，安卓系统问世了。

安卓公司于 2003 年 10 月成立于美国加州的帕洛阿尔托，安卓的创始人安迪·鲁宾曾在苹果和微软工作，后来创建了自己的公司。刚开始时，安卓公司主要研发用于将数码相机连接到个人电脑的软件系统，由于数码相机的市场开始下滑，安卓将研发重心转移到手机操作系统。而此时的谷歌正好也在考虑进入移动通信领域，谷歌不仅要制造自己的手机，还准备开发智能手机操作系统。2005 年，谷歌收购了安卓公司，在收购完成后，谷歌任命安迪·鲁宾继续领导安卓团队。

2007 年 11 月 5 日，谷歌公司正式向外界展示了一个名为安卓的操作系统，并宣布建立一个由全球 34 家手机制造商、软件开发商、芯片制造商和电信运营商组成的开放式手机联盟，共同推动安卓系统的使用。中国移动、NTT DoCoMo、意大利电信、西班牙电信、摩托罗拉、高通等都是开放式手机联盟的初始成员。

2008 年 9 月，HTC（宏达）推出了第一款安卓手机 HTC G1。2009 年，摩托罗拉和威瑞森合作推出 Droid 安卓手机，同年，联想与中国移动合作推出兼容安卓系统的 OPhone 手机。由于早期的 iPhone 3G 手机只有 WCDMA 一个制式，采用 CDMA 2000 技术的威瑞信和采用 TD-SCDMA 的中国移动，都无法使用 3G 的 iPhone 手机，安卓手机自然受到了这两家运营商的青睐。

安卓是一个基于 Linux（类 Unix 操作系统）的开放源代码的操作系统，一经推出就受到市场的欢迎，很快成了众多智能手机制造厂商的第一选择。之后，安卓不断发布新的版本，并用甜品名为之命名，如纸杯蛋糕、甜甜圈、松饼、冻酸奶、姜饼、蜂巢、冰激凌三明治、果冻豆、奇巧、棒棒糖、棉花糖、牛轧糖、奥利奥、派等。

随着应用开发商开发出了一大批适合安卓系统的手机应用，安卓的生态系统也很快形成了。在手机应用方面，形成了安卓和 iOS 两大系列。

在 3G 刚开始建网时，消费者总是问，3G 有什么用？专业人员一般会解释：3G 可以提供数据服务。那么什么是数据服务？消费者还是不明白。在智能手机出来以后，大家都明白了，原来 3G 手机是用于移动互联网的。可以说，智能手机提升了 3G 的价值。

传统电话机的功能只是将声能与电能相互转换，当发话方拿起电话机对着送话器讲话时，声波被转换成话音电流，沿着线路传送到接收方电话机的受话器内，电流又转化为声波，从而完成通话过程。由于功能单一，普通电话机连电源都没有，其工作所需电源通过电话线实现远供。早期的手机也是一样，其功能只是完成通话，当然，由于手机的话音信号是通过无线网络传输的，所以手机上还有一套复杂的无线电发射和接收装置，也需要电池提供工作电源。与传统电话机一样，早期的手机既没有处理器，也没有存储器。

智能手机却不一样，它装有操作系统，用户可以自行安装各种软件。智能手机还将照相机、收音机、音乐播放器、计算器、钥匙、钱包、通信录、卫星定位和各类传感器的功能集成在一起。智能手机的出现，彻底改变了电信以交换机为中心来处理各种信息的传统架构。事实上，移动互联网应用的大量数据处理和存储是在智能手机中完成的，智能手机不再是传统电话系统中只有话筒和听筒功能的终端。

从 iPhone 开始，智能手机把 3G 的应用大潮推向了高峰。

操作系统的竞争

在手机操作系统竞争中，还有一位重要的角色——微软。

微软是个人计算机软件开发的先导，是全球最大的计算机软件提供商，可以说，使用个人计算机的人都会使用微软的 Windows 操作系统和 Office（办公）系列软件。当移动电话进入智能手机时代，几乎所有从事个人计算机的企业都非常关注智能手机，微软也不例外。

2000 年 4 月 11 日，微软发布了 Windows Mobile 的第一个版本，主要适用于掌上电脑。掌上电脑又被称为个人数字助手（PDA），曾风行一时。后来，微软又发布了适用于智能手机的 Windows Mobile 版本。

2001 年 10 月，APEC（亚太经济合作组织）年会在上海举行，微软创始人比尔·盖茨应邀出席 APEC 的工商领导人峰会，并发表演讲。会议之前，比尔·盖茨一行与中国联通的管理团队在上海会面。在谈话中，比尔·盖茨表示他对移动通信发展非常关注，对移动通信业的现状也很了解，微软很希望与中国联通加强合作，中国联通同样也很愿意推动与微软的交流与合作。

个人电脑操作系统和应用软件是微软得天独厚的优势，因此，Windows Mobile 的设计初衷也是尽量接近于桌面版本的 Windows。这样做，一方面，能使智能手机保持与个人计算机同样的操作，便于人们快速掌握智能手机的使用方法；另一方面，也可以使个人计算机上已有的 Word（微软文字处理软件）文档等资源直接转移到智能手机上来。

为了保持版本的完整性，2003 年微软公布 Windows Mobile 的第三个版本时，共发布了 4 种形式：PDA 加强版、PDA 专业版、智能手机版和袖珍电脑手机版。

这里的袖珍电脑电话其实与智能手机类似，但使用方法更接近 PDA。例如，袖珍电脑手机的显示部分采用 PDA 的触摸屏，人际界面采用 PDA 的操作界面。

尽管手机制造商使用 Windows Mobile 操作系统需要支付授权费用，但是在 iOS 和安卓操作系统出现之前，Windows Mobile 还是手机操作系统领域的翘楚。

2007 年 2 月，微软在巴塞罗那召开的世界移动大会上推出了 Windows Mobile 6.0，这个操作系统与 Windows Vista 相似，微软希望用户在安装 Windows Mobile 之后，能够在手机上体验到计算机的所有应用。微软还将自家的 MSN 和 IE 等平台引入了手机。

这些愿望在当时看来非常能打动人心，毕竟大家一直梦寐以求手机能够变成一台既能通话又具有计算机功能的设备。不过，iPhone 和安卓手机的出现，带来了更新的用户体验。很快人们就发现，智能手机不仅仅是一台小计算机，还能做计算机从来没有做过的事情，例如能够通过卫星定位系统实现导航，能够拍照和摄像并实时传送等。正因如此，手机需要与卫星定位器、照相机和各种传感器等新的设备打交道，手机的操作系统也必须做相应的补充。

于是，像 Windows Mobile 这样全面复制桌面机的智能手机操作系统自然无法再适应。当然，微软也在不断改进自己的智能手机操作系统。2009 年，微软发布了 Windows Mobile 6.5，也开始像 iPhone 和安卓那样支持电容式触摸屏，还增加了应用商店 Windows Market place。

微软的 CEO 史蒂夫·鲍尔默是一位很有激情的企业领导人，他笑容满面、声音洪亮，总是给人一种信心满满的感觉。他同时也非常重视移动市场，曾亲自到巴塞罗那的世界移动大会上发布 Windows Mobile 的新版本。我曾在巴塞罗那与史蒂夫·鲍尔默先生会面，商谈中国移动与微软的合作。谈及智能手机操作系统时，我提到了 Windows Mobile 存在的一个小缺陷，那就是关机闹钟问题。通常，手机设置闹钟后即可关机，到点了闹钟会正常工作。但是 Windows Mobile 不支持关机闹钟，只有在开机状态下闹钟才会正常工作。这就给使用者带来了麻烦，比如在出差国外时，用户为了使用闹钟，在睡觉时不能关闭手机，而此时国内还是白天，于是睡梦中总是被来电吵醒。这个问题在桌面机上是不存在的，因为计算机用户不会有关机闹钟的需求。我向史蒂夫·鲍尔默建议，在新的操作系统版本中加以改善。

事后，微软的一位经理对我说，史蒂夫·鲍尔默对此有点感到意外，他不明白中国移动的董事长怎么会关注到这样的小事。不过第二年，我再次遇到史蒂夫·鲍尔默的时候，他特别多说了一句，中国移动有几亿用户，你们提出的任何要求，微软都会认真对待的。

微软不断地在改进智能手机的操作系统。2010 年 10 月，微软发布了新的手机操作系统 Windows Phone 7.0，这次微软不再强调手机操作系统是个人计算机操作系统的延伸。鲍尔默说："全新的 Windows 手机把网络、个人计算机和手机的优势集于一身，让人们能随时随地享受想要的体验。"

尽管微软很努力，但市面上智能手机操作系统越来越集中于安卓，除了 iPhone 继续使用 iOS 系统以外，大部分智能手机都采用安卓系统，安卓的生态系统也越来越完善。Windows Phone 的市场份额越来越小，最后微软宣布停止开发 Windows Phone 操作系统。

同样命运的还有黑莓操作系统。2007 年，iPhone 的问世吸引了大量用户，但早期 iPhone 的用户主要是年轻人，黑莓手机在商务市场上仍占据优势。有的人在买了 iPhone 之后，仍然使用黑莓手机，专门用于邮件收发。但是很快，人们发现 iPhone 和安卓手机都具有很强的邮件处理功能，而且触摸式的输入比黑莓手机的键盘输入更方便。之后，黑莓手机便走向了衰落的道路。

2010 年 9 月，黑莓手机在美国的智能手机市场上还有 37.3% 的占有率，到了 2012 年 11 月，该数据跌至 7.3%，而同时段安卓手机的占有率是 53.7%，iPhone 的占有率是 35%。伴随着业务的衰退，RIM 的股价不断下滑。2011 年，RIM 股价暴跌 80%。2013 年第一季度，RIM 亏损 8 400 万美元，财务数据公布当日，其股价又下跌了 28%。

面对着智能手机市场的巨大变化，RIM 开始调整自己的产品策略。一贯以硬键盘而自豪的 RIM 也选择了对触摸屏的妥协，推出采用触摸屏的黑莓手机。2010 年，RIM 收购了 QNX 操作系统，并在此基础上开发了 BlackBerry Tablet OS，推出了名为 PlayBook 的平板电脑。RIM 联席 CEO 迈克·拉扎里迪斯来访问中国移动的时候，还特别展示了即将发布的 PlayBook 样机，可见迈克对这台平板电脑寄予很大的期望。

然而事与愿违，黑莓的 PlayBook 平板电脑在市场上并没有获得其所期待的成功，黑莓手机的占有率仍继续下降。2017 年，黑莓宣布在未来两年内停止 BlackBerry 的服务。

不同于个人计算机的处理器芯片

一直以来，个人计算机都有个 Wintel（文件夹）架构，意思是 Windows+Intel，指在个人计算机上普遍采用了微软的 Windows 操作系统和英特尔（Intel）的 CPU（中央处理器）芯片。那时候，在个人计算机贴上印有"Intel inside"的标签，这不仅是告诉大家这台计算机用的是英特尔的 CPU，更是提醒人们这是一台高质量的计算机。

和个人计算机一样，操作系统和 CPU 芯片同样是智能手机最重要的部分。在操作系统方面，市面上已经出现了专门用于智能手机的操作系统。同样，在 CPU 芯片方面，市面上也出现了专门用于智能手机和各种移动设备的处理器芯片。

今天，全世界 95% 以上的智能手机和平板电脑的芯片都采用了 ARM 架构。ARM 是英国一家提供半导体设计知识产权的公司，ARM 设计的处理器芯片具有性能高、能耗低、体积小的优势，正好符合智能手机的技术需求。

1978 年，英国人克里斯托弗·柯里和赫尔曼·豪泽在剑桥成立了一家名为 CPU 的公司。赫尔曼·豪泽是奥地利人，15 岁就到剑桥大学学习英语，后来获得物理学博士学位。CPU 公司一开始只是制造一些简单的处理器，例如防止有人在老虎机上作弊的芯片。1979 年，CPU 公司改名为橡子电脑，之所以选了橡子（Acorn）这个名字，是因为这样可以在电话黄页上排在苹果公司（Apple）的前面。

几年后，英国政府启动了一个名为 BBC Micro 的项目，要给英国学校的每一个教师配备一台计算机。橡子电脑参加了这个项目，他们原打算采用摩托罗拉的 16 位处理器芯片，但它的价格太高，不适合学校使用。他们也考虑过使用英特尔公司的 80286 芯片技术，但遭到拒绝。于是，他们决定自己研发处理器。为此，橡子电脑聘请了剑桥大学杰出的计算机科学家索菲·威尔逊和史蒂夫·弗伯来设计第一代 32 位、6 MHz 的处理器。当时的条件很简陋，且资源匮乏，但两位科学家出色地完成了任务，于 1987 年为 BBC Micro 项目正式推出了第一款基于精简指令集的微型计算机。橡子电脑在 BBC Micro 项目上取得了巨大的成功，其制造的 BBC Micro 电脑是 20 世纪 80 年代英国众学校使用最多的计算机，很多英国人至今仍记忆犹新。

1990 年 11 月，橡子电脑与苹果公司、VLSI 技术公司共同组建了合资公司，取名为 ARM。ARM 的原意是高级精简指令集电脑。苹果公司加入的原因是橡子电脑是其竞争对手，而苹果不想直接使用竞争对手的产品。苹果投入 150 万英镑，VLSI 出资 25 万英镑，橡子电脑则以 150 万英镑的知识产权入股，并派出了 12 名工程师，由此，一家新的公司诞生了。最初，ARM 的工作地点就在剑桥里一个小小的粮仓。带领这 12 名工程师的是罗宾·萨克斯比，他是 ARM 公司的首任 CEO。罗宾曾经就职于摩托罗拉公司的半导体部门，此前与 CPU 公司有过业务往来，因此 CPU 公司的创始人赫尔曼·豪泽也很赏识罗宾。

1993 年，苹果公司推出了第一款名为苹果牛顿的掌上电脑，内置 ARM 610 精简指令集处理器。但是，ARM 对这款处理器产品并不满意，认为如果只是专注于具体产品，很难让公司有大的发展。这件事促使 ARM 改变了原有的商业模式，决定不再直接制造处理器产品，而是将处理器芯片的设计方案授权给其他公司，由这些公司去设计和制造芯片。合作公司只需支付许可费用，并按产品数量支付版税，就可以使用 ARM 的知识产权。这样，ARM 与众多芯片供应商建立了合作关系，迅速扩大了 ARM 处理器芯片方案的应用范围。

1993 年，德州仪器首先采用 ARM 的授权方案，利用 ARM 架构开发芯片。这次成功的合作证实了 ARM 独特的授权商业模式是可行的，这使 ARM 信心大增，并着手研发更多具有较高性价比的芯片设计方案。之后，三星、夏普等也加入了这一通过授权方式开展的技术合作。

1997 年，ARM 已成为一家年收入达 2 660 万英镑，净利润达 290 万英镑的公司。1998 年 4 月，ARM 同时在伦敦证交所和纽约纳斯达克上市。上市后，这家英国小型半导体设计公司的股价飙升，市值很快就超过了 10 亿美元。

2001 年，华伦·伊斯特被任命为 ARM 的 CEO，而罗宾·萨克斯比则出任 ARM 董事长。毕业于牛津大学的华伦·伊斯特曾在德州仪器工作了 11 年，具有丰富的芯片制造经验。

ARM 的愿景是，为行业提供处理器的标准架构。而此时，ARM 离实现这个目标越来越近了。市面上的微处理器的尺寸在不断缩小，而大多数公司都没有能够自行构建微处理器的设计团队，也缺少使微处理器有效运行的工具。因此，多数手机芯片设计商都愿意购买 ARM 的微处理器设计授权，这样，他们可以把研发精力集中在基带芯片和射频芯片等方面。在快速增长的手机市场上，ARM 架构成为智能手机处理器芯片的主流。从 2002—2005 年，ARM 的员工人数从 400 人增至 1 300 人。2007 年，其员工总数达到了 1 700 人。[①]

除了智能手机普遍采用 ARM 架构的处理器，ARM 处理器架构还遍及工业控制、消费类电子产品等各类产品市场，基于 ARM 技术的微处理器应用约占 32 位精简指令集处理器市场的 75%。

2013 年 7 月，西蒙·希格接替华伦·伊斯特担任 ARM 的 CEO。持有曼彻斯特大学计算机硕士学位的西蒙·希格是 ARM 最早的员工之一，他于 1991 年加入 ARM 公司，被列为 ARM 公司的第 16 位员工。

在持续研发移动设备的同时，ARM 还特别关注物联网的发展，其随后的一系列收购似乎都与物联网相关。2015 年，ARM 收购了物联网安全系统公司桑萨和欧福斯帕克，还收购了蓝牙技术公司微赛切克和桑瑞斯。

2016 年 9 月，日本软银集团以 310 亿美元收购了 ARM。软银宣布在此后的 5 年里，不仅要在英国增加一倍员工，还要在其他国家增加员工，并承诺在收购 ARM 以后，保持 ARM 的商业模式不变，其公司组织架构不变，高管团队不变，总部地点也不变。

考虑到当时 ARM 的销售收入，310 亿美元的收购价格并不低。软银集团于 2016 年 7 月提出收购建议，当年 8 月就得到 ARM 股东大会的批准。按收购金额计算，这是欧洲技术公司历史上最贵的一次收购。

ARM 的前 CEO 华伦·伊斯特于 2013 年离开 ARM，并在 2015 年成为劳斯莱斯的 CEO。这次收购使华伦·伊斯特持有的 ARM 股票兑现了 170 万英镑，他把其中一半捐赠给以他和他的夫人名义设立的慈善基金，用于科技和工程教育。

ARM 的发展史告诉我们，虽然移动互联网已经与整个互联网融合在一起了，但是以移动设备为终端的互联网与以个人计算机为终端的互联网还是有区别的。ARM 就是针对移动互联网的特点，研发了性能高、耗电低、体积小的微处理器。

新的操作系统和新的 CPU 芯片，使得智能手机增加了功能，降低了价格，这有力地推动了移动互联网的发展。

---

① Ben Walshe. A Brief History of ARM [EB/OL]. (2015-04-21)[2019-09-14]. https://community.arm.com/developer/ip-products/processors/b/processors-ip-blog/posts/a-brief-history-of-arm-part-1.

M-Pesa 使手机成为金融工具

2007 年 3 月，沃达丰旗下的萨法瑞通信公司在肯尼亚推出了名为 M-Pesa 的移动应用服务。M-Pesa 的意思是移动货币，M 表示移动（mobile），Pesa 在斯瓦希里语中意为钱。

在肯尼亚，多数人没有银行账户，一些在城市工作的人要把钱带给家人，是很不方便的。有的需要花几天的时间亲自把钱送回自己的家里，有的则委托汽车司机捎钱给家人，这既费时间又不安全。萨法瑞通信推出 M-Pesa 服务的初衷就是用手机解决汇款的问题。原本它设想当年会有 30 万人使用这项业务，没想到实际用户远远超出了预期，服务刚推出，每天新增的用户就达 1 万多人。随后，M-Pesa 成为通过手机提供金融服务的典范，其业务范围也从汇款延伸到购物支付、工资发放、小额贷款等。

M-Pesa 的成功引起了各方人士的重视，向我介绍和推荐 M-Pesa 服务的有国际电信业的同行、金融界人士，还有商学院的教授。听了他们的介绍，我也很想去实地体验一下。

2010 年，我去肯尼亚开会，有机会直接看到人们如何使用 M-Pesa。在肯尼亚，无论在城市还是乡村，到处都可以看到 M-Pesa 的标记。我们乘坐吉普车离开内罗毕，来到一个普通乡村，进入一家张贴着 M-Pesa 标记的农村小商店后，看到当地农民熟练地用手机购物和存取现金，他们用的就是 M-Pesa 服务。

我们一行人饶有兴趣地观看了用户使用 M-Pesa 存款、转账和取款的全过程。

存款：手机用户 A 将 100 肯尼亚先令交给小店 K 的营业员，营业员在验证完用户的身份证件之后，用自己的手机将收到用户 A 的 100 先令存款的信息发给系统平台，用户 A 则会马上收到一条从系统平台发来的确认短信。

转账：用户 A 向系统平台发短信，要将 100 先令转账给用户 B，之后用户 B 会立即收到从系统平台发来的信息，知道自己的手机账户里已增加了 100 先令。

取款：用户 B 到达小店 R，发信息给系统平台要求在小店 R 取出 100 先令，小店营业员在接到系统平台发来的确认信息后，支付 100 先令给用户 B。

在这里，我们并没有看到特别先进的技术，用户仅仅用手机短信，通过系统平台就实现了存款、转账、取款、支付等各种服务。原来需要花几天时间才能把钱送回家，现在几秒钟就完成了。

但是，在 M-Pesa 上完成的转账金额比较小，平均每笔转账金额为 33 美元，其中一半以上的转账金额低于 10 美元。萨法瑞通信虽然只收取很低的佣金，但是积少成多，来自 M-Pesa 的佣金已占萨法瑞通信收入的 10%。

M-Pesa 吸引了众多用户，提升了肯尼亚移动通信的普及率。2008 年，肯尼亚已拥有 1 700 万移动电话用户，在 15 岁以上的人口中，移动电话普及率达到 83%，而同期，固定电话用户只有 25 万户。

2016 年 12 月，在 M-Pesa 推出 10 周年之时，M-Pesa 当月的交易次数已达到 6.14 亿次。此时 M-Pesa 的服务已遍及阿尔巴尼亚、刚果民主共和国、埃及、加纳、印度、莱索托、莫桑比克、罗马尼亚、坦桑尼亚等多个国家。M-Pesa 的用户已高达 3 000 万户，代理机构多达 28.7 万个。

中国发放 3G 牌照

在 3G 到来之前，中国只有两个电信运营商经营移动通信业务：中国移动经营 GSM 业务，中国联通则同时经营 GSM 和 CDMA 业务。我在中国联通工作的时候，被媒体问得最多的问题是，如何平衡 GSM 和 CDMA 两个网络的经营。

其实，在中国联通内部，也经常讨论如何实现 GSM 和 CDMA 的差异化经营。但不得不承认，这是一个很难解决的问题。CDMA 是一种很好的移动通信技术，特别是在频率利用、抗干扰、软切换、背景噪声过滤等方面，具有许多突出的优点。但是，GSM 的优势也很明显，主要表现为市场占有率高、产品成熟、生态系统健全、国际漫游方便等。如何实现差异化经营？这个难题一直没有找到答案。

在 3G 牌照发放之前，中国的 6 家电信运营商进行了重组。中国电信收购了中国联通的 CDMA 网络，中国联通保留 GSM 网络且与中国网通合并，中国卫通的基础电信业务并入中国电信，中国铁通并入中国移动。这样就形成了三家移动通信运营商：中国移动和中国联通经营 GSM，中国电信经营 CDMA。至此，中国联通一家经营两个网络的局面也结束了。

2009 年 1 月 7 日，工业和信息化部向中国移动、中国电信、中国联通分别发放了 3G 牌照。中国移动获得了 TD-SCDMA 的运营牌照，中国电信获得了 CDMA 2000 的运营牌照，中国联通获得了 WCDMA 的运营牌照。在 3G 时代，中国的三家运营商采用了三种不同的技术标准。

尽管中国移动已经在北京、上海、天津、沈阳、广州、深圳、厦门和秦皇岛建设了 TD-SCDMA 的试验网，对 TD-SCDMA 的网络特性已经有了一定程度的了解，但是，要在全国范围内建设一个广覆盖、高质量的 TD-SCDMA 网络，并且与技术更成熟的 WCDMA、CDMA 2000 网络同时在市场让消费者选择，这对中国移动是个很大的考验。

当时，中国移动的管理层是这样考虑的：

第一，支持 TD-SCDMA 的发展，中国移动责无旁贷。中国移动将全力以赴投入 TD-SCDMA 网络的建设和经营之中。

第二，建设和经营 TD-SCDMA 网络将面临很多困难，但是，中国移动有信心利用自己在移动网络建设和经营方面的丰富经验，发挥用户规模和资金优势，来克服这些困难。

第三，TD-SCDMA 在此前没有大规模建网的经验可以借鉴，中国移动必须与制造商紧密合作，共同建设与完善 TD-SCDMA 的产业链。

第四，任何一项新的移动通信技术都需要经过长时间、大规模的商业应用才能成熟起来，相比之下，其他两个 3G 国际标准商用起步较早，市场已经接受，而 TD-SCDMA 还完全是个新出现的产品，需要一定的时间使其成熟。我们要充分考虑到 TD-SCDMA 在市场营销方面将面临的难度，这甚至会超过网络建设的难度。

第五，4G 已经初见端倪，与多年前欧洲开始建设 3G 网络时的情况已经完全不一样了。我们在建设 TD-SCDMA 网络的每一个环节，包括在产品的制造和网络的设计时，都要考虑与 4G 的衔接，为平滑过渡到 4G 创造有利条件。

中国移动建设 3G 网络的过程就是一个 TD-SCDMA 产业链不断成熟的过程，从芯片到元器件，从硬件制造到软件开发，从网络设备到移动终端，从运行维护到应用开发，都凝聚了多方面的力量。

在这个过程中，中国移动的创新能力也得到了很大的提升。之前运营商的工作都偏重于网络的运行维护和市场营销，而在 3G 网络建设过程中，中国移动的技术人员们主动参与了网络设备和终端设备的研发工作，这为之后中国移动积极参与 4G 和 5G 的标准制定打下了坚实的基础。

中国联通也大力投入 WCDMA 网络建设，实现网络升级。由于国际上 WCDMA 的产业链比较成熟，可以供用户挑选的手机品种也特别多，因而联通的 3G 业务因而风生水起，吸引了大量用户。

中国电信的 3G 建设也在顺利推进。CDMA 2000 的一个特点就是可以平滑地从 2G 过渡到 3G，中国电信凭借自己雄厚的技术实力，很快就完成了技术升级。升级后的 CDMA 2000 EV-DO 网络具有很强的数据传送功能，深受用户欢迎。

这样，在较短时间内，中国的三家电信运营商都完成了从 2G 到 3G 的移动通信网络升级。

智能手机推动社交网络迅速发展

社交网络的流行是从个人计算机时代开始的。始于 2003 年的 MySpace 是一个面向广大音乐爱好者的社交网络，人们以个人计算机为终端，通过互联网交流音乐信息。建立于 2004 年的脸书，最初也是依靠个人计算机使用进入的。更早一点，1995 年微软推出的 MSN（微软公司旗下的门户网站）即时通信、1999 年腾讯推出的 QQ 即时通信，也都是将个人计算机作为终端。

社交网络的概念来自互联网，早期的互联网除了提供网站浏览和电子邮件服务以外，还可以通过 BBS（网络论坛）上传数据、阅读新闻、与其他用户交换信息，后来又出现了在线社区等论坛式的交流形式。随着博客等新的网上交际工具的出现，用户可以在网站上建立个人主页，与其他人分享自己喜爱的信息。社交网络中的即时通信使得用户可以在网络上以实时聊天的方式交流信息。这些新型的网络交流形式有两个明显的特点：一是实时性，与邮件收发和网络浏览不同，社交网络中的即时通信是以永远在线的方式出现的；二是广泛性，社交网络把原先一人对一人的交流，延伸为一人对多人、多人对多人的交流。

在智能手机出现以后，人们利用手机也可以进入互联网。于是，无论是脸书还是 QQ 都出现了手机版，很快，手机成为社交网络最普及的终端，其数量远超过个人计算机。

2010 年 2 月，脸书在成立 6 周年之际宣布其用户数已达 4 亿户，同年 7 月，又宣布用户数达 5 亿户，并预计年末会达到 6 亿户。在当年的夏纳国际广告节上，人们问及今后脸书的用户是否会达到 10 亿户时，脸书创始人马克·扎克伯格回答说，这几乎必然会发生。

有的社交网络是从个人计算机起步，然后扩大到智能手机，而有的社交网络则是专门为手机设计的。

推特就是一个专门为手机用户建立的社交网络。2006 年，推特的联合创始人之一杰克·多尔斯产生了建立一个以手机短信为基础的通信平台的想法。他希望这个平台可以使一个群组的人通过手机就能随时了解大家都在干什么。他把这个想法告诉了播客企业奥德奥公司的创始人埃文·威廉姆斯和毕兹·斯通，他们都觉得这是个好主意，并决定立即开发这个平台。这个平台先被称为 twttr，后来改为 Twitter（推特），即鸟的鸣叫声。

2006 年 3 月 21 日晚上 9 点 50 分，杰克发布了第一条推文："正在建立我的推特。"

推特平台很好用，但是开发和试用推特平台的团队人员发现，他们的每月移动电话账单上的短信费用高达几百美元，这太可怕了！他们认为需要开发一个互联网式的平台来支持推特系统。

此时，由于苹果公司建立了自己的播客系统，奥德奥公司的播客经营变得很困难，奥德赛把希望寄托在推特上，于是他们从其他股东手中买回了股份，获得了推特平台的控制权。

杰克·多尔斯、埃文·威廉姆斯、比兹·斯通和诺亚·格拉斯作为联合创始人建立了奥博维亚斯公司，经营推特平台。

2007 年，推特进入"西南偏南"盛典，并一举成功。"西南偏南"是在美国得克萨斯州奥斯汀举办的规模巨大的电影和音乐盛典，每年都有来自世界各地的数万音乐人和电影人，以及大大小小的唱片公司和娱乐媒体来参加。会议现场有很多演出场地，还有众多的咖啡厅和酒吧，音乐人、电影人、乐评影评人、唱片公司的经理和乐迷、影迷们都有近距离接触的机会。推特给参加活动的人带来了极大的便利，他们利用推特了解会议的各种活动，联络来自世界各地的朋友。在盛典期间，每天发布的推文超过60 000 条。

美国作家多姆·萨格拉在使用推特后，发了一条推文："哦，这可是要上瘾的。"

之后，推特进入了快速发展期，推特团队不断对系统扩容，以满足用户的需求。

推特消息被限制在 140 个字符以内，这是因为当时手机短信最长只能有 160 个字符，于是规定推文只能用 140 个字符，剩下的 20 个字符可用于写上用户的名字。这本是一种限制，没想到 140 个字符反而成了推特的迷人之处，变成了推特的招牌。2017 年，推特决定取消 140 个字符的限制，将字符数增加到 280 个，但仍然很少有人发长推文，通常推文长度约为 50 个字符。当人们表达较多的内容时，他们宁可再多发一条推文。推特的快速蔓延，把手机在社交网络上的作用发挥得淋漓尽致。

渐渐地，推特不仅仅是朋友间互通情况的平台，还改变了媒体的发展方向。当发生自然灾害、出现突发事件、产生新的体育运动纪录和比赛结果，甚至名人在某处现身时，这些消息都会首先在推特上出现。政治家、商人和普通市民都可以在推特上发声。于是，自媒体这个概念应运而生，普通市民也变成了记者，在推特上表达他们的所见所闻，阐述他们的观点。

推特成了普通人接触名人的最好平台，同样这也是名人与他们的粉丝联络的最好平台。

2013 年，美国著名女歌手 Lady Gaga 在推特上坐拥 3 300 万粉丝，加拿大著名男歌手贾斯廷·比伯也拥有 3 300 万粉丝。到了 2019 年 9 月，Lady Gaga 在推特上的粉丝数量达到 7 900 万，贾斯廷·比伯的粉丝数量则超过了 1 亿。①

2007 年，中国移动推出了一个基于手机的即时通信产品：飞信。飞信保留了网络聊天的各种功能，突出了手机与计算机之间的交流，实现了手机和计算机之间的即时互通，能保持永不离线的状态，而且，用户还可以直接从计算机向手机发送短信。飞信曾经出现过快速发展的势头，但是在微博和微信等新的社交软件出现之后，飞信并没有顺势发展，反而被逐渐冷落了。这着实令人可惜。

2009 年 8 月，新浪推出了基于手机的社交网络平台——微博。

微博突出关注机制，强调这一机制分享简短实时的广播式信息，将关注者称为粉丝。微博保持了信息简单扼要的特点，限制每一条信息不超过 140 个字——不过 140 个汉字能够表达的内容比 140 个英文字符要多得多。为了满足发布者发送超过 140 个字信息的需求，新浪后来又推出了长微博。

微博的推广速度超过了此前的许多手机应用，微博这个全新的名词成了 2009 年中国最流行的词汇之一。"你'围脖'了吗？"这句话一度成为社交场合中在人们见面时互相问候的潮流语。

基于手机的社交网络在继续发展，就像大海的波涛，一浪高过一浪。微博还在成长之时，微信又来了。

微信是腾讯公司于 2011 年 1 月推出的为智能手机用户服务的社交软件。微信以即时通信平台为基础，充分利用智能手机的功能，开发了各种新的应用。微信最吸引人之处是好友间的内容分享，人们可以将自己创作的内容发送至微信朋友圈，与大家分享，还可以把别人发布的精彩内容转发至自己的微信朋友圈。微信提供的视频聊天和语音聊天服务也深受用户欢迎。

---

① Amanda MacArthur. Lifewire. The Real History of Twitter, in Brief [EB/OL]. [2019-09-19]. https://www.lifewire.com/history-of-twitter-3288854.

微信迅速地进入人们的生活。使用微信的人，连行为举止都会有所改变。人们会更细致地观察生活，并用最快的速度，通过微信以文字、照片、视频等各种方式把这些告诉朋友圈的人。

2013 年 6 月，微信的活跃用户超过 4 亿。2018 年年末，微信的活跃用户达到 11 亿。

瓦次普（Whatsapp）也是一个很受手机用户欢迎的即时通信平台。2014 年 2 月，脸书宣布以 190 亿美元收购瓦次普。此时的瓦次普已有 4.5 亿活跃用户，每天收发的照片高达 5 亿张，比脸书还多 1.5 亿张，从这里我们就可以看出这个即时通信平台的活跃度有多高。业界特别看好的是，瓦次普在那段时间每天能够增加 100 万新用户。瓦次普的经营模式也与别的即时通信平台不同，瓦次普不接受任何广告，也不提供游戏服务，只是向用户收取每年 1 美元的使用费，而且并不是对每一个用户都收费，只是在那些已经建立了健全的计费系统且信用卡普及率高的地方收费。所以2013 年，瓦次普的年收入只有 1 000 多万美元。

有人曾怀疑脸书对瓦次普的收购是否值得。后来的事实证明，当时脸书对瓦次普的前景预测是正确的。2017 年第四季度，瓦次普的活跃用户达到 15 亿户，每天发送大约 600 亿条信息，45 亿张图片。如此大规模的即时通信平台隐藏着无法估量的价值。

还有一件事情值得一提，在脸书收购瓦次普的时候，这个拥有 4.5 亿用户的即时通信平台的企业只有 50 多名员工。为什么如此少的人可以做那么多的事？他们的回答是，瓦次普的理念就是"专注，简单与高效"，公司执行"无会议文化"，使每一个人可以专注于当前的工作，办公室非常安静。即使在瓦次普被脸书收购后，瓦次普的员工搬到位于脸书园区内的新办公场所工作，他们仍然保留着这种文化。

在收购瓦次普以后，马克·扎克伯格对移动通信和智能手机更加关注了，他连续几年去巴塞罗那参加世界移动大会并发表演讲。在演讲中，他特别提及了要解决偏远地区的网络覆盖问题，并饶有兴趣地谈到了脸书正在开展的利用激光和无人机解决偏远地区网络覆盖的项目。

经常有人问我，像微博、微信那样的社交软件在很大程度上替代了移动运营商提供的手机通话和短信业务，传统运营商是否感到有很大压力？

是的，有了微信朋友圈，朋友间的短信会减少；用微信的视频和语音聊天，手机的通话量也会减少。社交网络替代了一部分手机的话音和短信功能，这是技术发展的必然。但是，社交网络的兴起增加了数据流量，使数据流量成为电信运营商实现业务增长的最重要引擎。从这个角度看，社交网络不仅仅是替代了部分传统电信业务，也推动了电信企业的业务转型。

2010 年的世界首富

2010 年《福布斯》杂志公布的世界最富有的人名单中，墨西哥的卡洛斯·斯利姆·埃卢以其535亿美元的个人资产，超越微软创始人比尔·盖茨，名列第一。媒体将卡洛斯·斯利姆·埃卢称为"电信大亨"，这是因为斯利姆的主要资产来自电信业。卡洛斯·斯利姆·埃卢是黎巴嫩移民的后代，是墨西哥的一位成功的商人。

20 世纪 90 年代，墨西哥政府将墨西哥电信公司私有化，斯利姆联合法国电信和美国 SBC 成立的卡索集团，以 18 亿美元收购了墨西哥电信公司 20% 的股权。墨西哥电信公司持有墨西哥 80% 以上的固定电话网络。在入股墨西哥电信以后，斯利姆加大了网络投资，特别是大力推动移动通信的发展。

成立于 2000 年的美洲移动是墨西哥电信公司的子公司，专营移动业务。美洲移动发展迅速，作为拉丁美洲最大的移动通信运营商，不仅在墨西哥拥有 70% 以上的市场占有率，而且将移动通信业务延伸至许多拉丁美洲国家，包括牙买加、多米尼加、萨尔瓦多、危地马拉、洪都拉斯、尼加拉瓜、秘鲁、阿根廷、乌拉圭、智利、巴拉圭、波多黎各、哥伦比亚、厄瓜多尔等。

美洲移动的规模已远超其母公司墨西哥电信。2012 年，美洲移动决定将墨西哥电信发展为自己的子公司。美洲移动是墨西哥最大的公司，其市值曾经超过排名其后的三家市值最高公司的总和。而卡洛斯·斯利姆·埃卢家族拥有美洲电信控股公司 80% 的股份。

斯利姆在美国的电信投资也做得很出色。1998 年，世通公司完成对美国长途通信公司 MCI 的并购，但 2012 年世通就申请破产保护，并出售资产。此时，斯利姆用很少的资金从世通公司收购了一部分原 MCI 的股份。2005 年，由于威瑞森和奎斯特争着要收购 MCI 的资产而使 MCI 的资产升值，斯利姆抓住这个机会，将他旗下 8 家公司所持有的 MCI 的 4 340 万股份，以每股 25.72 美元的价格卖给威瑞森公司。这笔交易使威瑞信立刻就获得了 MCI 13.7% 的股份，也使斯利姆得到了 11.2 亿美元的现金，而且威瑞森还将其在拉丁美洲和加勒比海地区的三个电信运营商出售给美洲移动。美洲移动还在美国取得了移动虚拟运营商的牌照，用于经营移动通信业务。

美洲移动还将业务范围延伸至欧洲。2012 年，美洲移动收购了奥地利电信 21% 的股份，从而进入欧洲市场。奥地利电信的移动通信业务覆盖了奥地利、白俄罗斯、克罗地亚、马其顿、列支敦士登、斯洛文尼亚等欧洲国家。2014 年 7 月，美洲电信将其在奥地利电信的股份增持到 50.8%。

斯利姆认为，宽带网络是今天新文明时代的神经系统，应该引起各方面的高度重视。他强调，宽带不是鸿沟，而是桥梁。宽带是进入现代社会各种新应用服务的通道，这些应用将给全人类带来福利。

俄罗斯的移动通信业

俄罗斯的移动通信业的发展历史悠久。1957—1961 年，前苏联发明家列昂尼德·卡帕瑞亚诺维奇研发出一组移动电话，其外观与后来的蜂窝式移动电话很相似。这些移动电话都是为车载移动电话系统设计的。

1993 年，莫斯科城市电话网络公司与德国的 T-Mobile、西门子等合资成立了 MTS 公司。1994 年，MTS 首先在莫斯科开通了 GSM 网络。1996 年，Sistema 公司收购了 MTS 的多数股份，成为 MTS 的主要股东。

2000 年，MTS 在纽约上市，筹集了 3.5 亿美元。

2003 年，MTS 收购了乌克兰最大的移动运营商 UMC 公司，此后，通过收购，MTS 的业务进入了乌兹别克、土库曼斯坦和亚美尼亚。2009 年，MTS 收购了俄罗斯的固网运营商 Comstar，从而进入了固定通信领域。MTS 提出了 3i 战略，即综合（integration）、互联网（Internet）、创新（innovation）。

2013 年，MTS 的综合战略继续延伸，MTS 收购了 MBRD 银行，将之改名为 MTS 银行，从此进入金融领域，这是 MTS 发展的新篇章。

俄罗斯还有一家移动运营商值得一提，那就是维佩尔通信。

维佩尔通信的诞生颇具传奇色彩。德米特里·锡闵是前苏联一家无线技术研究所的首席科学家，他深受尊敬并且很有影响力。20 世纪 90 年代初，已经年过六十的德米特里想自己创业，他的想法得到了研究所一批同事的支持。他们决定发挥自己在无线电方面的特长，建立从事无线通信业务的公司。1991 年，从事风险投资的美国人奥吉·法贝拉来到莫斯科，寻找在俄罗斯投资移动通信业的机会。25 岁且不会说俄语的奥吉与 63 岁且不会说英语的德米特里一拍即合，他们决定成立一家在俄罗斯提供移动通信业务的公司。奥吉·法贝拉提供数十亿美元作为直接投资。就这样，维佩尔通信公司于 1992 年成立了。

维佩尔通信选择爱立信作为供应商，并与爱立信达成协议，由维佩尔通信向爱立信租赁设备。这个协议对维佩尔通信的初期发展很有意义，因为当时一个基站的成本超过 100 万美元。他们决定先在 800 MHz 的频段上，采用 D-AMPS 技术建设移动通信网络，D-AMPS 是来自美国的 2G 技术，此前已经在美国和加拿大使用。

1993 年，维佩尔通信建立了一个小规模的移动通信领示系统。这个系统首期只能覆盖莫斯科的市中心，占莫斯科 5% 的面积，网络容量很小，只能服务 300 个用户。

在领示系统的基础上，1994 年，维佩尔通信建设了覆盖整个莫斯科的移动通信网络，容量达到 10 000 个用户。此后，维佩尔通信又建立了 900/1 800 MHz 双频的 GSM 系统。在整个网络建设的过程中，德米特里·锡闵的无线电技术背景、专业知识和各种人脉关系发挥了很大的作用。

1996 年 11 月，维佩尔通信在纽约证券交易所上市，这是 1903 年以来第一个在纽交所上市的俄罗斯公司。

2003 年 4 月，维佩尔通信在圣彼得堡提供移动通信业务，当年年末，在 55 个地区提供移动通信服务，用户总数超过 1 000 万户。

2004 年，维佩尔通信开始对外扩展，先收购了哈萨克斯坦的移动公司 Kar-Tel 50% 的股份。2005 年和 2006 年，又收购了乌克兰的 URS、塔吉克斯坦的 Tacom、乌兹别克斯坦的 Buztel，以及格鲁吉亚的 MobiTel 和亚美尼亚的 ArmenTel 的股份。

维佩尔通信更大的扩展行动是 2010 年 10 月收购温德电讯。温德电讯是埃及企业家纳吉布·萨维里斯创办的移动通信企业，业务覆盖埃及、阿尔及利亚、突尼斯、巴基斯坦、孟加拉国、意大利等多个国家。这次收购于 2011 年 4 月完成。在收购完成后，维佩尔通信拥有埃及欧瑞斯科姆集团 51.7% 的股份和意大利温德公司 100% 的股份。这次收购总价为 66 亿美元，维佩尔通信向温德电讯支付 15 亿美元和维佩尔通信 20% 的股份。这样，维佩尔通信在欧洲、亚洲、非洲的 20 个国家和地区运营移动通信业务，用户总数达 1.81 亿户。

时任维佩尔通信 CEO 的亚历山大·伊传西莫夫这么评价这次收购："这是一次大而复杂的交易，但是这次并购使公司可以在新兴市场得到更多的发展机会。通过整合，还可以减少资本开支和运营开支。"

我曾去过维佩尔通信在莫斯科的总部，还参观过维佩尔通信的一个营业厅，感觉这是一家充满活力的公司。这家公司的品牌名为 Beeline，它表示年轻、时尚和快乐，是由奥吉·法贝拉在 1993 年提议的，用以区别于传统的技术公司。

2017 年，维佩尔通信改名为 VEON。

俄罗斯另一家移动通信公司 MegaFon 成立于 2002 年，截至 2012 年，该公司在俄罗斯拥有 6 200 万移动用户，在塔吉克斯坦拥有 160 万移动用户。

朗讯怎么了

2006 年 4 月，国际上许多电信运营商在经过多年观察和等待后，开始大规模建设 3G 网络，当电信设备制造商都在为销售 3G 设备展开激烈竞争的时候，市场传来了一个消息：法国电信制造商阿尔卡特要收购美国朗讯公司。

阿尔卡特以 135 亿美元收购朗讯，收购采取换股方式，朗讯的股份按每股 3.01 美元折算，每股朗讯股折换成 0.195 2 股阿尔卡特股份，并购完成后，原朗讯的股东占新公司股份的 40%。

并购后的公司改名为阿尔卡特 - 朗讯，原阿尔卡特的董事长兼 CEO 谢瑞克担任新公司的董事长，原朗讯 CEO 陆思博担任新公司的 CEO。并购交易完成后两年内将继续裁员 8 800 名。

尽管朗讯被并购是意料之中的事，但是大家没想到并购来得这么快，而且估值这么低。几年前，阿尔卡特曾与朗讯谈过并购，当时阿尔卡特给出的报价是 235 亿美元。要知道，1999 年 12 月朗讯的股价曾高达 84 美元，对应的市值是 2 850 亿美元。尽管这次阿尔卡特以如此低的价格并购朗讯，但还是有投行的分析师认为，考虑到朗讯近期令人失望的业绩，阿尔卡特并购的成本还是过高。

从电信巨人 AT&T 分离出来后，拥有赫赫有名的贝尔实验室的朗讯公司怎么会沦落到这般田地？

1984 年 AT&T 解体，其本地电话业务被分成 7 个独立的区域性电话公司，AT&T 成了一个专营长途电信业务的公司，同时保留了一个强大的电信设备制造部门。1996 年，AT&T 的制造部门连同贝尔实验室一起，从 AT&T 分离，这就是朗讯科技。

电信制造业与电信运营业分离是技术发展的必然，朗讯独立运营后，各种效益明显上升。在朗讯从 AT&T 分离后，除了 AT&T 和从 AT&T 分拆出去的区域性电话公司购买朗讯制造的电讯设备以外，连 MCI 和斯普林特这些往日 AT&T 的老对手也来向朗讯采购设备。1995 年，作为 AT&T 的一个部门，朗讯的销售收入约 200 亿美元，而 1996—1999 年，朗讯的销售收入平均每年增长17%。1999年，朗讯的销售收入更是高达383亿美元。

1996年，朗讯在上市时，就受到资本市场的宠爱，是当年融资额最高的IPO（首次公开募股）。在上市之后，朗讯的股价节节上升。

之后，朗讯迅速调整内部结构，建立了11个面向用户的业务单元，同时，其开始了大规模的并购。朗讯管理层希望通过并购来弥补自身的弱项，迅速实现从话音到数据，从电路交换到分组交换，从固定通信到移动通信的过渡。

当时，业界一致认为并购比自我研发产品效率高，一个成功的公司往往是通过并购来实现技术领先的。投行人士总是喜欢拿思科来做例子。

思科成立于1984年，其在1990年上市的时候年销售收入只有7000万美元，公司拥有200多名员工。1993年思科开始采取大规模的并购行动，至1998年其共完成29次并购，交易总金额达84亿美元。这些巨额并购几乎没用什么钱，因为其中94%都是用思科的股票来实现的。1998年，思科的年销售收入达84亿美元，员工人数达15 000名。此后，思科并购的步伐迈得更快、更大了，1999—2000年，思科完成41次并购，交易总额为267亿美元，其中99%是用股票支付的。

在股市泡沫破裂之前，上述成功案例使银行家和信息通信企业的CEO都处于高度亢奋的状态。

1996年，朗讯开始了暴风雨般的并购活动。1996年10月—2006年9月，朗讯完成了41次并购交易，其中31次集中发生在1999年和2000年，这31次并购占历次并购总价值的92%，76%的朗讯员工是随着这些收购并入的。被收购的公司主要集中于数据网络、企业网络和微电子领域，有些公司是1997年或1998年才成立的，在被收购时，它们的产品还在开发阶段。朗讯于1999年1月收购Ascend时付出的代价最高，交易总额达214亿美元。

朗讯的这些收购大部分都是用股票置换的，而且，伴随着一次又一次的收购，朗讯的股价一次又一次地上升。这令朗讯的股东和持有股份的员工都满心欢喜。

那些被收购的公司则获利更多。有的公司被收购后，其创始人在获得丰厚的回报之后，马上又去创建新的公司。1999 年 11 月，朗讯以 15 亿美元收购了 Kenan Systems。收购完成后，这家公司的所有 750 个员工，全部出售了他们获得的朗讯股票，除了创始人凯南·沙欣，他的股票在 2002 年出售，尽管那时朗讯股价已下跌，但他还是得到了 3 亿美元。

可惜好景不长，2000 年朗讯披露一季度业绩，财务表现低于预期，市场已经预感到朗讯的潜在危机。

朗讯的老东家 AT&T 开始实行设备采购的多元化，其采购额占朗讯的收入从 1997 年的 14% 降到 10%。

在无线市场上，朗讯擅长的是 CDMA 和 TDMA 设备制造，而 TDMA 的市场需求很小，CDMA 在全球的比重也远低于 GSM 设备。朗讯的管理层也很清楚，想要在全球移动通信设备市场上具有竞争力，就必须要提升自己制造 GSM 设备的能力。

1999 年，朗讯在经过竞标以后，成为中国联通辽宁分公司 GSM 设备的主要供应商。当时中国联通的大规模移动通信网络建设刚刚起步，这对于朗讯来说，是一个进入 GSM 市场很好的机会。朗讯在电信业界有着很好的声誉，其 5ESS 交换机一直被业界视为电话交换机的高端产品，我们都相信，凭借这么好的交换机，再加上朗讯在无线通信方面的实力，朗讯一定会成为一个可以长期合作的 GSM 设备供应商。因此，在中国联通辽宁分公司第一期 GSM 网络开通以后，在辽宁的第二期、第三期 GSM 网络扩容中，朗讯继续成为主要供应商。辽宁项目是朗讯在中国 GSM 市场上的第一个项目，但是没有想到，这也成了它在中国 GSM 市场上唯一的一个项目。

由于朗讯在全球 GSM 市场上所占份额太小，无法继续为 GSM 产品增加投入。几年后，朗讯宣布停止生产 GSM 设备，转而集中力量开发制造 CDMA 设备。尽管朗讯在中国联通的 CDMA 网络建设上占有较大的市场份额，但其在 GSM 产品上的表现实在令人失望。

朗讯在 3G 市场的情况也与 2G 市场类似，朗讯的优势是 CDMA 2000，而 WCDMA 在 3G 市场上占有更多的比重，尽管朗讯努力研发 WCDMA 设备，但还是进展缓慢。

从 2000—2002 年，朗讯的销售收入下降了 70%。2000 年，朗讯的销售收入是 415 亿美元，2003 年的销售收入只有 85 亿美元。

穆迪给朗讯的债务评级连续下降，从 2000 年的 Aa3 级开始，逐年下降，直到 2003 年的 Caa1 级。最糟糕的是，贝尔实验室在将研发重点转到能够在短期内产生赢利的项目之后，再也没有诞生过重大的发明。

朗讯接下来要走的路也就可想而知了：分拆，卖资产，裁员。一个企业在债务评级被列为"垃圾级"以后，要分拆或者出售资产是可以理解的，但是，将那些优质资产都分拆或出售了，企业今后还将如何生存呢？

2000 年，朗讯分拆了企业网络业务部门亚美亚。亚美亚在 2000 年的销售收入是 77 亿美元，有 31 000 名员工。后来，朗讯又将电源部门出售给泰科公司。

2001 年，朗讯分拆微电子部门杰尔系统。杰尔系统在 2000 年的收入是 31 亿美元，有 16 500 名员工。

2002 年，朗讯将光纤业务出售给日本古河电工。

许多公司前脚才被收购进来，后脚又被卖出去了。2000 年 5 月，朗讯收购了克罗曼蒂系统公司，在投行的估值报告中，预计其 2001 年能产生 3.75 亿美元销售收入，2002 年销售收入能到 1 亿美元，2005 年将达到销售高峰期。在此以前，朗讯刚刚收购了一家名为伊格尼塔的公司，这家公司研发的产品与克罗曼蒂的产品很相似，于是朗讯取消了伊格尼塔的开发项目。但是，克罗曼蒂的产品始终没有研发出来，朗讯为此减值了 37 亿美元的商誉。

朗讯的减员幅度之大也是电信业界少有的。2001—2002 年，朗讯裁员 79 000 人，员工总数减少了 63%。被裁减的人员中，除了被分拆和被出售的电源、光纤和微电子部门中的 28 000 名员工以外，还有 51 000 名员工自愿或非自愿离职，包括 8 500 名提前退休的管理人员。[①]

电信业内人士对朗讯常常怀有一种特别的期待，这是因为朗讯所属的贝尔实验室，曾对移动通信业做出了很大的贡献。1947 年 12 月，贝尔实验室的工程师道格拉斯·H. 瑞和 W. 瑞伊·杨最早提出了蜂窝式移动通信

---

① William Lazonick, Edward March. The Rise and Demise of Lucent Technologies [EB/OL]. (2010-03) [2019-06-10]. http://www.theairnet.org/files/research/lazonick/Lazonick%20and%20March%20 Lucent%20COMPLETE%2020110324.pdf.

的概念。他们建议用六边形蜂窝的形式建立车载型移动电话的收发基站，采取小区制的方式建立移动电话基站，基站所覆盖到的范围呈六边形，类似蜂窝，由交换中心控制话务流量，使用小功率设备，不相邻的基站可以重复使用频率，从而实现频率复用。

我们在与朗讯的领导人会面时，常常会谈起贝尔实验室，我们非常期待贝尔实验室在移动通信领域的新发明，但是后来始终没有听到这方面的好消息。

毕业于艾奥瓦州格林奈尔学院历史专业的理查德·麦金曾在贝尔系统工作了 20 多年，1997 年 10 月出任朗讯的 CEO。由于朗讯业绩未达预期，公司股价下跌，理查德·麦金于 2000 年 10 月离任。

理查德在任期间，正是科技股从泡沫泛滥到泡沫破灭的时候，朗讯的大起大落也正是这段历史的缩影。用股票实现并购，用股票和期权激励员工，收购得越多，股价上升得越快，这几乎成了当时的潮流。问题是，无论是连续不断的并购，还是飞涨的股价，都没有给公司带来实质性利润的增长。

2000 年中国联通上市之前，我们去纽约路演。理查德和朗讯管理团队在曼哈顿与我们会面，理查德向我们介绍了朗讯的上市过程并传授经验。朗讯是 1996 年由摩根士丹利作为保荐人在纽约上市的，恰好中国联通上市的保荐人也是摩根士丹利。我们去纽约路演要访问的基金公司正是当年朗讯上市时拜访过的，理查德的经验之谈使我们深受启发。

理查德说："当我们去拜访基金公司的时候，出面与我们谈的是比较年轻的基金经理，他们从来没有干过电信业，但是他们会告诉你应该这样做、应该那样做。问题是，你还得回答："是的，我们会这样做的。"

从他的这番话中，我们可以体会到，作为朗讯的 CEO 在面对华尔街时的那种无奈。事实上，这些年轻的从来没有干过电信的基金经理有权决定买入还是卖出电信公司的股票。同样，一个没有任何电信业从业经历的投行分析师的一篇分析报告，就可以使一个电信公司的价值一落千丈，而这些足以影响一个大型公司 CEO 的去留。

从现象上来讲，朗讯的落伍，是因为没有在移动通信替代固定通信、分组交换替代电路交换、数据替代话音的行业大变化中找准方向，所以逐步失去了逾百年积累起来的在电信行业的优势地位。

但从深层次来看，这涉及企业如何增强前瞻力的问题。前瞻力就是企业观察未来的能力，是企业领导力中最重要的因素。许多优秀企业的事例告诉我们，企业的前瞻力来自企业领导人对新技术的关注以及对行业的深刻理解。如果只是不断地追逐潮流，不断地去做那些迎合华尔街喜好的事情，那么即便企业一时得利了，也不可能持久。

接替理查德·麦金担任朗讯 CEO 的是陆思博女士。陆思博曾在朗讯从 AT&T 分拆的过程中立下汗马功劳，后来离开朗讯去柯达担任总裁兼 COO。在 2002 年 1 月她回到朗讯担任 CEO 时，她面对的是一个千疮百孔的巨人，朗讯正在谷底挣扎。陆思博在上任伊始就说，有些事情我们是无法控制的，但有的事情我们是可以做到的，例如改进供应链，简化业务流程。继续大规模裁员是不可避免的，朗讯的员工规模降到了 31 500 人，而 2000 年朗讯员工曾多达 12.6 万人。资产减值也无法避免，尽管这会导致财务上的亏损。就连科研经费都得减少，有限的科研经费将主要用于光网络和无线网络设备的研发。

陆思博特别关注拓展海外市场，特别是新兴市场的移动通信发展，在她上任后，朗讯的海外市场销售比重明显增长。在内部考核上，她也做了调整，公司将原先以股价作为对管理人员薪酬考核的主要指标改成以营业利润为主要考核指标。陆思博说："我们考核企业管理人员必须用他们可以努力的事来做标准。"

陆思博的努力取得了一些成效，2003 年第四季度，朗讯实现了自 2000 年 3 月以来的首次盈利。但是，朗讯已经积重难返，无法摆脱被并购的命运。阿尔卡特并购朗讯之后，陆思博继续担任并购后的阿尔卡特 - 朗讯的 CEO。

2008 年，陆思博离任，由英国电信前 CEO 伯纳德斯·韦华恩接任阿尔卡特 - 朗讯的 CEO。韦华恩是荷兰人，在电信行业饱经风霜，具有丰富的经历，早期曾担任朗讯的 COO。但后来的事实证明，阿尔卡特并购朗讯以后，并没有取得预期的协同效应，合并后的阿尔卡特 - 朗讯在发展过程中依然困难重重。

北电网络的衰落

分析师们在批评朗讯在光网络产品开发方面坐失良机的时候，总会拿北电网络做例子。是的，北电网络曾经在光网络产品方面遥遥领先，但是北电网络在后来也快速衰落。

北电网络的管理层经常称其公司是一家百年老店。确实如此，北电网络早先是电信运营商加拿大贝尔的制造部门，1895 年从加拿大贝尔分离出来后改名为北方电子制造公司。在很长一段时间里，加拿大贝尔公司和美国西部电子公司共同持有北电的股份。后来，西部电子将其持有的股份出售给加拿大贝尔。1973 年，北电上市。1976 年，北电由北方电子改名为北方电讯。在北电上市之后，大股东持有的股份不断稀释，一直降到 4% 以下。

起初，北电公司最有名的产品是局用数字电话交换机 DMS 100/200，这个型号的交换机质量好，性价比高。此外，北电的用户电话交换机也享有很好的声誉，许多企业和酒店都使用北电的 Meridian 用户电话交换机。此外，北电还在光通信技术方面处于领先地位，曾在全球光通信市场的份额占到 37%，还率先开发了 10 Gb/s 的光传输设备，这些都受到电信运营商的青睐。

1997 年，罗世杰出任北电的 CEO。这位 1969 年就加入北电的工程师在上任之后，启动了北电的大转型。罗世杰提出的目标是将北电从电信设备制造商转型为互联网技术公司。很快，他做出了两件令人震撼的事情。一是于 1998 年 5 月以 91 亿美元收购了海湾网络，这是一家总部位于美国旧金山的制造路由器和以太网产品的技术公司。二是在 1999 年 4 月将公司名字由北方电讯改为北电网络。

通过并购来实现公司转型是当时最流行的做法。快速飙升的北电股价正好支持北电用换股的方式并购别的公司。于是在大约 30 个月内，北电共并购了 17 家公司，总价值达 330 亿美元。这些被并购的公司包括网络技术公司、光通信公司、软件公司和系统集成公司等。

2000 年 8 月，北电宣布以 5.4 亿美元并购美国加利福尼亚的索诺玛系统公司，这家公司主要向互联网服务商提供能同时高速传送视频、数据和话音的综合接入设备。此消息一经宣布，北电网络的市值就突破 2 400 亿美元。自罗世杰担任 CEO 以来，这家公司的市值增长了 6 倍。当时一些加拿大人拿出了他们终身的积蓄来购买北电网络的股票，并都期待此股票继续增值。《时代周刊》称罗世杰是"加拿大历史上最成功的商人"，众多媒体对其交口称赞。

罗世杰乘胜追击，计划每年都将北电市值的 10% 用来收购新技术公司，从而确保跟上技术进步的节奏。同时，罗世杰又要求政府降低税收，使企业能够实现更好的财务业绩。他甚至表示，如果政府无法降低税收，他们会考虑将公司总部搬到美国去。

可惜，北电网络的发展巅峰期只持续了很短的时间。随着 2001 年互联网泡沫破裂，北电网络也快速走向衰落。这个光通信设备的领先者，这家可以全面提供 GSM、CDMA、UMTS 和 WiMAX 等各种无线通信设备的企业，开始出现亏损，股价也随之快速下跌，北电网络不得不从顶尖电信设备制造商的行列中退出。

此后，北电网络又经历了 CEO 更替和财务丑闻。2005 年，当得知摩托罗拉前总裁迈克·扎菲洛夫斯基成为北电网络新一任 CEO 时，业界还对他抱有希望，迈克·扎菲洛夫斯他自己也是信心满满。

迈克·扎菲洛夫斯基出身于马其顿，曾在 GE 工作 8 年，2000 年加入摩托罗拉，担任手机部门负责人，2002—2005 年担任摩托罗拉总裁兼 COO。

迈克·扎菲洛夫斯基离开摩托罗拉去北电网络任职一事，一度在业界引起轰动。摩托罗拉还就此事正式提起了诉讼，认为迈克·扎菲洛夫斯基可能会泄露摩托罗拉的商业秘密，要求法院禁止迈克·扎菲洛夫斯基在两年内去北电任职。不过，后来双方达成协议和解。迈克·扎菲洛夫斯基退还摩托罗拉向其支付的 1 150 万美元的离职费，并承诺北电在一定的时间内不从摩托罗拉招聘人员。

迈克·扎菲洛夫斯基在担任北电网络 CEO 后表示，北电网络曾经是一家优秀的公司，给他 3~5 年的时间，他将使北电网络重新成为一家优秀的公司。

　　然而，迈克又能做些什么呢？面对一个步向衰落的公司，他如何才能够扭转局势？迈克决定，将 IP（网络互联协议）多媒体系统、IP 电视和 WiMAX 作为北电的发展重点。他说："我们要从坑里走出来，一切从零开始。"

　　2005—2006 年，全球的移动通信市场开始出现转折，电信运营商们经过多年的犹豫和观察，已经确定了 3G 建设的目标，开始了大规模的 3G 网络建设，而 2G 网络的建设和扩容规模明显缩小了。电信设备制造商过去多年研发的 3G 产品终于有了用武之地，3G 市场成了电信设备制造商的博弈重点。2006 年 9 月，业界被一个意外的消息震动，阿尔卡特在宣布并购朗讯以后，再下一城，以 3.2 亿美元收购了北电网络的 3G 部门，接手北电网络的 UMTS 业务，从而在全球新增了 14 个 UMTS 运营商用户。

　　北电方面的解释是，3G 很快将变成历史，北电在出售 3G 业务后，将把业务重点集中于下一代移动通信。这里的下一代移动通信主要指 WiMAX，北电网络的 WiMAX 产品确实有一定优势。

　　这样的解释在当时也有一定的道理。不过，放弃了当时业界最热门的 3G 业务，北电网络真能走下去吗？WiMAX 真的会成为移动通信网络的主流技术吗？

　　此后一段时间，北电网络的销售状况有所改善。有多家运营商购买了北电的 WiMAX 产品，北电的 40 Gb/s 光通信产品进入市场，后来 100 Gb/s 光通信产品也研发成功了。但是北电的财务业绩变得越来越糟，债务上升，到最后资不抵债，市场开始传出北电网络濒临破产的流言。

　　2008 年 8 月 8 日，应中国移动的邀请，迈克·扎菲洛夫斯基来北京观看奥运会开幕式。其间，我问迈克，北电网络能渡过难关吗？此时迈克仍然信心十足，他坚信北电网络能够渡过眼下的难关。

　　但是，北电网络的情况继续在恶化。2008 年 9 月 16 日，北电网络宣布了两条消息。一是其 2008 年的业绩将比预期下降 2%~4%；二是北电网络将出售以太网制造部门。以太网制造部门是北电网络的支柱之一，业务范围包括光通信设备、以太网产品和骨干传输设备，这个部门在 2007 年的销售收入占整个北电的 14%。

这两条消息在股票市场掀起了轩然大波。9 月 17 日股市一开盘，北电的股价就下跌 21%，后来继续下跌，跌幅达 36%，北电的股价从 3.23 美元跌至 2.07 美元。

2009 年 1 月 14 日，北电网络向加拿大、美国和欧洲的法院申请破产保护，之后开始卖资产、裁员……

爱立信以 11.3 亿美元收购了北电的 CDMA 和 LTE 资产，亚美亚以 4.76 亿美元收购了北电网络的企业网资产，讯远通信以 5.21 亿美元收购了北电的城域网资产，简班达以 1.82 亿美元收购了北电的 IP 电话资产。微软、苹果、RIM、EMC、爱立信和索尼共 6 家公司以 45 亿美元联合收购了北电的专利组合，该专利组合包含 6 000 项有关 3G、4G、光通信、半导体等多个领域的专利。

至此，北电网络这家加拿大的传奇公司就从市场上消失了。

摩托罗拉也被收购了

媒体总是把摩托罗拉衰退的原因归为其留恋模拟移动通信技术，且迟迟不愿向数字移动通信技术升级。这种说法是有一定根据的。早在美国讨论 2G 的时候，在模拟移动通信市场占绝对优势的摩托罗拉就提出了一个被称为窄带 AMPS 的方案，它认为没有必要采用数字移动通信技术，只要提升模拟移动通信的频率效率，将每个模拟信道的带宽从 30 KHz 压缩到 10 KHz，就可以达到扩大网络容量的目的。但这个方法很快就被否决了。不过，当数字移动通信标准确定之后，摩托罗拉也迅速将其制造重点从模拟转移到数字移动通信。1991 年，摩托罗拉在德国汉诺威展示了首个使用 GSM 标准的数字蜂窝系统和手机原型，这在当时处于领先地位。1998 年，诺基亚在移动电话领域的市场占有率超过摩托罗拉，但是，在此后许多年，摩托罗拉仍是全球移动通信网络设备和手机的主要供应商之一。

摩托罗拉的步步衰退有更为复杂的原因。

　　1928 年，保罗·高尔文和约瑟夫·高尔文兄弟在芝加哥成立了高尔文制造公司，后来改名为摩托罗拉公司。1956 年，保罗·高尔文的儿子罗伯特·高尔文担任摩托罗拉的总裁，两年后，他成为摩托罗拉的 CEO。这样，摩托罗拉的掌门人传承到了高尔文家族的第二代。从 1959—1986 年，在罗伯特·高尔文担任 CEO 的这些年，摩托罗拉进入了最辉煌的时期。而在罗伯特·高尔文于 1986 年卸任摩托罗拉 CEO 之后的 10 多年，摩托罗拉的 CEO 已不是高尔文家族的成员。直到 1997 年克里斯托弗·高尔文成为摩托罗拉的 CEO，并于 1999 年兼任董事长，摩托罗拉家族的第三代才登上舞台。但是，在这个阶段，高尔文家族在摩托罗拉公司的股份只有 3% 了。

　　克里斯托弗·高尔文担任摩托罗拉 CEO 的时候，正是移动通信业从 2G 向 3G 升级的时期，也是诺基亚在手机领域大展宏图的时期。摩托罗拉为了夺回行业老大的地位，致力于研发新的手机产品，曾轰动一时的摩托罗拉刀锋手机，就是在那时候研发的。

　　但是，摩托罗拉无论是在移动通信设备还是手机市场上的份额都在萎缩，仅 2001 年，摩托罗拉的收入就下降了近 80 亿美元，总收入降至 300 亿美元，亏损接近 40 亿美元，摩托罗拉的股价也随之下跌。到了 2003 年，摩托罗拉的股价已经比克里斯托弗·高尔文上任时的 1997 年下降了 40%。

　　当摩托罗拉的创始人高尔文家族的股份只有 3% 的时候，事实上这个家族已经无法控制摩托罗拉了。2003 年年末，克里斯托弗·高尔文被摩托罗拉董事会解除了 CEO 的职务。随之，高尔文家族决定出售其持有的摩托罗拉公司的全部股票，这些股票价值 7.2 亿美元。高尔文家族从此彻底离开了摩托罗拉。

　　2004 年 1 月，爱德华·赞德成为摩托罗拉新的董事长兼 CEO。工程师出身的爱德华·赞德曾在多家计算机公司工作过，他在计算机销售方面的能力在业界享有很高的声誉。加入摩托罗拉之前，他是 Sun 公司的总裁兼 COO。

　　爱德华·赞德担任摩托罗拉 CEO 之后，公司的经营业绩开始反转，这很大程度上归因于 2004 年摩托罗拉推出的刀锋手机取得了成功。刀锋手机是在摩托罗拉前任 CEO 克里斯托弗·高尔文的大力推动下开发出来的产品。其主要特点是超薄，第一款刀锋手机 Razr V3 采用铝合金外壳，打开翻盖可以看到激光精雕的键盘，深受消费者的喜爱。刀锋系列超薄手机的机型款式很多，分为 V、L、Z、K、E5 个系列。刀锋手机的销量超过预期，头两年的销量就达到了 5 000 万部。

但是，这种现象没有维持太长的时间，因为刀锋手机仅仅突出了超薄这个特点，其在功能上并没有什么创新。很快，三星、LG 也都推出了超薄型手机，刀锋的优势也就不存在了。

摩托罗拉曾得到过一次能够力挽狂澜、扭转亏损的机会。苹果公司创始人史蒂夫·乔布斯找到爱德华·赞德，要与摩托罗拉合作，将 iPod（苹果数字多媒体播放器）内置到刀锋手机里。2005 年，带有音乐播放器的新款刀锋手机上市，命名为 Rokr，听起来与 Rock（摇滚）很像。不过，乔布斯对这款手机很不满意，在一次苹果的内部会议上更是直言不讳道："我受够了跟摩托罗拉这些愚蠢的公司打交道。我们自己来研发！"于是，苹果开始自己研发手机，于是就有了后来的 iPhone。①

摩托罗拉的确是在努力地研发智能手机，但是，经过连续的大幅裁员，摩托罗拉的创新能力被削弱了。摩托罗拉甚至解散了一些非常优秀的研发团队，这些团队曾经是摩托罗拉的骨干所在。摩托罗拉曾长期位列美国公司专利榜前 10 位，但在 2006 年，其排名下降到了 34 名。摩托罗拉曾引以为自豪的创新精神、敢于冒险的精神和尊重员工的精神几乎要消失了。摩托罗拉在美国手机市场的份额早已落在诺基亚的后面，此时又被三星超过，正一步一步走向危局。

就在这个时候，摩托罗拉被激进投资者盯上了，这些激进投资者特别喜欢那些股权分散、股价被市场低估的公司。与一般的财务投资者不一样，激进投资者明确表示，他们要积极参与被投资公司的结构调整，用最快的速度去实现最好的投资价值。

亿万富翁卡尔·伊坎就是一个成功的激进投资者，《财富》杂志称他为"地球上最成功的投机者"。卡尔·伊坎在收购摩托罗拉的股票后，成为摩托罗拉的股东。

---

① 沃尔特·艾萨克森.史蒂夫·乔布斯传 [M]. 管延圻，魏群，余倩，赵萌萌，译.北京：中信出版社，2011.

激进投资者的第一步计划就是要换掉摩托罗拉的 CEO。2007 年年初，卡尔·伊坎拥有了摩托罗拉 1.4% 的股份，提出要免除爱德华·赞德的 CEO 职务，而此时爱德华·赞德还在冰天雪地的瑞士达沃斯参加世界经济论坛的年会。那年，我与爱德华在达沃斯期间都参加了电信行业的闭门会议，爱德华在会上讲了许多电信行业要适应互联网发展之类的话，向人们展示了摩托罗拉要实现转型的决心。

卡尔·伊坎却在不断地增持摩托罗拉的股票，其持股比例很快就超过了 6%，这使他的影响力也随之提升。在卡尔·伊坎的推动下，2007 年 11 月 30 日，摩托罗拉宣布解除爱德华·赞德的 CEO 职务，由格雷格·布朗担任新一任 CEO。

2008 年，摩托罗拉又宣布桑杰·贾为摩托罗拉的联席 CEO 兼移动设备部门 CEO。外界对这一举动很不理解，因为很少有公司设有两个 CEO。我与这两位 CEO 都有过交往，他们表示这样做有利于摩托罗拉更好地服务客户。

之后，摩托罗拉又遇到了一个转型的机会。因为早期的 iPhone 没有 CDMA 版本，运营 CDMA 网络的威瑞森急需开发一款新的智能手机来满足市场的需要。桑杰·贾很重视与威瑞森的合作，他说在 14 个月之内，也就是到 2009 年的圣诞节之前，如果拿不出一个好的产品，摩托罗拉就没希望了。

为此，摩托罗拉组建了一支 200 人的工程师团队，与发明安卓的谷歌公司安迪·鲁宾团队紧密合作，开发摩托罗拉的第一款安卓手机。

摩托罗拉名为 Droid 的新手机于 2009 年 10 月上市。在 Droid 面市的前几个月里，摩托罗拉的出货量甚至超过了 iPhone。在 2010 年年末，摩托罗拉历经 4 年亏损的手机业务部门终于开始重新赢利。

但是，好景不长，摩托罗拉的许多竞争对手也陆续推出了安卓手机，摩托罗拉的时间优势也就没有了，而其财务状况仍在困境之中。

摩托罗拉的手机制造部门尚在挣扎，而其网络设备制造部门则更加困难，首先垮了下来。2010 年 10 月，诺基亚西门子网络公司宣布以 12 亿美元收购摩托罗拉的移动通信网络设备业务。摩托罗拉网络部门曾经很强盛，可以全面提供各种移动通信网络设备，其产品包括 GSM、CDMA、

WCDMA、WiMAX 和 LTE。全球有 66 个国家和地区的 80 多个运营商曾使用过摩托罗拉的 GSM 网络，22 个国家和地区的 30 个运营商使用过摩托罗拉的 CDMA 网络，那时的摩托罗拉在 21 个国家签订了 41 份销售 WiMAX 的合同。而曾经的移动通信网络设备制造巨头，就这样将被低价收购了。

诺基亚西门子计划在 2010 年年底完成这项收购。但由于种种原因，此项收购在当年没有完成。

激进投资者又开始实施他们的第二步计划。2011 年 1 月 3 日，摩托罗拉被分拆成两个独立的上市公司，分别是摩托罗拉移动公司和摩托罗拉解决方案公司。摩托罗拉移动公司主营手机和机顶盒产品，摩托罗拉解决方案公司主营网络设备和企业用户产品。分拆当天，摩托罗拉移动公司的股价上升 4%，摩托罗拉解决方案公司的股价却下跌了 1.5%。

摩托罗拉的两个联席 CEO 分别担任分拆后两家公司的 CEO——格雷格·布朗担任摩托罗拉解决方案公司的 CEO，桑杰·贾担任摩托罗拉移动公司的 CEO。这个时候，外界人士才明白，为什么当初摩托罗拉要设两个 CEO。

摩托罗拉移动被分拆出来以后，激进投资者马上开始了他们的第三步计划：卖卖卖。2011 年 4 月 30 日，诺基亚西门子公司完成了对摩托罗拉网络设备制造企业的收购，实际支付现金 9.75 亿美元。摩托罗拉网络部门分布在 52 个国家的 6 900 名员工全部转到诺基亚西门子公司。在收购结束后，摩托罗拉解决方案公司就专注于生产企业用户产品了。

2011 年 7 月，一手促成了摩托罗拉分拆的卡尔·伊坎说，摩托罗拉移动公司的专利组合有很高的价值，北电网络的专利还卖了 45 亿美元，摩托罗拉的专利更值钱。

摩托罗拉移动公司的管理层表示不能卖，摩托罗拉未来的发展依赖这些专利。

不卖专利，那就把整个公司都卖了吧！

2011 年 8 月 15 日，谷歌宣布收购摩托罗拉移动公司，收购的价格是每股 40 美元，比上一个交易日的股价高 63%，总价值是 125 亿美元。

至此，激进投资者的所有目标都如期达成。

2014 年 1 月 29 日，谷歌宣布以 29 亿美元将先前收购的摩托罗拉移动部门出售给联想。[①]

诺基亚的命运

在很长一段时间里，诺基亚一直坐拥着手机市场占有率第一的宝座，任何其他品牌的手机都望尘莫及。

但是，在 2007 年以后，随着 iPhone 和安卓系统的出现，诺基亚也开始走向衰落。大多数媒体认为，诺基亚的衰落是因为管理层被自己的优秀业绩冲昏了头脑，而没有看到移动行业正在发生的巨大变化，且没有及时察觉到移动通信业务将从话音和短信走向移动互联网的发展趋势。

然而，事实并非如此简单。

早在 1996 年，诺基亚就推出了一款可以浏览互联网、收发电子邮件的名为诺基亚 9000 通讯器的手机。这款手机搭载了 24 MHz 的 Intel i386 处理器，有 8 MB 内存，配有 4.5 英寸的单色显示屏。当这款手机在通信展上展出的时候，人们都为之一振。我在通信展上看过工作人员演示这款手机，限于当时的 GSM 网络条件，工作人员花了很长时间才让手机连接上网，使用起来很不方便。但是，这款手机的出现告诉人们，手机不仅仅是用来打电话的，移动通信未来的前景与互联网连在一起。

之后，诺基亚积极推动手机操作系统的研发。1998 年，诺基亚与爱立信、摩托罗拉和 Psion 共同成立了塞班公司，开发出了塞班操作系统。2000 年 11 月 21 日，诺基亚发布了内置塞班操作系统的诺基亚 9210 通讯者智能手机，这款手机采用 ARM 处理器，配有彩色显示屏。在推销这款智能手机时，诺基亚特别强调这款手机具备收发传真的功能。

从 2004 年开始，诺基亚的管理层就开始考虑要将其从一家制造企业转型为服务提供商，甚至希望将诺基亚转变为一家软件公司。

---

① Ted C. Fishman.What Happened to Motorola? [EB/OL]. (2014-08-05) [2019-06-22]. https://www.chicagomag.com/Chicago-Magazine/September-2014/What-Happened-to-Motorola/.

为了应对手机制造行业的巨大变化，2006 年，诺基亚将其网络设备制造部门分离出来，与西门子一起成立了一家专门制造移动通信网络设备的合资企业——诺基亚西门子网络公司，诺基亚自己则专注于手机制造。

2006 年 6 月，康培凯接替约尔马·奥利拉，成为诺基亚新一任 CEO，约尔马·奥利拉则担任诺基亚的董事长。康培凯是在诺基亚业务发展高峰期担任董事长的，当时他很清楚移动通信市场将要发生巨大的变化。

康培凯说："我们不能老是与我们自己的行业来做比较，我们应该开拓视野。一款好的手机应该能够同时具有音乐播放功能、视频摄像功能和包括收发电子邮件在内的计算机功能。"他还说："正如我们在四五年前预测到的，互联网与媒体内容的融合正在发生，移动通信与互联网也在融合。我们面对的是新的竞争者，不同于电信设备制造商的其他类型的竞争者。"康培凯计划每月都要在美国待上一周，因为许多创新产品，例如苹果的 iPod 就诞生在那里。

为了实现这种融合，诺基亚做出了一系列举动。

2007 年 8 月，诺基亚推出了自己的互联网平台——Ovi 平台。用户可以使用手机或个人计算机在该平台下载各种互联网应用。Ovi 主要提供 5 个方面的应用：游戏、地图、媒体内容、消息和音乐。Ovi 平台鼓励第三方作为服务提供商参与。

2007 年，诺基亚耗资 54 亿欧元收购了地图公司纳夫泰德。这次昂贵的收购，充分反映出诺基亚进军移动互联网的决心。

2008 年 12 月，诺基亚以 2.64 亿欧元收购了塞班公司所有其他股东的股份，并宣布向所有的手机制造企业免费提供塞班操作系统。

用今天的眼光看，诺基亚的这些举措与移动互联网的发展趋势一致的。

在那段时间，我曾多次与康培凯见面。中国移动对诺基亚的要求很明确，希望诺基亚尽快推出 TD-SCDMA 手机。那时，中国移动的客户很认可诺基亚品牌的手机，但 2009 年上半年，我们都没有看到诺基亚推出 TD-SCDMA 手机。在与康培凯见面时，我表达了希望诺基亚提供 TD-SCDMA 手机的事，康培凯满口答应。此后几次见面，我又不断催促，希望诺基亚加快进度。直到 2009 年 10 月 27 日，诺基亚才推出了首款 TD-

SCDMA 手机诺基亚 6788。这款手机内置塞班操作系统，支持 HSDPA，配有 500 万像素的摄像头，外型与诺基亚 N96 相似，总体表现不错。不过，这款手机的销售情况并不乐观，于是我们希望诺基亚能够开发出更时尚的 TD-SCDMA 手机。

每次与我们见面，康培凯的目标也很明确，总是围绕两件事情：一是希望中国移动支持诺基亚的 Ovi 平台，具体来说就是在中国移动定制的诺基亚手机中内置诺基亚的 Ovi 商店。当时中国移动已经推出了自己的应用商店 MM（移动应用商场），经过几次讨论，双方取得一致意见，中国移动与诺基亚合作，推出了 MM-Ovi 手机应用商店。2010 年 3 月，双方共同举行 MM-Ovi 发布会。会上，诺基亚推出了首款内置 MM-Ovi 服务的智能手机诺基亚 6788i，即 6788 的升级版。康培凯关注的另一件事是塞班操作系统。他告诉我们，AT&T、沃达丰、NTT DoCoMo、德州仪器、LG、三星、索尼爱立信等都已表态支持塞班系统，他希望中国移动也支持塞班系统。我明确答复他，中国移动对智能手机操作系统持开放态度，我们支持包括塞班在内的各种操作系统，我们希望在市场上出现多种操作系统共存的局面。

可是，康培凯的努力并没能改变诺基亚的颓势。诺基亚在手机新增市场的份额已经排在苹果和三星的后面，其赢利明显下降。2010 年，诺基亚两次发布盈利预警，致使股票价格跌了 20%。

2010 年 9 月 10 日，诺基亚宣布，来自微软的加拿大人斯蒂芬·埃洛普将接替康培凯，成为诺基亚的 CEO。诺基亚董事长约尔马·奥利拉在发布这一消息时说："当诺基亚需要加快更新速度的时候，我们引入了一位具有不同技能和不同特长的新任 CEO。"

尽管诺基亚在历史上已经有不少来自芬兰以外的人担任领导职务，但是人们还是没有想到诺基亚会选择一个加拿大人担任 CEO。我当时听到这个消息的第一反应是，诺基亚这次是想彻底改变自己的基因了。

斯蒂芬·埃洛普上任伊始，就给每位员工发了一封内部邮件。他在邮件中说，当人们站在一个正在燃烧的海上采油平台时，只有两个选择，一个选择是站在平台上等待被熊熊大火烧死，另一个选择是从 30 米高的平台跳进冰冷的海水里。他认为，当诺基亚在高端、中端和低端市场上都在被竞争对手蚕食的时候，诺基亚必须抛弃一切，彻底改变自己。

我与斯蒂芬·埃洛普的第一次见面是在中国移动总部。在见面前，我先请中国移动业务支撑系统部给了我一份中国移动用户使用的手机型号的统计表。中国移动的支撑系统很强大，工作人员很快就把入网中国移动的亿万个手机型号的分类统计表给到了我。我告诉斯蒂芬·埃洛普，在中国移动的用户中，虽然诺基亚品牌的手机数量仍排在第一位，但是，三星和苹果手机的数量在快速增加，中国企业自有品牌的手机数量增加得更快。我认为，移动通信市场非常大，手机制造业仍有很大的发展潜力，诺基亚和其他的手机制造企业都拥有很好的发展机会。我们期待诺基亚能加快推出适合市场新需求的智能手机。

我问斯蒂芬·埃洛普的第一个问题就是诺基亚是否继续坚持使用塞班操作系统。

斯蒂芬·埃洛普不像他的前任康培凯那样热心推广塞班操作系统，他反问了我两个问题："你对塞班系统有什么建议？你认为 MeeGo 操作系统有前景吗？"

对于塞班我比较熟悉，我重复了我对康培凯说的话："中国移动支持包括塞班在内的各种操作系统。"

至于 MeeGo，我确实不熟悉。

MeeGo 是诺基亚和英特尔合作开发的一个操作系统，在 2010 年巴塞罗那的世界移动大会上首次发布。MeeGo 整合了英特尔的 Moblin 和诺基亚的 Maemo 两个操作系统，不仅可以用在智能手机上，还可以用于个人计算机、平板电脑、智能电视、电视机顶盒之中。诺基亚曾对 MeeGo 给予很大的期望，组织了 2 000 多人的 MeeGo 开发团队，这一人数甚至超过了当时的安卓的开发团队。

我告诉斯蒂芬·埃洛普，我不了解 MeeGo。但他始终没有向我们谈他自己对塞班和 MeeGo 的看法。其实，我个人觉得，操作系统还是多一点好，这样可以给手机制造厂商更多的选择，也能形成多个操作系统互相竞争的局面。

下面发生的事情，基本在业内人士的预期之中：

2011 年 2 月 11 日，诺基亚与微软达成协议，双方建立战略联盟并深度合作共同开发 Windows Phone 操作系统。

2011 年 10 月 26 日，诺基亚在伦敦发布基于 Windows Phone 操作系统的 Lumia 800。这款手机采用聚碳酸酯一体成型设计，正面有三个 Windows 专用的触摸键：返回键、Win 键、搜索键。手机还内置了 IE 浏览器，并支持 HTML5（超文本 5.0）。可惜，诺基亚的 Lumia 800 在手机市场上没有掀起风浪，人们似乎并不关注这款手机的发布。

2011 年 11 月 10 日，诺基亚发布了第一款也是最后一款采用 MeeGo 操作系统的手机诺基亚 N9。诺基亚把所有对 MeeGo 的期待都寄托在了 N9 上。该手机支持多点触控，显示效果良好，分辨率达 480×854 像素，内置两个摄像头。手机的外壳采用聚碳酸酯材料，质地很轻，但强度很高。然而，外观漂亮、机身超薄、性能优良的 N9 充满了悲情色彩，尽管诺基亚在这款手机上使出了浑身解数，但并没有受到消费者的青睐。诺基亚在推出这款手机不久，就宣布停止对此手机版本的维护和更新。

之后，诺基亚的表现不断下滑。2012 年第一季度，诺基亚占据了 14 年的全球手机销量第一的宝座被三星夺得。

诺基亚不甘示弱继续在 Lumia 发力，试图扭转局面。2012 年 8 月 23 日，诺基亚在美国发布 Lumia 900，由诺基亚、微软和 AT&T 三家联合开展发布活动。这次活动声势空前，还专门请来了著名饶舌歌手妮琪·米娜在纽约时代广场演唱助兴。然而尽管使尽了各种招数，基于 Windows Phone 操作系统的诺基亚 Lumia 手机的销售额仍然没有好转。

2013 年 9 月 2 日，微软宣布，将以 37.9 亿欧元收购诺基亚的手机业务，另外再用 16.5 亿欧元购买诺基亚的专利。听到这个消息人们并没有感到意外，但都为诺基亚手机的消失而感到可惜。

我有时会想，在海上采油平台上的大火刚刚燃烧起来的时候，如果平台上的人不是选择急急忙忙地往冰冷的海水里跳，而是想尽办法去扑灭大火，最后的结局是不是会好一点？

巨人倒下后留给我们的思考

昨天还是俯视一切的行业佼佼者，今天却已经不复存在了。昨天还是响当当的品牌，今天就已经销声匿迹了。惋惜也好，感叹也好，这一切都实实在在地发生了。

有人说，我们应该从这些企业的沉浮中找出一些规律，让别的企业可以从中吸取教训。话说的很对，但是，要找出这些曾经优秀的公司衰落的真正原因，是一件很困难的事。

作家列夫·托尔斯泰在《安娜·卡列尼娜》一书的扉页上写道："幸福的家庭都是相似的，不幸的家庭各有各的不幸。"造成家庭不幸的原因多种多样，造成企业衰落的原因就更复杂了。

我们不指望能够找出一些适用于所有企业的规律，并把这些规律写到教科书中去，但是，我们可以对移动通信问世几十年来全球电信企业的发展和衰落做一些回顾和探讨，或许能给人一些启发。

众多媒体在分析一些电信设备制造企业衰落的原因时，往往将其归结于管理层满足于现状，不思进取，从而错失了机会。他们说，摩托罗拉沉醉于模拟移动通信的辉煌成就，对数字移动通信的发展估计不足，因此落伍。他们说，北电网络满足于在光通信产品方面的领先地位，没有抓住移动通信的发展良机。其实，这样的评价过于简单化了。

因为没有一个电信设备制造企业的 CEO 会不重视公司的长期发展。大家都明白，只有在公司的长期发展方面增加投入，才能确保公司的基业长青。事实上，CEO 都清楚，公司今天的业绩，在很大程度上取决于之前的研发投入，公司明天的业绩则取决于在今天的研发投入。

但是，公司的资源是有限的，如何在短期业绩和长期发展的投入方面取得平衡，这是公司管理层必须要解决的一个问题。

一般来说，在公司创始人或者创始人家族掌控公司期间，他们会更多地考虑公司的长期发展，力求打造百年老店。但是，当一家初创企业成为公众公司以后，投资主体变得多元化了，越来越多的只关心公司短期利益的投资者，如对冲基金，会成为公司的股东。在股权分散的情况下，如何来平衡公司短期业绩和长期投资？

总的来说，公司的短期业绩与长期发展是一致的，因为只有注重长期投入，才能使公司具有持续发展能力和持续赢利能力。但是在实际操作中，不可否认，在长期发展方面增加投入，会影响近期的财务业绩以及当前的资产负债表。

今天，国际上多数大型上市公司的 CEO 已不再是公司创始人，他们大多是职业经理人，其任期都是有限的。在这样的情况下，近期财务业绩和股价便成了公司股东衡量一个 CEO 是否称职的最重要的标准。

在投资银行的分析报告中，那些分析师特别推荐的公司，往往是那些近期财务业绩特别好的公司，或者近期财务业绩虽不出众但是财务指标在快速上升的公司。此外，分析师对那些经常有收购、分拆这类大型交易的公司也情有独钟。

因此，有的 CEO 为了迎合华尔街分析师的喜好，把大部分资金投入能快速见效的项目，而减少了对长期发展的投入。有的 CEO 不愿在公司的技术研发上投入资金，认为自己开发远不如并购别的公司来得快，而且这种并购还能够提升公司的股价，以至于过分热衷于并购，收来了一批对公司未来发展并没什么作用的公司。这些行为，在公司业绩处于上升阶段、公司财务状况良好的时候，人们可能看不出负面影响，但一旦公司业绩下滑，这种负面影响就会全面体现出来：一方面公司缺乏有竞争力的技术，另一方面先前收购的那些无用的公司又会增加财务负担，而此时再转手出售这些公司，其价值往往只有收购时的零头了。

摩托罗拉总部曾多年设在芝加哥近郊，我在与芝加哥的一位前市长见面时，自然就谈到了摩托罗拉。谈起摩托罗拉从兴旺到衰落的过程，这位前市长感慨地说，自从高尔文家族离开了摩托罗拉，在这个公司里就没有人考虑它长期发展的事了。

事实上，即便是在企业创始人或创始人的家族成员仍担任 CEO 的公众公司，随着创始人家族所持有股份的不断减少，公司的股权越来越分散，而创始人及其家族在公司的影响力也越来越小。有的公众公司的创始人由于注重长期投入而影响了公司的近期业绩，甚至还被董事会解除了 CEO 职务。

　　人们通常认为，企业在发展过程中，总会有一个曲折的发展过程，即使遇到危机，一个强大的公司也可以支撑很长一段时间。但是电信业的这些巨头，从开始走下坡路到公司消失，往往只经历了很短的时间。为什么这些巨人会如此快地消失，在很短的时间里，不是被收购就是宣告破产？回顾这些巨型企业的消失过程，我们会发现这样一个现象：在发生危机的时候，企业本应加强技术投资和研发去补短板，去提升自己的技术能力，实际上他们却在忙着裁员，特别是裁减高薪人员，或是忙着出售资产，特别是优质资产。这种方式并不可取，为什么？因为远水解不了近渴，裁员和出售优质资产虽然是改善财务业绩的最快办法，而这种短期行为加速了企业的衰落，因为那些被裁减的高薪人员中有许多是公司技术研发的骨干，那些被出售的优质资产本是公司的支柱。

　　移动通信业的发展离不开资本市场。无论是电信运营商还是电信设备制造商，其在发展过程中都需要大量资金，通过资本市场筹集资金是电信企业普遍采用的方法，收购和兼并也是企业发展壮大的有效办法。今天移动通信的市场规模变得如此之大，与资本市场的支持是分不开的。移动通信行业今后的发展也必定离不开资本市场的支持。但是，企业的CEO在任何时候都应该保持清醒的头脑，要牢记技术创新、产品创新、服务创新才是企业发展最重要的驱动力。

　　企业在发展过程中，会得到投行和各种中介机构的支持和帮助，现代企业的发展也离不开中介机构。投行和中介机构往往是以促成交易为职业目的，它们经常会向企业推荐各种各样的收购机会，也会时不时建议企业将优秀资产分拆上市，这是它们的工作内容。但是，在投行推荐的项目中，究竟有哪些项目会真正有利于公司的发展，特别是公司的长期发展？这需要公司的CEO和管理层自己来判断。盲目收购或盲目分拆，可能在短期内会在市场上产生一些正面反应，但是这经不起时间的考验。

　　公众公司股权分散是一种趋势，股权分散有利于公司的治理，有利于形成制衡机制。但是，在股权分散的情况下，谁来维护公司的长期利益？如何维护公司的长期利益？如何来衡量公司CEO的优劣？这些可能是在这些行业巨人衰落以后，我们需要特别思考和研究的问题。

电信运营商的第一个联合创新实验室

电信运营商经常会抱怨，在移动通信技术发展方面，运营商总是处于被动的局面，往往是电信设备制造商生产什么产品，运营商就用什么产品。运营商一直希望能够提升自己在电信产品方面的话语权。

2008 年 3 月，沃达丰的 CEO 阿伦·萨林给我打电话，说沃达丰与日本软银准备成立一个联合实验室来研发移动通信产品。阿伦邀请中国移动也一起参加。我问阿伦实验室要研发什么产品，他说，电信运营商最了解移动通信的市场情况，我们可以根据用户的实际需要研发一些更贴近市场的移动通信产品。他表示软银的孙正义很有想法，具体的事可以跟他谈。其实，中国移动也一直在加强移动通信技术方面的研究，我们当然很愿意与国际电信运营商加强合作。

2008 年 4 月 25 日，中国移动、沃达丰和软银签署协议，共同创建了联合创新实验室。此后，三家运营商又邀请美国的威瑞森参加联合创新实验室。

2008 年 10 月，4 家运营商的 CEO 在上海会晤。在这次会议上，各运营商代表都表达了对自身参与技术研发的强烈意愿，并表示希望在移动互联网时代，电信运营商要更主动地在技术创新方面发挥作用。4 家运营商还交流了各自发展移动互联网的战略，大家一致认为，有必要开发一个更加开放而实用的平台，既便于开发各种应用程序，也便于用户使用。

之后，联合创新实验室的工作顺利开展，还在伦敦建立了研发团队。2009 年和 2010 年，分别在意大利科莫和美国纽约举行了 4 家运营商的 CEO 会晤，他们交流发展移动互联网的经验，并讨论联合创新实验室的项目。

中国移动与沃达丰一直有着紧密的合作关系，还一起成立了战略合作工作委员会，下设多个工作小组。工作委员会每年举行两次会议，讨论双方的合作项目。即便是在沃达丰于 2010 年出售了其在中国移动 3.27% 的股份之后，两家运营商仍然保持着合作关系。

威瑞森通信是由大西洋贝尔、纽约电话和 GTE 三家公司合并组成的，旗下的威瑞信无线经营移动通信业务，由威瑞信通信和沃达丰分别持有55% 和 45% 的股份。

日本软银原来是一家投资公司，专注于投资互联网企业。2006 年，软银以 155 亿美元收购了沃达丰日本公司，从而也进入了移动通信市场。

我对联合创新实验室的具体项目印象并不深刻，但对 4 家运营商的管理层在联合实验室会议期间所讨论的问题印象颇深。

我们讨论过 iPhone 和苹果应用商店的作用。大家都认为，iPhone 给整个移动通信行业带来了很大的变化，而应用商店更是改变了这个行业的生态系统，在某种意义上，应用商店对行业的影响甚至超过了 iPhone 本身。在智能手机快速普及之后，电信运营商、手机制造商和应用开发商之间的关系发生了变化，移动互联网成了没有围墙的花园。

我们还讨论了电信运营商要如何在电信技术发展过程中更好地发挥自己的作用。早先的电信设备都是由电信运营商自己制造的，后来，制造业与运营业完全分离。这种分离提升了电信制造业的效率，加快了电信技术的更新换代速度。但是，电信运营商对电信技术发展的参与越来越少，往往是设备供应商提供什么技术，电信运营商就被动地采用什么技术。大家都认为电信运营商除了要负责日常的电信网络运营以外，也要更多地关注电信技术的发展，特别是在新的电信技术标准的制定上要争取更多的发言权。联合创新实验室也应该在这方面起到推动作用。

讨论中，最令大家感到无奈的问题是如何避免电信运营商成为"哑管道"。2010 年 2 月，4 家公司的领导在纽约参加联合创新实验室的会议，在工作晚餐之前，我特意申请了 30 分钟的发言。我提出，智能手机和应用商店丰富了移动互联网市场，使数据流量出现爆炸性增长，但是，大多数手机应用都不是由电信运营商开发和运营的，这样下去，电信运营商就会变成"哑管道"。今后，移动网络的收益主要将来自应用，如果不直接参加应用的开发和运营，电信运营商占有的价值份额会越来越小。我们电信运营商对这个问题做过许多探索，希望在应用领域有更多作为。但是，我们仍面临诸多困难：一方面，我们缺乏应用开发的人才；另一方面，应用服务的经营模式与电信业的传统运营模式大相径庭。我建议大家一定要重视这个问题，这也引起了大家的共鸣，但是最终也没有人能提出一个有效办法。

其实，其他几家运营商也面临着同样的问题。沃达丰曾经推出了一个名为360的手机应用服务平台，提供各种应用服务，例如 WayFinder 地图。但是，这一应用很快就被谷歌、雅虎的免费地图服务所替代，沃达丰不得不停止了这项应用的运营。

软银创始人孙正义对联合创新实验室的研发内容提出了很多有益的建议。他说，他在大学读书的时候就养成了习惯，不管再忙，每天都要花一定的时间思考发明新的东西。"快译通"的概念就是他在读大学时想出来的，后来夏普公司购买了这项技术专利，并生产出被称为"快译通"的便携式电子翻译器。他对发明的思考一直没有停止，现在还经常会想出许多新点子。在联合创新实验室成立以后，他提出过很多创新项目建议，以供大家选择。有时候，我会突然接到他的电话，他会在电话里很兴奋地告诉我最近又想出了哪些新的点子。

当时，索尼公司的 PSP 游戏机在市场销售表现良好，受到许多年轻人的青睐。孙正义提出，由联合创新实验室开发一款将手机与 PSP 游戏机合为一体的移动设备，供4家运营商出售。4家运营商对此都很有兴趣，手机制造商和游戏机制造商也都踊跃参与，毕竟这4家运营商的用户数量相当可观。

不过，这款手机的开发进度很慢，主要是几家运营商在一些问题上需要很长时间才能取得一致意见。以手机操作系统为例，中国移动建议这款手机使用在安卓基础上优化的 OPHONE 操作系统，沃达丰则建议采用 LiMo 操作系统，因为沃达丰是 2007 年创立的 LiMo 基金会的成员，还有的建议直接使用安卓系统。遇到这样的情况，往往需要多次开会来协调。另外，在产品推出的时间上也有分歧，如威瑞信坚持必须在当年圣诞节之前推出产品，否则就不订货了。

就在联合创新实验室研发开放式平台和相关移动设备的过程中，GSMA 提出建议，将联合创新实验室与 GSMA 的规模应用社区合并，使开发出来的开放式平台可以为所有的运营商使用。我们4家运营商也都同意 GSMA 的这个建议，于是联合创新实验室于 2010 年 9 月并入了 GSMA 的规模应用社区。规模应用社区成立了由 13 家运营商代表组成的理事会，由沃达丰的米歇尔·库姆斯担任理事长，联合创新实验室的 CEO 彼得·徐出任规模应用社区的 CEO。

令人遗憾的是，GSMA 的规模应用社区最终没有完成开放式应用平台的研发，最终整个开发计划不了了之，后来 GSMA 的规模应用社区也解散了。

3G 开启了移动通信业的转折

今天当我们回忆起移动通信的发展全过程时，会发现 3G 的发展最富有戏剧性。

3G 的大戏是从欧洲高价拍卖牌照开始的。当英国开始拍卖 3G 牌照的时候，沃达丰刚完成了对曼内斯曼的天价收购，市场对移动通信业充满憧憬。尽管对 3G 的市场前景还不十分清楚，但每一家运营商都不甘落后，导致 3G 牌照的拍卖价格不断飙升。从实质上讲，3G 高价拍卖牌照实际上就是 2G 阶段市场给予移动通信运营商的超高估值的延伸。

但是，互联网泡沫的破灭给 3G 牌照的拍卖泼了一盆冷水。后期拍卖 3G 牌照的情况就大不一样了，不仅热度骤降，而且参与者也减少了，许多地方的 3G 牌照都是以拍卖的底价成交的。更有意思的是，已经高价购买了牌照的电信运营商也放慢了建设 3G 网络的步伐，转而持观望态度。

一些建立了 3G 网络的运营商也基本上维持着 2G 阶段的经营方式，消费者们并没有感觉到 3G 的明显优势。

直到 2007 年 iPhone 问世，此后又出现了一大批各种品牌的智能手机。消费者突然明白，手机不仅可以用来打电话、发短信，还可以上网。电信运营商也突然明白，3G 将带来移动互联网的大发展。于是，电信运营商加快 3G 网络建设，消费者踊跃购买 3G 手机，这都使得 3G 越来越热。

如果说移动通信从 1G 升级到 2G，主要是网络容量的提升和效率的提高的话，那么，从 2G 升级到 3G，则是实现了移动通信从话音到数据的转折。

从电信运营商的收入构成来看，进入 3G 之后，数据流量收入的比重不断提升。而且，移动通信整个业态都在发生变化，电信业与互联网业开始融合在一起。

互联网是从桌面计算机开始的，多年来，人们使用计算机浏览互联网和收发邮件。但是，3G 带来了移动互联网，人们用手机就可以使用各种互联网服务。

移动互联网是指通过移动通信网络，使用手机等移动设备接入的互联网服务。移动互联网包含了桌面互联网的全部功能，不同之处只在于用手机替代了计算机。但是，移动互联网又延伸了桌面互联网的功能，例如，手机有定位功能，所以可以提供实时导航地图服务；手机装有近场通信卡，并且可以扫描阅读二维码，所以可以提供移动支付服务；手机内置了照相机，所以可提供即拍即传服务。很显然，手机的功能超过了个人计算机，移动互联网的功能也超过了桌面互联网。

除了可以直接浏览互联网，移动互联网还拥有众多专门用于手机的应用软件，即 App。有的手机在出厂时就内置了一些 App，但大多数 App 需要手机用户通过各类手机应用市场自行下载。手机制造商、互联网公司和电信运营商都建立了自己的手机应用商店，提供各种各样的手机应用软件。

手机应用市场为移动互联网的应用开发者和运营者提供了平台，催生出一大批专门开发移动互联网应用的公司，这些公司既包括大型的互联网提供商，也包括许多中小企业。于是，在移动通信业的成员中，除了电信运营商、电信网络设备制造商、手机制造商以外，又增加了应用开发商这个重要成员。这些应用开发商在 3G 阶段开始打下基础，之后逐步发展，并在整个移动通信业中所占的比重不断上升。

在 3G 阶段，移动通信网络设备制造商开始整合和重组。在 3G 阶段初期，原先在 2G 阶段提供移动通信设备的制造商几乎全部可以提供 3G 设备。没过多久，在移动通信网络设备市场激烈的竞争之下，网络设备制造企业开始着手整合。比如，阿尔卡特并购了朗讯，成立了阿尔卡特 - 朗讯公司；诺基亚网络部门与西门子网络部门合并，成立了诺基亚西门子网络公司；后来，北电网络破产了，摩托罗拉也不再制造移动通信网络设备了。

中国的两家电信设备制造商——华为和中兴，也努力加大研发投入，不断提升产品性能，在 3G 阶段快速提升了在全球移动通信网络设备市场的份额。

3G 阶段的手机制造则发生了更大的变化。在 3G 阶段初期，大部分手机都是功能手机，诺基亚和摩托罗拉仍是这种手机的主要提供者。2007年，iPhone 的推出使苹果公司异军突起，成为智能手机制造业的佼佼者。安卓系统问世后，HTC、三星、LG、索尼爱立信、华为、联想等多家制造商都推出了基于安卓系统的智能手机，曾经辉煌多年的诺基亚手机部门和摩托罗拉公司则被收购了。此时，移动终端设备制造业的格局已经发生了巨大的变化。

回顾 3G 的整个发展过程，经历了拍卖牌照的高热、几年的冷落和沉寂，直到智能手机带来的移动互联网爆炸式的增长，我们可以看到 3G 开启了移动通信业的转折。

4G：塑造新生活

长期演进方案变成短期演进方案

在 3G 的发展过程中，3G 技术也在不断完善。比如 3GPP 的 R5 版本，引入了高速下行分组接入（HSDPA）技术，可以在不改变已经建成的 WCDMA 系统网络结构的基础上，大幅提升下行数据速率，峰值速率可达 14.4 Mb/s，有人称之为 3.5G。3GPP 在 R6 版本中又引入了高速下行分组接入（HSUPA）技术，使上行峰值速率可以达到 5.8 Mb/s。后来，人们将高速下行分组接入（HSDPA）和高速上行分组接入统称为高速分组接入（HSPA）。这些技术使 3G 网络的数据速率得到了很大程度的提升，当时，很多业内人士都认为 3G 技术将会在移动通信网络中长期使用下去。

但是，无线通信的技术一直在向前发展。WiMAX 的出现，在业界引起了不小的震动。WiMAX 是一项新兴的宽带无线接入技术，采用了 OFDM（正交频分复用）和 MIMO（多入多出）等技术，可以提供比 3G 更快的数据速率。

面对这样的挑战，3GPP 于 2004 年 11 月在加拿大多伦多召开无线接入网演进讨论会。参会人士认为，3GPP 也需要提出未来移动通信发展的标准。考虑到 3G 技术标准推出的时间不长，还可以在较长时间内满足移动通信发展的需求，因此，3GPP 将未来的移动通信发展标准定名为 LTE，即长期演进。

3GPP 于 2004 年 12 月正式成立了 LTE 研究项目，明确研究的目标是提升数据速率，降低时延，优化分组数据应用。2005 年 6 月，3GPP 通过了 LTE 的需求报告，确定在 20 MHz 频率带宽的条件下，将 LTE 的下行峰值速率提升为 100 Mb/s，上行峰值速率提至 50 Mb/s。2005 年 12 月，3GPP 决定 LTE 采用 OFDM 作为多址方式，还要采用 MIMO 技术。

蜂窝式移动通信的无线多址方式一直在演进，从 FDMA（频分多址）到 TDMA（时分多址）和 CDMA（码分多址），这次又演进为 OFDM（正交频分复用）。

OFDM 是一种多载波无线传输技术，通过把信道分成若干正交子信道，将高速数据信号转换成并行的低速子数据流，调制到每一个子信道进行传输。OFDM 中的各个载波是互相正交的，由于载波间有部分重叠，从而提高了频率的利用率。

OFDM 技术诞生于 20 世纪 70 年代，由于使用 OFDM 技术需要处理大量复杂的数字信号，而当时还缺乏具有强大数字处理功能的元器件，所以很难推广应用。20 世纪末，随着大规模集成电路的发展，数字信号处理元器件的功能迅猛增长，OFDM 开始真正得到应用。

MIMO 技术是在发射端和接收端分别使用多个天线，可以在不增加频谱资源和天线发射功率的情况下，大幅度改善系统性能。

2008 年年初，3GPP 完成了 LTE 的第一个版本，即 Release 8。同年，国际电信联盟开始 4G 标准的征集，国际电信联盟将 4G 标准称为 IMT-Advanced。于是，3GPP 也将 Release 10 之后的 LTE 版本改称为 LTE-Advanced。LTE-Advanced 是 LTE 的演进版本，能够满足国际电信联盟对 IMT-Advanced 技术征集的要求。LTE-Advanced 采用了载波聚合、上 / 下行多天线增强、多点协作传输、异构网干扰协调增强等关键技术，能大大提高无线通信系统的峰值数据速率和频谱效率以及整个网络的组网效率。LTE-Advanced 的下行峰值速率可达 1 Gb/s，上行峰值速率能达 500 Mb/s。

截至 2009 年 10 月，国际电信联盟共征集到 6 个 4G 的候选标准，这 6 个技术标准基本上可以分成两大类，即基于 3GPP 的 LTE-Advanced 技术和基于 IEEE 的 WirelessMAN-Advanced（802.16m）技术。

2012 年 1 月 18 日，国际电信联盟通过了 IMT-Advanced 标准，正式确定 LTE-Advanced 和 WirelessMAN-Advanced（802.16m）为 4G 技术标准。

LTE 本来是个长期演进方案，只是对未来移动通信网络的一种技术准备。但是，智能手机带来的移动互联网的发展，使移动通信网络的数据流量剧增，虽然电信运营商不断地对 3G 网络进行扩容，但这仍然无法满足用户数据流量的爆炸式增长。消费者不得不借助 Wi-Fi 来使用手机的移动互联网业务，连电信运营商都投资建设 Wi-Fi 热点来补充蜂窝网络的供应不足。

在这样的情况下，电信运营商自然想到了 4G，一些运营商甚至在国际电信联盟确定 4G 标准前，就迫不及待地开始建设 4G 网络。

2009 年 2 月，在巴塞罗那举办的世界移动通信大会上传出消息，美国的威瑞森公司正式决定建设 LTE 网络，并已确定了爱立信和阿尔卡特-朗讯为 LTE 的供应商。这个消息在业界引起了轰动，而此时距国际电信联盟正式确定 4G 标准还有三年。

2010 年 12 月 5 日，威瑞森在美国 38 个大城市开通 LTE 服务，采用 700 MHz 的无线频段覆盖 1.1 亿人口，这是全球第一个大规模的 4G 网络。

威瑞森总裁洛厄尔·麦克亚当在美国无线通信和互联网协会的大会上说："我们的使命是向所有生活在城市和农村的美国人提供无处不在的无线宽带移动业务。我们首期推出的 4G 服务就已经覆盖了美国 1/3 的人口，很快就会将 4G 网络覆盖到美国所有的地方。"

在威瑞森开通 4G 网络初期，市场上还没有 4G 手机。威瑞森首先提供的是 4G 路由器业务，并推出了两个资费套餐：每月 50 美元可使用 5 GB 数据流量，每月 80 美元可使用 10 GB 数据流量。

美国另一家电信运营商 AT&T 也很早就打出了提供 4G 服务的广告，但它使用的是增强型高速分组技术，这是 3G 高速分组技术的增强版。增强型高速分组技术也可以提供较快的数据速率，下行速率可达 21 Mb/s，但仍无法与 LTE 媲美。

面对激烈的竞争，2011 年 9 月 18 日，美国 AT&T 也在亚特兰大、芝加哥、达拉斯、休斯敦和圣安东尼奥 5 个城市开通了 LTE 网络，并在当年年末将 LTE 网络的覆盖范围扩大到 15 个城市。

中国移动也是在早期就参与了 4G 网络研发和建设的电信运营商。在 2010 年上海世博会期间，中国移动联合多家电信设备制造商在上海世博会园区内建设了一个 TD-LTE 演示网，向参观者展示 4G 技术。演示网共有 17 个室外基站，覆盖了 5.28 平方公里的整个世博园区，另外还在 9 个场馆实现了市内覆盖。华为、中兴、大唐、爱立信、诺基亚西门子网络和摩托罗拉都参加了演示网的建设，许多芯片供应商和手机制造商都提供了演示用的样机。

世博会期间，国际电信联盟秘书长哈玛德·图埃博士也来到上海，我们邀请他参观了世博园区内的 TD-LTE 演示网。我陪图埃秘书长坐上一辆装有演示设备的汽车，车上有一块通过 TD-LTE 数据卡连接网络的显示屏。我们在与另一辆装有同样设备的汽车上的技术人员召开了视频会议。两辆车都在世博园区内快速行驶，4G 网络下的视频会议图像不仅清晰而且稳定。图埃秘书长连连称赞，他认为在世博会上展示移动通信最新技术很有意义。

许多来自世界各地的参观者也对 4G 很感兴趣，但我们的演示汽车只能容纳少数人，如何让普通参观者感受 4G 的功能，成了一个难题。那时还没有 4G 终端，无法让参观者试用。不过，我们很快就想出了一个办法。我们请手机芯片开发商和手机制造商帮忙，做了一台装有 4G 芯片的平板电脑样机，用来播放世博会的视频。虽然这台样机体积很大，但视频播放效果非常好，一点都不卡顿，参观者都感到惊奇，纷纷表示希望 4G 网络早点开通。

在上海世博会结束后，中国移动开始在广州、上海、杭州、南京、深圳、厦门共 6 个城市开展 TD-LTE 规模技术试验。规模试验是面向商用的试验，第一阶段的重点是完成对 TD-LTE 网络各项技术指标的测试，第二阶段侧重开展 TD-LTE 与 2G、3G 融合组网和 TD-SCDMA 向 TD-LTE 平滑升级的试验。

2012 年，中国移动又将 TD-LTE 的试验网扩大到北京、天津、沈阳、青岛、宁波、成都、福州等城市，在 2012 年内建设了 20 000 个 TD-LTE 基站。

2013 年 12 月，中国移动获得 4G 牌照，开始全面建设 TD-LTE 网络。截至 2018 年年末，中国移动共建成 4G 基站 241 万个，共有 4G 用户 7.13 亿户。中国移动的 4G 网络成为全世界最大的 4G 网络。

人们都在兴奋地谈论：为什么 LTE 能在这么短的时间内从"长期演进方案"变成"短期演进方案"？

这是因为智能手机的应用在很短的时间内就把"3G 无用"变成了"3G 流量爆炸"，一时间，运营商的网络容量出现了严重短缺。尽管运营商不断扩容 3G 网络，仍然无济于事，即使建了大量 Wi-Fi 热点来为移动通信网分流，仍然不能满足需求。运营商和制造商都绞尽脑汁，想进一步扩大网络的容量，提升网络的速率，LTE 便提前登场了。

从技术标准融合到手机兼容

国际电信联盟在提出 4G 技术目标时特别强调："在保持成本效率的条件下，在支持灵活广泛的服务和应用的基础上，4G 技术要达到世界范围内的高度通用性。"

历经了从 1G 到 3G 发展全过程的移动通信运营商，都赞成提升 4G 技术标准的通用性。

1G 是没有国际标准的，那时候根本就谈不上移动通信的国际漫游。

2G 在标准化方面迈出了一大步，虽然没有全球性的统一标准，但形成了 GSM 和 CDMA 两大标准，实现了同一制式手机的国际漫游。不过，GSM 和 CDMA 两大制式之间是互不兼容的。那时，有人要去国外旅行，要先了解目的地的移动通信网络是 GSM 还是 CDMA，如果当地网络与自己手机的制式不一样，就无法实现手机的国际漫游。所以，那时候许多国际机场都设有手机出租柜台，为无法实现手机漫游的旅行者提供租用服务。

人们曾经把手机兼容的希望寄托在 3G 上。国际电信联盟给予 3G 的正式名称是 IMT-2000，IMT 是指国际移动通信，这个名字寄托了推进国际移动通信标准统一的愿望。但是事实上，3G 并没有形成统一标准，WCDMA、CDMA 2000 和 TD-SCDMA 三个主要标准之间都互不兼容。

当移动通信技术即将进入 4G 时代，手机已经在人们生活中变得不可或缺，因此无论是用户还是电信运营商，对手机兼容的愿望都更加强烈了。这种强烈的愿望也在 4G 标准化的过程中体现了出来。

　　最初的 LTE 方案按照双工方式的不同，分成 FDD 和 TDD 两大类。在 TDD 的标准中，又分为两个不同的方案。2007 年 9 月，在 3GPP 无线接入网第 37 次会议上，中国移动联合沃达丰等多家国际电信运营商和电信设备制造商共同提出了对 LTE TDD 的融合和优化方案，参加这次会议的运营商和制造商都支持这个提议。3GPP 最终形成了一个全球唯一的 LTE TDD 方案，这个方案又被称为 TD-LTE，另一个 LTE TDD 方案则被删除了。

　　在这个基础上，3GPP 又将 LTE FDD 与 TD-LTE 在技术上最大限度地实现融合。在融合之后，90% 以上的技术都可以共用，因此这深受设备制造商和运营商的欢迎。3GPP 最后向国际电信联盟提交的 4G 提案实际上已经把 LTE FDD 和 TD-LTE 融合在一起了。

　　FDD 与 TDD 的融合，给电信运营商提供了极大便利。特别是对于那些既拥有对称频率，又拥有非对称频率的电信运营商，从此它们可以在一个网络上同时使用 FDD 方式和 TDD 方式了。

　　沙特电信率先建立了这样的融合网络。在华为公司的协助下，沙特电信从 GSM 1800 的频谱中拿出 10 MHz 的对称频率构建 LTE FDD，又充分利用 2.3 GHz 频段上的 52 MHz 频率构建 TD-LTE，建设了一个融合 FDD 和 TDD 两种双工方式的 4G 网络。此后，很多国家的运营商都建立起了类似的融合网络，使宝贵的频谱资源得到了充分的利用。

　　网络融合解决之后，技术上还存在手机兼容的问题。对广大消费者来说，这也是他们更关心的。

　　在 2009 年巴塞罗那举办的世界移动大会上，中国移动建议电信运营商、芯片提供商和手机制造商共同努力，向用户提供多模多频手机，在 4G 时代真正实现"一个手机，走遍世界"。

　　多模多频手机中的兼容，第一是指各种技术制式的兼容，不仅要兼容 LTE 的 FDD 和 TDD 两种制式，还要兼容 2G 和 3G 的各种制式；第二是指各种频率的兼容，运营商在 LTE 上使用的频率多种多样，有的还把原来用于 2G 和 3G 的频率移到 4G 上用，这给 4G 手机的兼容增加了难度。

　　手机的多模和多频听起来复杂，但是依靠当今先进的半导体技术，在手机芯片层面实现多种模式和频率的兼容在技术上并不困难，重要的是业界需要达到共识。

芯片是手机实现多模多频的基础。为此，我和中国移动的同事曾去各地拜访了多家芯片制造商。

中国移动的一个团队曾到美国加州圣地亚哥高通公司总部与之探讨4G 芯片问题。中国移动希望高通的 LTE 芯片能够兼容 FDD 和 TDD 两种模式。高通的管理团队明确表示赞同中国移动的建议，高通推出的 LTE芯片一定会兼容 FDD 和 TDD，同时兼容 2G 和 3G 的多种制式。之后高通董事长保罗·雅各布斯先生还专程来到中国移动总部，再次重申高通在LTE 芯片上会实施多模多频。

还有一次是在达沃斯世界经济论坛上，我见到了已退休的高通创始人艾文·雅各布斯，于是向他提到 LTE 芯片的多模多频问题。会后，艾文就把我们的意见转告给了保罗。

我们还拜访了华为海思，海思管理层的想法与我们完全一致，他们正在开发多模多频的 LTE 芯片。

2010 年 4 月，创意视讯推出了 2.3 GHz 和 2.6 GHz 频率的 FDD/TDDLTE 双模芯片，并在上海世博会上进行了演示。随后，越来越多的多模多频 LTE 芯片问世了。一批又一批的五模十频、五模十三频、五模十七频手机出品了，消费者等待多年的"世界通"手机终于问世了。

此前，我们经常为手机的互不兼容而苦恼。当联通运营 GSM 和CDMA 两个 2G 网络的时候，两个制式的手机是完全不兼容的。当中国移动运营 TD-SCDMA 网络的时候，中国移动用户的手机无法在 WCDMA和 CDMA 2000 的网络上漫游。在苹果推出 iPhone 以后，中国移动与苹果的管理层在开会时讨论得最多的问题，也是关于手机的技术制式。

2007 年苹果公司推出的第一批 iPhone 是基于 GSM 的 2G 手机，这与中国移动在 2G 时代使用的技术制式是一样的。那年，我们开始与苹果公司商谈引入 iPhone 的问题。当时，苹果公司要与销售 iPhone 的电信运营商分享营业收入。苹果公司认为，在用户使用 iPhone 后，电信运营商增加了收入，减少了离网率，苹果公司理所当然应该得到收入分成。但在当时，大部分运营商都不喜欢这种营业收入分成的方式，中国移动也不例外。

2008 年 4 月，沃达丰 CEO 阿伦·萨林兴奋地告诉我，苹果已不再坚持与运营商实行收入分成的模式，运营商可按常规的手机采购方式向苹果订购 iPhone。他说，沃达丰已与苹果达成协议，将在澳大利亚、捷克、埃及、希腊、意大利、印度、葡萄牙、新西兰、南非和土耳其共 10 个国家销售 iPhone。听了阿伦的话，我喜出望外。于是，我们继续与苹果商谈，希望按沃达丰的方式迅速与苹果达成协议。当时我们认为，收入分成的障碍没有了，剩下的只是一些程序性的问题了。

但新的情况又出现了。2008 年 6 月 10 日，史蒂夫·乔布斯在苹果公司全球开发者大会上发布了 3G 版 iPhone。iPhone 3G 采用 WCDMA 制式，支持高速下行分组交换。2009 年 1 月，中国移动获得 TD-SCDMA 的 3G 牌照，开始着手大规模的 TD-SCDMA 网络建设。

此后的一段时间，3G 的技术制式就成了中国移动与苹果公司商谈 iPhone 合作问题的重要主题。中国移动希望苹果公司能够提供 TD-SCDMA 制式的 iPhone。尽管双方都很积极，但一直没有达成协议。

其实，不光是中国移动，其他许多没有选用 WCDMA 作为 3G 网络制式的电信运营商也都碰到了这样的问题。美国威瑞森在 3G 网络中用的是 CDMA 2000 制式，同样也无法销售 iPhone。直到 2011 年 2 月，苹果公司才正式发布 CDMA 2000 版的 iPhone 4，这时距 AT&T 与苹果公司首次合作推出 iPhone 已经过去 4 年了。

在 2010 年 2 月的一次会议上，乔布斯的表态使中国移动与苹果公司的谈判取得了突破性进展。那次会议在位于加利福尼亚州库比蒂诺的苹果公司总部举行，我们一行按约定的时间到达苹果公司总部会议室，会议室的四周摆满了苹果公司的各种新产品。乔布斯来了，他穿着黑色高领绒衣、牛仔裤和运动鞋，给人精力充沛的感觉。蒂姆·库克也一起参加了会议。在会议上，我再次表达了中国移动与苹果合作的意愿，希望苹果加快推出能够兼容 TD-SCDMA 技术的 3G 版 iPhone。乔布斯听完当即表态："LTE 很快就要来了，苹果可以在 iPhone 的 LTE 产品中提供 TD 版本。"

2010 年 10 月，我们再次与苹果公司举行电话会议，希望苹果公司能加快 TD-LTE 手机的开发进度。乔布斯说，芯片对手机的制造至关重要，要提供 LTE 手机，首先必须有 LTE 的手机芯片。

2011 年 6 月，蒂姆·库克又一次来到中国移动总部，表示会尽快推动 TD-LTE 手机的进展。

日本软银在开通 TD-LTE 网络之后，也希望能有 TD-LTE 的 iPhone，为此，其创始人孙正义也多次致电乔布斯，希望苹果公司尽快推出 TD-LTE 手机。

2013 年 9 月 10 日，苹果公司正式发布 iPhone 5S 和 iPhone 5C，这两款手机支持 3G 的 TD-SCDMA 和 4G 的 TD-LTE 制式。2013 年 12 月 23 日，中国移动和苹果公司联合宣布，双方达成合作协议，共同推出支持中国移动的 2G、3G 和 4G 网络的 iPhone。多年的努力终于结成硕果。

对于移动网络的技术标准融合和终端兼容来说，4G 是一个起点。

2013 年 11 月，时任 GSMA 会长的安妮·布弗罗女士在深圳参观了 TD-LTE 与 FDD LTE 的兼容演示后，感触很深。她在 2013 年 12 月 1 日给 GSMA 各位理事的信件中说道：

> 包括 TD-LTE 和 FDD LTE 在内的 LTE 技术在全球的广泛采用，标志着移动通信历史上第一次实现了统一的标准，避免了移动通信网络向 4G 演进的过程中出现像 GSM 和 CDMA 那样的不同技术标准间的竞争。在 4G 走向全球的时候，我们要共同努力来确保实现互操作和兼容，这样，我们就可以说 4G 在普及性方面远胜于以前的 2G 和 3G。

LTE 与 WiMAX

WiMAX 的概念最早出现于 1999 年。那时，互联网的应用正在快速普及，但是尚有一些地区缺乏固定宽带接入的设施。这些地区大部分都在农村，铺设固定线路的成本很高，用无线网络来解决"最后一英里"的互联网接入问题的方案应运而生。IEEE802 局域网 / 城域网标准委员会为此在 1999 年专门成立了 802.16 工作组，致力于研究宽带无线接入。1999 年 7 月，802.16 工作组在加拿大蒙特利尔举行了第一次会议。

2001 年 4 月，WiMAX 论坛成立，其中 400 多个成员大多来自设备制造商、半导体制造商和服务提供商，还包括一些电信运营商。WiMAX 的职责是协调 WiMAX 标准，提升不同制造商的 WiMAX 产品的互操作性。这样，WiMAX 开始在全球范围内研发和推广。

初期，802.16 设备只限于固定无线宽带接入。IEEE 于 2002 年 4 月发布的 802.16 确定的频率范围是 10~66 GHz。2003 年 4 月 IEEE 又发布了 802.16a，将频率范围扩大到 2 ~11 GHz。

之后，WiMAX 又向移动方向发展。2005 年 12 月，IEEE 推出 802.16e，在固定宽带无线接入的基础上增加了移动机制，使用的频率范围主要在 2.3~2.6 GHz 和 3.4~3.6 GHz。

2007 年 10 月被国际电信联盟列为 3G 标准的 WiMAX 就是 802.16e。2010 年，IEEE 又发布了 802.16m，即 WiMAX 的升级版，2012 年 1 月被国际电信联盟批准为 4G 标准之一。

WiMAX 曾吸引了众多运营商和制造商，因为 WiMAX 有许多明显的优势。

从技术上看，WiMAX 采用的正交频分复用、正交频分多址和多入多出技术在很大程度上提升了无线网络的效率。当时，WiMAX 的峰值速率（70 Mb/s）和覆盖范围（8km）这两个技术指标都很有竞争力。

看到 WiMAX 的这些技术优势，电信运营商也坐不住了。沃达丰 CEO 阿伦·萨林在 2007 年于巴塞罗那举办的世界移动大会的主旨发言中就曾说，WiMAX 的发展进程已远超过 LTE。在 2008 年的世界移动大会上，阿隆·萨林再次提到 WiMAX，表示大家可以考虑把 WiMAX 作为 LTE 的一部分。他的观点也遭到了一些人，特别是那些老牌电信设备制造商的反对。

许多国家和地区都开始颁发一种被称为 BWA 的无线宽带接入牌照。这种牌照主要是为了解决"最后一英里"的宽带接入问题。这些牌照提供的频段是非对称的，频率范围在 2.3 ~2.6 GHz，或 3.4 ~3.6 GHz，获取此类牌照的成本也相对较低。WiMAX 自然成了 BWA 运营商首选的网络技术。

不过，当这些 BWA 运营商建立了 WiMAX 网络并开始向消费者提供服务的时候，他们发现 WiMAX 的实际表现并未像他们预期的那样完美。

用 WiMAX 做固定宽带接入的总体效果虽然不错，但是在性能上有许多方面不尽如人意。澳大利亚的一家 WiMAX 服务商的 CEO 列举了 WiMAX 运营中存在的问题：距离基站两千米以外的非视距区域就没有网络信号了。即使距离基站只有 400 米，只要进入室内，信号也会严重减弱。此外，网络时延高达 1 000 毫秒，以致许多服务无法实现，例如 IP 电话。基于 802.16e 的 WiMAX 移动服务的问题就更多了。如果移动速度超过 50 千米 / 小时，WiMAX 的移动终端就无法在移动过程中无缝切换。而且，802.16e 产品的成熟程度和产业化程度都不如 3G。

科维公司作为全球规模最大的 WiMAX 服务商，其成长发展和转型过程，很大程度上反映了 WiMAX 的发展状况。

1998 年，塞拉技术公司分拆部分资产，成立了一个新公司，即科维技术公司。2003 年，移动通信业的奇人克雷格·麦考收购了科维公司，并将其总部搬到华盛顿州的柯克兰。

2004 年，英特尔入股科维，成为其股东。英特尔是 WiMAX 技术最坚定的支持者，它将推动 WiMAX 作为公司的发展战略。英特尔计划将 WiMAX 模块内置到笔记本电脑，并预计到 2008 年全球将有一半的笔记本电脑会安装 WiMAX 模块。2005 年，英特尔与电信运营商斯普林特宣布将共同推动具有移动功能的 WiMAX。

2006 年 6 月，英特尔和摩托罗拉向科维注资 9 亿美元，其中英特尔的 6 亿美元全部是现金，摩托罗拉的 3 亿美元则包括它向科维提供的 WiMAX 网络基础设施，这样，摩托罗拉成了科维公司最大的硬件供应商。

2007 年 2 月，科维花了 2 亿美元从 AT&T 购买了大量 2.5 GHz 的频率，以此准备在各大城市建设 WiMAX 网络。

2007 年 3 月，科维公司上市，同时筹集到资金 6 亿美元，尽管该公司在 2006 年的前 9 个月还亏损了 2 亿美元。分析师认为，科维公司在亏损的情况下还能成功上市，主要是基于投资者对移动行业的传奇人物克雷格·麦考的信任。早年克雷格·麦考创立的移动通信公司在 1994 年以 115 亿美元的高价卖给了 AT&T。

2008 年 5 月，斯普林特将自己的 WiMAX 资产并入科维公司，斯普林特拥有更多的 2.5 GHz 频率，这是它收购 Nextel 公司时带过来的，而 Nextel 早先是从 MCI/WorldCom 和 Nucentrix 购买到这些频率的。同时，有线电视巨头康卡斯特、传媒巨头时代华纳、谷歌和英特尔一起继续向科维注资，注资金额高达 32 亿美元。此时的科维公司就像一艘开足马力的巨轮，向着充满前景的 WiMAX 大海的远方航行。

2009 年，科维在巴尔的摩、波特兰、费城、芝加哥、达拉斯等城市相继开通了 WiMAX，有人称 WiMAX 设备为 4G 路由器。科维在当年的第三季度就新增了 49 000 户 WiMAX 用户。

2010 年年初，科维宣布，截至上一个财务年度末，科维共在 27 个市场推出了 WiMAX 服务，共有用户 43.8 万户，每个用户每月使用数据流量为 7 GB。2010 年第一季度增加 28.3 万 WiMAX 用户，第二季度增加 72.2 万新用户，第三季度增加 123 万新用户。

业内人士都认为，科维在 WiMAX 方面的进展可喜可贺，但是，WiMAX 的网络规模和用户数量与 3G 网络还无法相提并论，与科维在 WiMAX 方面的投入也不匹配。

事实上，科维始终未能摆脱财务上的困境。不久，英特尔为其在科维的投资减值 10 亿美元，谷歌也减值 3.55 亿美元，康卡斯特和时代华纳也都做了相应的减值。为了继续发展 WiMAX，科维向股东斯普林特、英特尔、康卡斯特等举债 9.2 亿美元。2010 年 11 月，科维宣布裁员 15%，同时削减销售费用。[1]

我们对 WiMAX 和科维公司一直都很关注。从 2005 年开始，中国移动就与科维公司开展交流活动，讨论共同合作的可能性。2010 年 2 月，我访问了科维在柯克兰的总部。克雷格·麦考的鹰河投资公司也在柯兰克，2000 年，我曾与中国联通上市路演的团队一起到此与克雷格·麦考会面。这次，我与克雷格再次见面，还实地体验了科维的 WiMAX 系统。科维的 WiMAX 网络不仅能提供优质的固定无线宽带接入服务，还能提供移动宽带服务。我们坐在一辆车上，通过 WiMAX 观看视频，汽车沿着城区转了一圈，视频播放效果始终保持稳定。当时科维正在准备提供话音服

---

[1] Paul Kapustka.The Rise and Fall of Clearwire. MuniWireless [EB/OL].(2011-02-17) [2019-07-11]. http://muniwireless.com/2011/02/17/the-rise-and-fall-of-clearwire/.

务，技术人员向我们展示了 WiMAX 和 CDMA 的双模手机，WiMAX 可用于数据传送，手机的话音功能则通过斯普林特的 CDMA 网络来实现。

我们也向科维介绍了 TD-LTE 的最新情况。与 WiMAX 相比，LTE 的基站切换技术具有不少优势，LTE 可提供更灵活的话音解决方案，LTE 的手机种类远多于 WiMAX，与 2G 和 3G 网络之间的接口也更加平滑。科维的 CTO（首席技术官）约翰·索当即表示，他们有兴趣考虑 LTE 技术。

2010 年 8 月，科维宣布开始试验 LTE 技术。

2011 年 8 月，科维正式宣布选择 LTE 技术，第一步，其选择先在现有的 WiMAX 覆盖区域增加 LTE 网络。初期主要选择在人口集中的城市建设 LTE 网络，采用 TD-LTE 技术。

2012 年 10 月，日本软银宣布收购美国斯普林特，当时斯普林特是科维的最大股东。同年 12 月，斯普林特收购了其他股东在科维的股权，这样斯普林特就拥有了科维的全部股权。

之后，斯普林特开始全面整合频率资源，并于 2013 年宣布了"斯普林特火花"计划，全面推动 LTE 建设。斯普林特将整合后的 800 MHz 和 1.9 GHz 的频率用于建设 FDD LTE 网络，将原来科维拥有的大量的 2.5 GHz 的频率用于 TD-LTE 网络建设，将 FDD LTE 和 TD-LTE 融合组网。

2015 年 11 月 6 日，斯普林特关闭 WiMAX 网络服务，至此，全球最大的 WiMAX 网络结束了自己的"一生"。

BWA 频率的拍卖一直在持续，但是那些在 2010 年之后购买 BWA 频率的运营商，可以在 WiMAX 和 TD-LTE 两种技术之间进行选择。2010 年，印度政府拍卖了 BWA 牌照，印度电信运营商巴蒂、信实工业和美国高通公司都获得了印度的 BWA 牌照。与前几年 BWA 运营商普遍选择使用 WiMAX 技术不同，这次印度所有的 BWA 运营商都选择了 TD-LTE 技术。许多先前已采用 WiMAX 技术的 BWA 运营商也纷纷将 WiMAX 网络转为 LTE 网络。

有人会问：从表面上看，WiMAX 与 LTE 采用的是类似的技术，为什么 LTE 能如此成功？

确实，WiMAX 与 LTE 采用了类似的技术，如正交频分复用、多入多出等，而且 WiMAX 的研发还早于 LTE，英特尔等 IT 巨头为此投入巨大。

尽管各方都做出了很大努力，但是 WiMAX 始终没有形成规模。我认为有以下几方面的原因。

首先，WiMAX 的目标不够明确。初期，WiMAX 的目标是建设无线城域网，是像 Wi-Fi 这样的对无线局域网的功能延伸，解决的是"最后一英里"的接入问题，这时它的目标是很清晰的。但随着后来 WiMAX 开发出移动功能，它的目标开始模糊了。WiMAX 的一些厂商说，其之所以热衷于开发 WiMAX 产品，只是因为制造 WiMAX 产品不需要像制造 2G、3G 产品那样向高通、爱立信、摩托罗拉等专利的拥有者付费，仅仅是为了节约成本而研发，而未着眼技术的未来道路。

其次，从产品自身来说，尽管 WiMAX 使用了先进的无线技术，但是，其产品性能一直没有达到预期的要求，例如在快速移动下的基站切换问题一直是 WiMAX 的瓶颈。

此外，WiMAX 的终端供应无法与 3G 和 4G 相比，WiMAX 的终端品种少，特别是智能手机品种更是寥寥无几。

最后，从更深的角度看，蜂窝式移动通信从 1G 到 4G 是一步一步地演进的，每一次演进后的产品都会兼容过去已有的功能，比如 3G 手机可以兼容 2G 手机的所有功能，4G 手机可以兼容 3G 手机的所有功能。

以 LTE 的话音解决方案为例。LTE 是面向分组域的业务，本身只提供数据传输。但是，LTE 的规范中提出了多种话音解决方案。比如双待机方案，LTE 与 3G/2G 同时待机，LTE 用于数据，而话音则由 3G/2G 网络完成。又如电路域回落方案，用户在需要话音业务时，需从 LTE 网络回落到 3G/2G 的电路域重新接入。再如 LTE 语音承载方案，其是全 IP 条件下的端到端语音解决方案。

而 WiMAX 不是从蜂窝移动通信演变过来的，无法兼容原有的蜂窝移动通信系统的功能，这就给消费者带来了诸多不便。同样以语音业务为例，尽管 WiMAX 也设计了 IP 语音承载方案，但是在很长一段时间内，WiMAX 无法实现无缝覆盖，满足不了用户打电话的需求，而且多数 WiMAX 的运营商原先没有 2G/3G 网络，也无法使用 WiMAX 与 2G/3G 的双模手机。无法提供话音服务的 WiMAX 移动服务，自然很难被用户所接受。

蜂窝式移动通信经过多年的发展，已经形成了一个完整的生态系统，网络、终端、应用等各方面都能实现全面协调配合。4G 网络刚刚建成，就有大量的 4G 智能手机出现。当然，WiMAX 也能形成一个生态系统，但这更加需要时间。

二维码与移动支付

4G 带来了许多新的应用，4G 也使 2G 和 3G 的诸多应用得到了延伸和扩展。移动支付就是一项在 4G 时代得到充分发展的应用服务。

其实，移动支付在 2G 时代就有，在 3G 时代又得到了发展，但是如果要实现半秒内用手机将交易款从购物者的银行账户支付给商家，就需要 4G 网络了。

最初的手机支付是通过传递文字信息完成的，技术简单、使用方便，用 2G 网络就能完成，但这种方式处理交易的时间较长，只能用于一些简单的交易。后来市场上出现了非接触式的手机支付方式，可以进行数据之间的直接交换和处理，这加快了交易的处理速度。

早期的非接触式智能卡被称为射频识别，使用起来很方便，只要将带有天线的射频识别芯片装入手机即可。这种卡可以适用于任何手机，包括功能型手机。用户还可以将射频识别卡和手机的 SIM 卡合为一体，这样，不用换手机，只要换一张 SIM 卡就可以实现移动支付的功能。

但是，在推广射频识别卡的过程中，也遇到了一些困难：一是这种具有非接触式射频识别功能的 SIM 卡价格较高，推广成本大；二是当时商家普遍使用的读卡机都采用 13.56 MHz 的频率，而射频识别卡采用的是 2.4 GHz 的频率，无论是新增 2.4 GHz 的读卡机，还是将 13.56 MHz 的读卡机改造成能够兼容 2.4 GHz 频率，其工作量都很大。

所以，金融界和电信行业关于在移动支付中使用统一近场通信技术的呼声越来越高。

近场通信是一种短距离高频无线通信，可以在电子设备之间进行非接触式点对点数据传输。近场通信是在射频识别技术的基础上发展起来的，由于采取了独特的信号衰减技术，具有成本低、能耗低、安全性强等优势。

以前的手机中是没有近场通信卡的，受手机支付强大的市场需求推动，业界随即形成共识：在新推出的手机中，将近场通信作为一项基本功能。

随着以近场通信为基础的手机支付快速推广，电信运营商、移动设备制造商和互联网公司都推出了手机支付服务。2014年10月，苹果公司的苹果支付服务上线，苹果支付服务采用近场通信技术，用户可用苹果手机完成非接触支付。用户只需将银行卡信息捆绑至手机，通过指纹、人脸或密码识别，将手机靠近读卡机，就能完成支付。之后谷歌发布了谷歌钱包，三星、华为、小米等也都推出了基于近场通信的支付服务。

在中国，阿里巴巴的支付宝和腾讯的微信支付是用另一种技术方式实现移动支付的，那就是二维码。二维码又称快速反应码，利用黑白相间、平面分布的图形记录数据符号信息，可以通过光电扫描设备来识别。

用二维码来实现手机支付最大的好处是简单、方便。从付款方的角度来看，消费者的手机不需要安装任何新的硬件就可以完成移动支付。从收款方的角度来看，商家不需要配备专门的读卡机，用商店收银机上的扫码枪就可以读取二维码。对于没有收银机的商家，其既可以用手机读取二维码，也可以在纸上打印出商家二维码，让付款者用手机来扫码支付。

在商店使用支付宝或微信支付后，营业员往往会告诉顾客"我扫你"或"你扫我"。"我扫你"指的是营业员扫描顾客的付款二维码完成支付，"你扫我"指的是顾客扫描商店的收款二维码完成支付。

除了收付款之外，基于二维码的移动支付系统还可方便地在两个手机之间互相转账。

随着二维码方式的移动支付迅速普及，无论是使用人数还是交易规模都在快速增长（如表5-1所示）。

表 5-1　2014—2018 年中国第三方移动支付市场研究报告

中国的移动支付用户数量（亿户）					
2014 年	2015 年	2016 年	2017 年	2018 年	2019 年
2.25	3.55	4.62	5.62	6.50	7.07

中国的移动支付交易量（万亿元）				
2014 年	2015 年	2016 年	2017 年	2018 年
22.6	108.2	157.6	202.9	277.39

资料来源：艾媒金融科技产业研究中心

　　使用移动支付的范围也越来越广，除了商店购物，餐饮，缴纳电信、燃气、水电等生活费用，乘坐公交汽车、地铁和出租车以及个人间转账等各个方面都已实现移动支付。移动支付改变了人们的消费方式，"无现金消费"正在成为现实。大大小小的商店都可以用手机支付，如果哪个商店还不能用手机支付付款，其很快就会变得无人问津。

　　移动支付的迅速发展给了我们很多启示。

　　首先，移动通信网络是实现移动支付的基础。移动支付在中国的迅速发展，与 4G 的发展正好同步。中国的三家运营商共建立了 400 多万个 4G 基站，覆盖城乡各处，以确保在任何地方都能够快速准确地完成移动支付。

　　其次，在技术选用上，二维码方式如此受消费者欢迎，也出乎我们的意料。电信运营商很早就开始推行移动支付，当时一直在射频识别和进场通信两种技术之间反复论证和试验，而根本没有考虑采用二维码技术。其实，中国移动很早就将二维码技术用于动物溯源信息管理系统，把肉类产品的饲养、流通、销售等全过程信息存储在二维码内，顾客在买到肉类制品后，通过手机扫码，就可以了解牲口的产地和饲养情况。但是，我们在论证移动支付技术时没有过多地关注二维码。事实证明，在开发移动通信应用时，我们不仅要考虑到技术的先进性，还应该考虑技术的实用性，这样才能取得最好的效果。

　　最后，移动支付的提供者既有电信运营商，又有手机制造商，还有互联网公司，它们推出的移动支付业务各有特色。早期，电信运营商在推动移动支付中做出了很大贡献，肯尼亚移动运营商萨法瑞通信公司推出的M-Pesa就是一个成功的例子。尽管电信运营商起步很早，但是从目前的移动支付总体情况来看，互联网公司所占的份额最大。如中国的阿里巴巴和腾讯。

软银收购斯普林特

在世纪之交，在电信行业的收购狂潮之后，移动通信运营商之间的并购规模缩小了，但也一直没有中断过。2012年日本软银对美国斯普林特的收购在业界引起了不小的反响。

2012年10月15日，日本软银集团和美国斯普林特·奈克斯泰公司联合宣布，双方已经达成协议，由软银集团投资并控股斯普林特·奈克斯泰公司。

2013年7月10日，双方再次宣布，此项并购已经完成。软银集团共投资216亿美元，其中166亿美元支付给斯普林特·奈科斯泰的股东，50亿美元作为新资本投入公司。新公司被命名为斯普林特公司，软银集团拥有新公司78%的股份。公司总部仍然设在堪萨斯州的奥弗兰帕克。软银创始人孙正义担任新公司的董事长，原斯普林特·奈克斯泰的CEO丹·赫西继续担任新公司的CEO。

软银创始人孙正义在阐述这次收购的意义时说了这么几点：

第一，这次收购使软银有机会将自己在智能手机推广、4G网络运营方面的专长用于推动美国移动互联网的发展。

第二，软银向斯普林特提供了现金，而这正是斯普林特在建设4G网络过程中急需的。

第三，软银在日本这一成熟市场中，在与那些主导了移动通信市场多年的电信运营商的竞争中取得了成功。斯普林特也面临着类似的竞争环境，因此软银的经验对斯普林特很有用。

第四，斯普林特有很强的品牌和本地领导力，与软银的创新能力结合后，斯普林特的竞争力能在很大程度上得到提升。

软银原先专注于投资互联网企业，2006 年在收购了日本沃达丰之后，进入了移动通信领域。在日本移动通信市场上，NTT DoCoMo 和 KDDI 长期处于主导地位，软银作为一家规模比较小的移动运营商，面临着巨大的竞争压力。但是，软银利用自己在互联网方面的经验，抓住移动互联网的发展机会，使之在移动通信市场上也取得了成功。

2006 年软银在收购日本沃达丰之后，开始加大网络建设投资，做的第一件事就是大规模扩展 3G 网络。不到一年，软银就将 3G 基站数量从 2 万个扩大到 4.6 万个。随之而来的是 3G 用户的快速增加，2005 年，日本沃达丰的 3G 用户只占整个市场的 3%，而到了 2009 年，市场占比上升至 18.7%。

软银移动快速发展的另一个原因是大力推广智能手机。过去，日本的移动通信运营商一直使用自己定制的手机，并且捆绑运营商自己的移动互联网平台。软银在积极引入 iPhone 和安卓智能手机后，成了日本推广智能手机比例最高的一家运营商。智能手机的广泛使用，推倒了移动互联网花园的围墙，各种应用开发者可以基于移动互联网提供应用服务，手机用户可以使用更多的移动互联网服务。这样做虽然使运营商出现"管道化"的趋势，但同时迎来了数据流量的爆炸式增长。软银也率先成为数据收入超过语音收入的移动通信运营商。

软银当时在推进 4G 网络方面也走在前列。2010 年，软银收购了日本 Willcom 的 PHS（个人手持式电话系统）业务，决定利用 PHS 的频率建设 TD-LTE 网络。紧接着 2011 年就在东京、大阪、名古屋等城市建立了 TD-LTE 网络，并于 2011 年 11 月 1 日正式商用。

以投资互联网企业著称的孙正义对软银移动也付出了很多心血，他不仅直接参与制定了软银的移动通信发展战略，而且对移动通信企业的运营给予了特别的关注。有一次，我们去东京软银集团总部与孙正义先生洽谈合作事项，在会谈结束后，孙正义带我们去了软银集团总部附近的一个移动营业厅参观，向我们介绍软银推出的新业务。孙正义在日本是一个很知名的人，在营业厅里马上被人认出来了。当孙正义正在向我们介绍业务的时候，一个路人走近我们，与孙正义打招呼。我们以为这是一个粉丝，以为是要请孙正义签名。没想到，这是软银的一个移动用户，他向孙正义投诉软银的服务问题，说自己在与软银签约时软银做出了很多服务承诺，但是后来有些承诺没有兑现，为此他大声抱怨软银的服务不周到。孙正义并没有把这个用户推给身边的营业厅经理，而是耐心地向这位用户解释，直到对方满意地离开。这件事给在场的人留下了深刻的印象。

在收购日本沃达丰数年后，软银的巨额债务压力终于开始缓解，负债比也下降了。正当资本市场预期软银很快就会将收购日本沃达丰带来的债务偿还完毕时，软银又开始了对斯普林特的收购。软银收购日本沃达丰的成功给他们带来了信心，他们希望在美国这个更大的移动通信市场，能够复制自己在日本移动通信市场的成功经验。

2014 年 8 月 5 日，马塞洛·克劳尔取代单·海塞，成为斯普林特的CEO。出生于玻利维亚的马塞洛是移动通信业界一位有名的企业家，他在1979 年创办了一家名为明亮之星的无线通信业务分销企业，这家企业发展迅速，经营业务延伸至 50 多个国家。

斯普林特的网络技术背景特别复杂，早先斯普林特使用的是 CDMA 网络，在 3G 时代演进到 CDMA 2000。2004 年，斯普林特以 350 亿美元的高价并购了奈克斯泰。奈克斯泰是一家很优秀的公司，被并购时有1 500 万用户，其中大多是商业用户，奈科斯泰的每用户平均收入比行业平均水平高 15%，而且用户离网率也低于别的运营商。但是，奈克斯泰采用的是由摩托罗拉公司开发和制造的名为 iDEN 的数字集群移动通信系统，与斯普林特的原有系统完全不一样。合并后的斯普林特·奈科斯泰公司无法融合两种技术，于是在几年后就关闭了 iDEN 网络，2008 年还为此做了高达 297 亿美元的资产减值。此外，斯普林特在推广 WiMAX 技术方面也有过大量投入，曾是科维公司的最大股东。

在市场环境方面，美国的移动通信市场与日本的移动通信市场也不一样。面对 AT&T 和威瑞森这两个强大的竞争对手，斯普林特举步维艰。

软银在收购斯普林特之后，斯普林特的营业收入一直没有出现较快增长，财务上基本处于亏损状态，此外还深受巨额债务的困扰，斯普林特的负债总额一度超过 300 亿美元。

然而，斯普林特的现状并没有阻碍软银的并购步伐。2016 年 9 月，软银以 310 亿美元收购了 ARM。ARM 是一家提供芯片设计技术授权的公司，它所设计的智能手机 CPU 被广泛采用，人们猜测，软银此举是想在移动设备领域和物联网领域有所作为。

软银为斯普林特的下一步发展也找到了一条出路。2018 年 4 月，斯普林特和美国另一家移动通信运营商 T-Mobile 共同宣布，两家公司即将合并。

两家合并的消息并不令人意外，不过，合并的结构安排却出人意料。合并后的公司名字为 T-Mobile，由原 T-Mobile 的 CEO 约翰·莱杰尔担任合并后公司的 CEO，原 T-Mobile 的 COO 迈克·希沃特则担任合并后公司的 COO。T-Mobile 的股东德国电信持有新公司 42% 的股权，软银持有 27% 的股权，其余的 31% 股权由公众投资者持有。德国电信控制着 69% 的投票权，由其 CEO 蒂姆·霍特格斯担任合并后公司的董事长，孙正义和马塞洛担任董事。

斯普林特和 T-Mobile 指出，两家公司合并后可以降低成本，发挥规模效应。新公司将拥有约 1 亿用户，同时将大规模建设 5G 网络。

2018 年 5 月 2 日，斯普林特的 CFO 米歇尔·库姆斯改任斯普林特的 CEO，马塞洛转任斯普林特的执行董事长和软银集团的 COO。2019 年 2 月，我在巴塞罗那再次遇到马塞洛的时候，他告诉我，他现在负责整个软银集团的国际投资。

2019 年 7 月，美国司法部批准 T-Mobile 与斯普林特并购的交易，交易规模为 265 亿美元。作为同意两家并购的条件，T-Mobile 和斯普林特同意剥离一部分资产和无线电频谱，将其出售给 Dish network，并向 Dish 开放网络，以支持 Dish 成为美国第四大移动通信运营商。

Jio 掀起了巨浪

2002 年穆克实·安巴尼和阿尼尔·安巴尼弟兄俩在分家的时候，印度信实集团旗下信实通信被分给了弟弟阿尼尔。弟兄俩在分家时约定，两人经营的业务要避免竞争。但是，或许由于移动通信业的吸引力太过强大，穆克实决心实现他经营移动通信的目标，2010 年，两人决定终止互不竞争的协议。

2010 年 6 月，穆克实·安巴尼的信实工业收购了英福泰尔宽带公司。英福泰尔在刚刚结束的印度宽带无线接入频率拍卖中大获全胜，以 1 284.8 亿卢比（约 27 亿美元），获得了印度全国 22 个区域的无线宽带经营牌照。相比之下，其他竞标者只获得了部分区域的经营权，例如，巴蒂和高通获得了 4 个区域的经营权，Aircel 获得了 8 个区域的经营权。信实工业在收购英福泰尔以后，就可以利用这些牌照建设和经营 4G 网络了。

但是，同时获得牌照的巴蒂在 2012 年就已开通 LTE 网络，而信实工业的 LTE 网络建设一直没有消息。业内都在猜测，信实工业这个移动行业在的新进者究竟会有什么样的动作。

2013 年 5 月，信实工业宣布，将尽快在德里、孟买、加尔各答和贾姆纳格尔地区建设 LTE 网络，再扩大覆盖范围。

大家都没有想到，信实工业此后会在移动通信行业掀起巨浪。

信实工业旗下的信实 Jio 负责运营移动通信网络。与世界上大部分移动通信运营商不同，Jio 既没有 3G 网络，又没有 2G 网络，它建设的是一个全 4G 网络，连话音都是 4G 的 VoLTE。Jio 在 22 个区域使用 2.3 GHz 的频段，此外还在 10 个区域增加了 800 MHz 的频段，在 6 个区域增加 1 800 MHz 的频段。Jio 建立了 25 万千米的光纤网络，确保了移动通信网络的传输质量。

一个没有 2G 和 3G 基础的 4G 网络，而且初期的网络质量还存在不少问题，在这种情况下应如何去吸引新用户呢？Jio 采取了一种前所未有的营销方式，媒体也因此称 Jio 为游戏规则的改变者。Jio 的定价有两个与众不同的原则：一是用户不需要既为数据付费，又为话音短信付费。也就是说，用户只要支付了数据服务的费用，就可以免费使用话音和短信功能。二是采取低价政策，只按行业标准价格的 1/10 收费。

Jio 针对各种不同的用户，设计公布了多个业务套餐，以 28 天为周期，套餐的数据流量从 0.3 GB 到 75 GB 不等。这些套餐的共同特点是话音和短信功能都免费，且不收跨区漫游费，各种应用服务全部免费使用。

2016 年 9 月 5 日，Jio 开始正式提供 4G 服务，并且宣布用户可以在三个月内免费无限量使用数据服务。

这些促销措施很快就吸引了大批用户，Jio 在推出 4G 服务的第一个月就获取了 1 600 万用户，此后几个月，用户数量一直快速增加。Jio 原定在 2016 年 12 月末结束免费无限量使用数据服务，后来，又将此计划延至 2017 年 3 月末。

2017 年 2 月 16 日，信实工业董事长穆克实·安巴尼宣布：Jio 的移动用户总数已达到 1 亿户。他说，在开始运营 4G 网络的时候，公司就确定了要在短时间内使移动用户数达到 1 亿户，但没有想到只花了 170 天就达成了这个目标。170 天获取 1 亿用户，相当于每秒钟获取 7 个新用户，这是世界上任何一家电信运营商都不曾实现过的。

Jio 决定从 2017 年 4 月 1 日起开始收费，但只收数据流量费，不收话音短信费。对于 2017 年 3 月 31 日以前的用户，只需支付只需 99 卢比，就可以成为基础会员，之后每月只要付 303 卢比[①]，就能每天使用 1 GB 的数据流量。这样的收费标准受到了消费者的欢迎。

Jio 的这些举措改变了整个印度的移动通信市场。2016 年 9 月之前，印度电信运营商的数据流量每 GB 平均价格是 250 卢比，受 Jio 数据流量免费的影响，每 GB 平均价格降到了 25~50 卢比。Jio 实行收费以后，其价格仍远低于平均水平，其基础会员每 GB 只需支付 10 卢比。

在 Jio 快速增加用户的同时，一些规模较小的运营商却在减少用户，财务业绩也受到了明显影响。例如，2016 年在 Jio 进入移动市场之前，Idea 移动实现季度利润 60 亿卢比，而在 2018 年 6 月这个财季，Idea 亏损了 281 亿卢比。这又推动了行业的整合，不久后巴蒂并购了 Telenor，沃达丰则与 Idea 合并。

Jio 之所以能在业界引起巨大反响，是因为它通过独特的营销方式改变了印度移动通信市场的格局。电信市场有一个特点，即行业格局比较稳定，在移动通信问世之初所形成的电信运营商的市场占有率，往往在多年之后还能保持不变。Jio 是在 2016 年，也就是在移动通信诞生 30 多年之

---

① 1 卢比 = 0.089 92 元。——编者注

后才进入移动通信市场的，其却在很短的时间内便成了印度的主要移动通信运营商之一，打破了电信行业市场占有率可多年保持稳定的常规。

移动运营商营收增长的驱动力包括增加通话时长、增加数据流量、增加应用服务等，但是多少年来，用户增长是见效最快的驱动力。尽管移动通信的资费一直在下降，电信运营商的每用户平均收入也在下降，但是电信运营商的运营收入仍然能够增长，这是因为新增用户的势头一直强盛。Jio 紧紧抓住新增用户这个关键，在一段时间内通过提供免费服务来建立用户基础。

2019 年第一季度末，Jio 的用户总数已经达到 3 亿户，在印度的移动通信运营商中名列第三名。另外第一名沃达丰拥有 4 亿用户，第二名巴蒂拥有 3.4 亿用户。

Jio 一直实行低资费的策略，以此吸引用户。Jio 每月的每用户平均收入只有 126 卢比，不到 2 美元，但用户的使用量却很高，Jio 每月的每用户平均数据流量是 10.9 GB，平均通话时长是 823 分钟。

令业内人士感到震惊的是，在如此低的资费下，Jio 仍然能够盈利。2019 年第一季度是 Jio 连续盈利的第 6 个季度，其当季的净利润高达 84 亿卢比（约 1.2 亿美元）。[1]

电信运营商与媒体的结合

移动通信在进入 4G 时代后，其生态系统延续了智能手机带来的开放模式，各种应用内容直接进入了移动互联网这个没有围墙的花园。电信运营商管道化的倾向不但没有减弱，反而更明显了。

多年来，新用户的增长一直是移动通信运营商收入增长的最重要驱动力。但是，随着移动通信的高度普及，新增用户这个增收的驱动力弱化

---

[1] ETTelecom. Reliance Jio Q4 profit jumps 64.7% to Rs 840 crore [EB/OL]. (2019-04-19). [2019-07-21]. https://telecom.economictimes.indiatimes.com/news/reliance-jio-q4-profit-jumps-64-7-to-rs-840-crore/68941586.

了。电信运营商需要寻找新的增收引擎，从而确保对投资者的回报。

电信运营商的 CEO 都在考虑这个问题，他们希望能够从移动通信行业的上下游去寻找机会，从而最大限度地发挥协同效应。

美国 AT&T 收购 DirecTV 和时代华纳便是这样的尝试。

如今的 AT&T 是在 1984 年原 AT&T 解体后，以西南贝尔为基础，通过多年来一次又一次的并购而形成的。业内人士一提到 AT&T，就会想起一个又一个的收购故事。原 AT&T 解体后，AT&T 变为一家从事长途电信业务的运营商，同时产生了西南贝尔等一批地方电话公司。AT&T 在收购麦考蜂窝通信之后，又把整个移动部门分离出来，成立了 AT&T 无线公司。而西南贝尔又与南方贝尔合资成立了辛格勒无线，从事移动通信业务。后来辛格勒无线又收购了 AT&T 无线。西南贝尔则又往前走一步，收购了整个 AT&T，将 SBC 改名为 AT&T，这就是新 AT&T。之后新 AT&T 又收购了辛格勒无线中南方贝尔持有的股份。这样，所有相关的电信业务都使用了 AT&T 这个统一的品牌。

2005 年新的 AT&T 公司成立之时，这样的并购就几乎看不到了。不过，到了 2011 年，市场上似乎又出现了这样的收购机会。3 月 21 日，AT&T 宣布将以 390 亿美元收购美国 T-Mobile 公司，AT&T 和 T-Mobile 的董事会都已同意此项收购。在收购完成后，T-Mobile 的股东德国电信将获得 250 亿美元和一部分 AT&T 的股权，并向 AT&T 派出一位董事。这项并购需要得到美国监管部门的批准，计划在 12 个月内完成。

AT&T 董事长兼 CEO 兰德尔·史蒂芬森说，这项并购表明了 AT&T 的承诺，即加强和扩大无线基础设施，改善移动通信服务质量，建设先进的 LTE 网络。他强调，这项并购将使 AT&T 的客户、股东和普通公众都受益，因为两家公司在合并以后，可以更好地利用品牌资源、改善技术、提高效率。

不过，这项收购首先就受到了另一家移动通信运营商斯普林特的反对，美国联邦通信委员会和司法部也都反对这项收购。联邦通信委员会在一份长达 157 页的分析报告中指出，一旦 AT&T 完成这项收购，将会在很多城市形成垄断，从而推高移动通信服务的价格。美国司法部于 2011 年 8 月 31 日提起反垄断诉讼，称这笔交易将削弱市场竞争，导致移动通信资费上涨，服务质量下降。

由于联邦通信委员会和司法部的反对，AT&T 于 2011 年 12 月 9 日宣布，放弃对 T-Mobile 的收购。为此，AT&T 需要支付 40 亿美元的税前会计费用给 T-Mobile，作为"分手费"。

收购 T-Mobile 的受挫并没有使 AT&T 停止并购的脚步。不过 AT&T 的收购目标已经从电信运营商转向媒体。

2015 年 7 月 24 日，AT&T 宣布完成对美国付费电视公司 DirecTV 的收购，总额为 490 亿美元，每一股 DirecTV 可换取 1.892 股 AT&T 的股票以及现金 28.50 美元。

这次并购得到了联邦通信委员会的有条件批准。这些条件包括：

第一，4 年之内增加 1 250 万户全光纤宽带网络的接入，加上 AT&T 已有的高速宽带网络，至少可以向 2 570 万户提供 45 Mb/s 的宽带接入服务。

第二，向对数据传输需求较高的学校和图书馆提供千兆宽带网络。

第三，向低收入家庭提供低价宽带服务，每月收取 10 美元，速率至少要达到 10 Mb/s。

第四，接受网络中立的原则，避免向在线服务行业中的竞争对手实施歧视性价格，也不能对自己的视频服务提供优惠条件。

AT&T 承诺可以全部满足这些条件。尽管这是一次有条件的收购，但这毕竟跨出了电信运营商与媒体融合的第一步。

很快，AT&T 又跨出了与媒体融合的更大的一步。2016 年 10 月 22 日，AT&T 宣布收购时代华纳，消息刚一宣布，就在电信界和媒体界引起了轰动。时代华纳是全球媒体和娱乐业的巨头，有家庭影院、华纳兄弟和特纳三个部门，每个部门都是行业的翘楚。

家庭影院公司成立于 1972 年，提供各种付费电视节目，全天播出电影、纪录片、音乐和体育赛事等娱乐节目，是美国用户最多的付费电视频道；华纳兄弟公司成立于 1918 年，提供电影、电视节目、家庭视频的制作和分发，1990 年被时代公司收购，它制作的《蝙蝠侠》《超人》《黑客帝国》《哈利·波特》《指环王》《霍比特人》《盗梦空间》等影片为人们熟知，其中《哈利·波特》系列电影在全球范围内的票房超过 78 亿美元；特纳广播公司成立于 1968 年，于 1996 年被时代华纳收购，它提供的电视频道包括 TNT、TBS 和 CNN 等。

这次收购充分体现了 AT&T 对进入媒体行业的重视程度。AT&T 的收购公告中指出："视频的未来是移动，移动的未来是视频。"AT&T 认为，媒体与通信业的融合是潮流，时代华纳是全球最大的电影电视内容制作商，并拥有内容丰富的娱乐资源库，AT&T 则拥有直接将内容传送给客户的移动网络、宽带网络和电视网络，两者的融合可以给客户最新的体验。

AT&T 预计这次收购会带来明显的财务收益，可以增加公司的自由现金流，增加赢利，改善股息分配，使 AT&T 有更好的资产负债表，提升投资的信用等级。AT&T 还特别指出，此次收购可以促进 AT&T 的收入来源多元化，降低投资的密集程度，这对于正在寻找新的收入增长驱动器的电信运营商来说具有特别的意义。

AT&T 董事长兼 CEO 兰德尔·史蒂芬森强调这次收购是一种绝妙的搭配，这种媒体与通信的最新结合将同时有益于客户、内容提供商、分发商和广告商。他说："用户经常抱怨自己为观看内容付了钱，却不能在不同的设备上观看这些内容。我们会解决这个问题，这将重新定义媒体业和通信业的未来。"

然而，美国司法部反对 AT&T 收购时代华纳，理由是这项收购将会限制竞争，从而推高服务价格。美国司法部发起了对 AT&T 的反垄断诉讼。但是，2018 年 6 月 12 日，美国地区法院宣布同意 AT&T 收购时代华纳。

2018 年 6 月 15 日，AT&T 宣布完成对时代华纳的收购。这次收购的规模很大，按照双方协议，每股时代华纳股份可换取 1.437 股 AT&T 股份和 53.75 美元现金。AT&T 发行了 11.85 亿普通股，支付了 425 亿美元，收购的总金额达到 845 亿美元。为此，AT&T 也增加了自己的负债，包括时代华纳的负债在内，AT&T 的净负债达到了 1 804 亿美元。

AT&T 在完成对时代华纳的收购后，共有 4 个业务部门：AT&T 通信、AT&T 媒体业务、AT&T 国际、AT&T 广告业务。这 4 个部门保持独立运营，但它们也始终确保互相之间能快速配合。

电信与媒体的结合一直是个热门的话题。在传统媒体受到互联网媒体等各种新兴媒体的冲击而正在走下坡路的时候，电信运营商收购传统媒体究竟能否取得预期的成功，这还需要时间来证明。

制造企业的整合

移动通信网络设备和终端设备是一个充满潜力的市场，在 2G 建设初期，移动通信在全世界范围内出现了巨大的市场需求，移动通信运营商急需建设和扩大自己的网络，而移动通信网络设备经常供不应求。一时间，制造企业似乎只要能够提供移动通信网络设备，就能够获得丰厚的盈利。于是，原有的固定通信网络设备制造商都转向生产移动通信网络设备，还出现了一批新的移动通信设备制造企业。

我们比较熟悉的 2G 移动通信网络设备提供商就有十多家，如摩托罗拉、爱立信、诺基亚、朗讯、阿尔卡特、西门子、意达泰尔、NEC、富士通、三星、LG、华为、中兴等。

这些网络设备制造商在 2G 的发展过程中做出了很多贡献，使移动通信网络得以在世界各地广泛建设起来。在进入 3G 时代后，移动通信网络设备制造企业出现了整合，行业的剧烈竞争加上国际金融危机的负面影响，使得这种整合变得非常残酷：北电网络破产，朗讯被阿尔卡特收购，摩托罗拉先被谷歌收购后又被出售给联想，诺基亚手机部门被微软收购。

经过 3G 时代的整合，到了 4G 时代，能够在全球范围内提供移动通信网络的制造企业只有爱立信、诺基亚-西门子、阿尔卡特-朗讯、华为、中兴这 5 家了。

然而，这种整合还在继续。这次整合从诺基亚-西门子网络开始。2013 年 7 月 1 日，诺基亚与西门子共同宣布，诺基亚将以 17 亿欧元购买西门子在诺基亚西门子网络的 50% 的股份。这表明，电信业的百年老店西门子从此退出了移动通信网络设备制造领域。

1847 年 10 月，维尔纳·冯·西门子在他发明的指针式电报机的基础上成立了西门子公司，当时公司的名字是西门子哈尔斯克电报建造公司。

1948 年，西门子公司建设了欧洲第一条长途电报线，从柏林到法兰克福，总长 500 千米。后来，西门子又在俄罗斯建设了长途电报线。1867 年，西门子建设了从伦敦到加尔各答、连接印度与欧洲的长途电报线，总长达 11 000 千米。

后来，西门子的业务范围不断扩大，延伸到工程机械、电力设备、铁路、医疗器件等各个领域，但通信产品部门一直是西门子最大的部门。在交换机方面，西门子的 EWSD 数字交换系统曾在 100 多个国家被使用。在移动通信方面，西门子不仅提供网络设备，而且也制造手机。

在德国，没有人不知道西门子，而在西门子总部所在地慕尼黑，西门子的声誉就更高了。有一次，我们去西门子公司参加会议，到达慕尼黑机场时，机场的服务人员听说我们是去西门子公司的，都特别热情周到。

从 1992—2005 年，冯必乐一直是西门子的 CEO，在这期间，电信产品制造始终是西门子的主要业务之一。

但之后，西门子减弱了对电信制造业的关注。2006 年 6 月 19 日，诺基亚的网络业务部门与西门子的运营商业务部门合并，成立了诺基亚西门子网络公司，双方各持有 50% 的股份。在诺基亚与西门子讨论成立这家合资企业时，西门子曾坚持两家公司在管理合资企业方面应该享有同等的权利和责任，诺基亚则认为这样的管理方式会造成管理的不确定性，影响管理的效率。诺基亚希望由它来负责管理合资企业。在反复争论后，西门子放弃了对合资企业的管理权。2007 年 4 月 1 日，诺基亚西门子网络公司正式开张，总部设在芬兰的艾斯波，原诺基亚网络业务部门负责人西蒙·贝雷斯福德担任新公司的 CEO。

尽管诺基亚西门子网络的短期业绩还不错，但是时间一长，这种合资的形式开始发生变化。一方面，西门子对电信行业的关注持续在减弱；另一方面，在手机制造方面受到巨大挑战的诺基亚对网络设备制造的重视度在逐步提升。终于，诺基亚在 2013 年收购了西门子在合资企业的股份，全资掌握了这家通信网络设备制造企业，并将其改名为诺基亚解决方案与网络公司。

诺基亚西门子网络的首任 CEO 西蒙·贝雷斯福德于 2009 年 10 月离任，接替他的是拉吉夫·苏里。诺基亚在收购了西门子在合资公司的股份之后，拉吉夫继续担任诺基亚解决方案与网络公司的 CEO。

其实，从合资公司成立起，西门子就没有参与过合资公司的运作，只是将其在诺基亚西门子网络的投资视为一般性财务投资。在出售了其在合资公司的股份给诺基亚之后，西门子离电信制造业就更远了。

但是，诺基亚在网络设备制造业方面的雄心并不止于此。2015 年 4 月，正当全球运营商大力建设 4G 网络的时候，又传来一个在业界引起很大震动的消息：诺基亚将以 156 亿欧元收购阿尔卡特-朗讯公司。

这是一次全部用股票交易的收购，按照交易条款，每股阿尔卡特-朗讯的股票可转换成 0.55 股新公司的股票。这样，在新公司中，原诺基亚的股东占股 66.5%，原阿尔卡特-朗讯的股东占股 33.5%。新公司被命名为诺基亚公司。

诺基亚列出了这次收购能带来的好处。第一，这次收购可以扩大诺基亚的产品范围，特别是在光传输产品、互联网交换机和路由器方面，诺基亚可以提供所有的端到端产品，满足不断增长的、以数据应用为驱动力的市场需求。第二，通过收购诺基亚扩大了市场范围，特别是进入了美国的电信市场——阿尔卡特-朗讯作为美国电信市场上主要通信网络设备供应商之一，与 AT&T 和威瑞森等运营商有长期的合同。第三，两个公司都有强大的技术研发部门，加起来共有 4 万名研发人员，两公司合并后，可以提高研发效率。第四，合并后的公司可以发挥协同效应，大幅降低成本。

这两家公司的体量很相似。从 2014 年的财务情况看，两家公司的营业收入相差不多，阿尔卡特-朗讯的全年营业收入是 131 亿欧元，诺基亚的全年营业收入是 127 亿欧元。两家公司的总资产也相差不多，阿尔卡特-朗讯的总资产是 214 亿欧元，诺基亚的总资产是 210 亿欧元。但阿尔卡特-朗讯的负债达 187 亿欧元，诺基亚的负债是 123 亿欧元。总体而言，诺基亚的赢利能力强于阿尔卡特-朗讯。所以外部的分析师普遍认为，两家企业合并后，可以产生规模经济效应。

2016 年 11 月 2 日，经过 19 个月的工作，诺基亚宣布完成了对阿尔卡特-朗讯的收购。两个公司在合并之后，产生了强大的协同效应，诺基亚估计，2018 年可以减少成本 12 亿欧元。

拉吉夫·苏里继续担任诺基亚公司的 CEO，原阿尔卡特-朗讯的 CEO 米歇尔·库姆斯则选择了离开。

西门子、朗讯、阿尔卡特都是电信行业内赫赫有名的企业，曾经为移动通信的发展做出过很大的贡献，它们提供的一些设备，至今还能在运营商的机房里看到。但是，这些企业的名字已经逐渐从这个行业消失了。

华为的亮丽成绩单

网络设备制造商数量的减少并没有削弱竞争，经过多次整合后剩下的几家制造商依然处于激烈竞争之中。在 2G 阶段，只有十多家制造商，它们似乎不太需要为赢利发愁，因为那时候网络设备总体上还是供不应求。但是到了 3G 阶段，设备供应商开始有了财务上的压力，有的还出现了亏损，甚至有的制造商因为财务业绩的恶化而陷入了破产或被收购的困境。到了 4G 阶段，尽管供应商的数量已经减少了很多，但是供应商们面对的财务压力并没有减轻，甚至一些老牌的电信设备制造商都没有摆脱亏损。

在各大网络设备制造商公布 2018 年年度业绩后，人们发现，早期采取低价策略的华为公司晒出了一张特别亮丽的成绩单。

2018 年，华为销售收入达 1 052 亿美元，较上年增长了 19.5%，净利润达 86.56 亿美元，较上年增长了 25.1%，经营现金流达到 108 亿美元。这样的业绩令业界感到震惊。

2018 年 7 月，在上海世界移动大会期间，我与一些国际电信运营商同行一起参观了位于浦东新金桥路 2222 号的华为上海研究所。与上海浦东那些高耸入云的办公楼不同，华为上海研究所大楼并不高，但是占地面积很大，大楼长达 880 米，建筑面积为 36 万平方米。2010 年该大楼竣工时我就去参观过，当时陪同我们参观的华为公司领导徐直军还开玩笑说，这是一座 800 米高的大楼，不过是躺在地上了。这样的结构更适合开展研发工作，上万个工程师就在这里从事电信产品的研发工作。时隔 8 年，再次参观华为上海研究所的时候，我发现这里又发生了很大变化。华为公司的领导胡厚崑向我们介绍了华为的最新研发成果，与我一起参观的国外同行们对此很感兴趣，一路上不断地提出各种问题。

一位欧洲电信运营商的 CEO 在当天晚上就要坐飞机回欧洲，但是他一直参观到晚上 7 点多才离开，因为他很喜欢华为的产品。我问他为什么喜欢，他说一开始是因为华为产品价格低，后来则是因为华为产品的性能高。这位 CEO 对华为的评价，与之前我听到过的许多其他电信运营商对华为的评价如出一辙。

近 10 年来，华为坚持每年将销售收入的 10% 以上用于研发。2018 年，华为投入的研发费用是 148 亿美元，占销售收入的 14.1%，比上年增长了 13.2%。

其实，对电信制造企业来说，研发费用总投入固然重要，但较之更重要的是研发费用的使用效率。多年前，阿尔卡特-朗讯的董事长谢瑞克曾经问过我一个问题：目前设备制造商的制造模式大多是由制造商设计后交给代工厂生产，在制造模式已经趋同的情况下，为什么华为的产品价格会低于欧美的制造商？我不了解制造商的情况，所以无法回答谢瑞克提出的问题。后来，在我遇到华为董事长孙亚芳女士的时候，我向她转述了谢瑞克的问题。她认为，产品价格的高低关键在于研发的成本效率，也就是研发费用的使用效率。据她所知，许多电信设备制造商存在着研发费用使用效率低下的问题。例如，有的制造商每研究一个产品都要建立一支庞大的团队，这样不仅会耗费过多的研发成本，而且降低了效率。而华为一直坚持高效率的研发，通过研发人员的刻苦钻研，取得了很好的成果。

我接触过许多华为的研发人员，当我在移动通信新技术方面碰到搞不明白的问题时，我就会直接去请教华为公司那些正从事这项技术研发的工程师。无论什么技术问题，他们都会很快答复——不管是白天还是夜晚，不管是工作日还是休息日。华为的研发队伍是在很简陋的研发条件下起步的，后来尽管条件得到了大大改善，但是华为研发的这种高效率的基因一直在发挥作用。

截至 2018 年年底，华为在全球累计获得授权专利 87 805 件。据世界知识产权组织公布的数据，2018 年华为向该机构提交了 5 405 份专利申请，这在全球企业中排名第一。

其实，不光是研发人员，华为的其他员工努力工作的精神也令人印象深刻。有一次，我去非洲考察移动通信业，参观了当地的电信运营商，也参观了华为公司驻当地的机构。在华为公司办事处，负责人告诉我，他们办事处的员工本来有机会去欧美一些发达国家工作，但是他们宁愿留在非洲。他们说，新兴市场国家的工作条件虽然比不上发达国家，但是正因为新兴市场基础薄弱，在这里更能发挥自己的作用。我当时听完很感动，后来我在中国移动的干部大会上也多次举过这个例子。

华为的产品遍及世界各地，将其 2018 年的销售收入按地区分，中国市场占 51.6%，欧洲、中东、非洲共占 28.4%，亚太地区占 11.4%，美洲占 6.6%，其他地区占 2%。

从运营商的角度看制造商，除了技术和商务方面的条件，还有一个重要因素，那就是移动通信网络设备的适用性和灵活性。移动通信网络设备是标准化程度很高的设备，只有这样，才能保证亿万部不同型号的手机联网使用。但是，不同运营商所面临的环境大相径庭，如何使高度标准化的网络产品能够在不同的条件下顺利运行，这是移动通信网络在建设中必须面对的问题。有的制造商的产品质量很高，但是缺乏灵活性，在网络建设中碰到问题时，往往需要花费很长时间进行内部协调。华为在这方面就做得很出色，其原则是公司的整个体系都围绕用户的需求转动，当用户需要支持的时候，可以动用整个体系上的各个环节予以支持，使用户的问题在最短时间内得到解决。例如，运营商与设备制造商一起开展 TD-LTE 试验网建设初期，在网络建设和测试中不断会出现一些没有预计到的技术问题，这些问题现场人员无法解决，需要得到制造商的研发部门和生产部门的协助才可能解决。在这种时候，华为公司往往是第一个提出解决方案的制造商。

在华为公司 2018 年的销售收入中，以智能手机为主的消费者业务的收入占 48.4%，以网络设备为主的运营商业务的收入占 40.8%，也就是说，消费者业务的销售收入已经超过了运营商业务的销售收入。

从移动通信制造业的发展历史看，早先的运营商都是既做网络设备又做手机，后来随着手机制造与网络设备制造的分离，大部分网络设备制造商才不再制造手机了。

华为走的路却不一样。早先，华为是不生产手机的。2003 年，在大部分网络设备制造商都不再生产手机的时候，华为却开始生产手机了。经过十几年的发展，华为的手机制造能力快速成长，除了制造手机，华为还研发了自己的智能手机芯片。此后，华为手机在全球的份额快速上升，2018 年，华为手机的出货量跃居全球第二。在华为公司销售收入快速增长的成果中，消费者业务部门做出了很大的贡献。

华为创始人任正非既充满智慧又富有激情，我每次与他交谈都受益匪浅。有一年夏天，我去珠海开会，因为华为公司总部在深圳，离珠海不远，于是我问任总有没有可能见面聊聊。任总很快答复他可以来一趟珠海。到了约定时间，任总自己开着车来了。我们一起边吃晚餐边聊天，我不禁问他："这么晚了，回程有司机开车吗"？他说："没问题，再晚也能自己开车回去"。我至今仍记得，晚餐后，任总自己驾着车回深圳，车辆快速地在夜色中的林荫道上行驶。我查了一下，从深圳到珠海有 161 千米，从珠海市区再到我入住的海泉湾还有 51 千米。后来，华为员工告诉我，任总经常自驾，这个距离对他来说不算什么。

企业在实施发展战略的过程中，最重要的是要发挥人才的作用。华为公司对人才的培养具有独到的经验，任总曾多次与我谈起华为的人才培养之道。华为公司在提拔干部时，特别要求被提拔者要有一线工作经历。确实，只有在直接面对用户的第一线工作过的人，才能真正理解市场的需求，在之后从事别的工作时，也才能时刻想到如何去支持和协调一线工作。所以许多在华为工作的年轻人都会主动要求去条件最艰苦的一线工作。

任正非在引进人才方面也颇有远见。他曾多次与我谈起华为招聘俄罗斯数学家的事。

数学是人类理性思维的重要发展，数学模型、数学分析和数学推断往往能做出先于实际发现的预见。1864 年英国人詹姆斯·麦克斯韦提出的电磁波理论，就是用数学方法证明了任何电的波动可以在远处产生感应，并推导出电磁波与光具有同样的传播速度。1887 年德国人海因里希·赫兹证实了电磁波理论。赫兹不仅用实验证实了电磁波的存在，而且将测试到的电磁波频率与波长相乘后，得到了电磁波的传输速度，正如麦克斯韦预测的一样，电磁波传播的速度等于光速。

俄罗斯曾在数学研究方面取得了很多成果，在概率论、复变函数、数论、拓扑学等领域涌现了许多优秀的数学家。著名的俄罗斯空气动力学家尼古拉·叶戈罗维奇·茹科夫斯基也是一位应用数学博士，他成功地将复变函数应用于空气动力学和流体力学，还用数学方式画出了一系列机翼翼型，为航空工业的发展做出了贡献。

华为公司在俄罗斯数学研究机构发生变迁的时候，招收了一批俄罗斯的数学家，而他们在华为的技术发展中发挥了特别的作用。只有那些具有前瞻性的企业才会招收数学方面的专家，因为数学家毕竟不同于工程师，要将数学研究成果用到产品设计中去，并不是一朝一夕的事。

任总也曾多次与我谈及企业应如何专注于主业。当业界都在讨论要避免成为管道的时候，任总却明确表示："华为不做别的，就是做管道，把管道做大，让数据流量顺利地通过管道"。企业在自身发展过程中会遇到各种各样的机会，企业的领导人也会面临多种选择。集中力量搞好主业，可以将有限的人力、物力和财力用到最需要的地方。任总还特别强调华为不做运营商的事情，不与自己的客户竞争。我曾经与华为的领导讨论过，是否可能由运营商和制造商组成合资企业共同去开拓海外移动通信运营市场，华为领导则明确表示不参与电信运营。

手机制造业的变迁

2011 年 12 月 18 日，小米的第一款手机正式开始销售，那时小米还没有实体店，而是在互联网上销售手机。但仅 5 分钟的时间，100 台小米手机就被抢购一空。2012 年 8 月 16 日，小米发布第二款手机，仅用 11 个月的时间销量就突破 1 000 万台。此后，小米加速前进，一发而不可收。到 2014 年第三季度，小米的季度出货量达到 1 730 万台。

在 1G 和 2G 阶段，很难想象一个新成立的手机制造商只用三年的时间就可以使季度销量超过 1 000 万。小米的成功反映了手机制造业正发生的深刻变化。

首先，市场对移动设备产生了强大的需求。2011年，全球手机出货量达到15亿部，2014年以后，全球手机的年出货量超过18亿部。如此巨大的消费市场可以容纳众多移动设备制造企业。因此，近年来出现了一批深受消费者欢迎的新手机品牌。

其次，手机的制造方式也发生了变化，手机制造已经形成了一个包括设计、元器件供应、配套加工、产品组装在内的完整的生态系统。以深圳为例，我曾多次去当地了解智能手机的生产情况，当地的业内人士告诉我，从深圳市中心出发，半径50千米内，可以解决手机制造过程中的一切问题。这话说得并不夸大。

最后，经过了几十年的努力，一个高效率的手机制造体系业已形成。包括苹果在内的许多手机制造企业不再拥有自己的制造部门，而是将自己设计的手机交给代工企业制造。这些代工企业提供的电子制造服务也称电子代工，为电子产品的品牌拥有者提供制造、采购、部分设计以及物流等一系列服务。手机代工一开始只是提供手机的制造加工，也称OEM，后来又增加了手机产品的开发和设计，即ODM，也有专门提供手机设计的企业，业界称其为IDH，这类企业为手机制造厂商提供基于不同芯片的手机制造方案。

形成这个强大的手机制造生态系统的基础是市场需求，只有市场需求达到足够的规模，才有可能将产品的制造细分成不同的环节，形成专业化的制造能力。我曾参观过当年摩托罗拉的1G手机制造现场，那时手机制造的总产量还很有限，摩托罗拉承担了手机制造的整个过程，不仅要开发和设计手机，还要加工制造手机，连手机的集成电路芯片的设计和制造都是摩托罗拉自己承担的，幸亏那时摩托罗拉拥有强大的半导体制造部门。而今天，移动设备的市场规模比1G阶段不知大了多少倍，这种市场规模推动了制造业的专业化。现在，连像苹果那样的大型企业都将iPhone和iPad（苹果平板电脑）交给代工企业生产了。

供应体系也是手机制造生态系统的重要部分。早期的代工企业只是完成手机的最后组装，还没有建立一个完整的供应体系。而今天，健全的手机制造供应体系已经形成，这个供应体系包括元器件采购、制造加工配套等各个方面。我在深圳还特别去参观了一些为手机制造配套加工的企业。有一家企业提供手机盖板玻璃的加工，通过"开料—开槽—倒边—精雕—平磨—清洗—电镀—丝印"等一系列工序，把玻璃加工成符合手机要求的盖板。企业负责人说："不要小看手机盖板处理，许多著名品牌手机的盖板都是在他们这里加工出来的"。他还悄悄地告诉我："加工玻璃盖板的利润远高于手机组装"。

形成手机制造生态系统的另一个重要基础就是知识集中。手机制造工艺复杂，对产品质量的要求非常高，因此整个制造过程需要大量工程师来支撑。在参观手机制造工厂的时候，我们看到的是一条一条的自动化组装线，但是在这些组装线的背后，都有大批工程师在支撑。这些工程师负责建立产品制造流程，平衡工序，处理、协调和解决生产线中出现的技术问题，还要通过对相关数据的收集与分析，持续改进产品合格率，并通过改进作业方式和生产规范来降低成本。经过多年的积累，在手机制造生态系统领域已经拥有大量的工程技术人才。

智能手机制造成本的持续降低，加速了智能手机的普及。2018 年，全球销售的 18 亿部手机中，智能手机超过 14 亿部。

此外，市场上还涌现了一大批价格在 100 美元以内的智能手机。2018 年，南非市场上销售的 40 多款智能手机中，有 30 款售价低于 100 美元。在非洲，智能手机的拥有量呈几何增长，2018 年第二季度智能手机在非洲的销售量就达到 2 240 万部。2018 年，已有 51% 的南非人拥有智能手机，在加纳、塞内加尔、尼日利亚和肯尼亚，1/3 以上的人已经拥有智能手机。[①]

健全而成熟的智能手机制造生态系统，不仅大幅降低了手机制造成本，而且使一批新兴的手机制造企业脱颖而出。此前那种由一个企业占据世界手机市场 40% 份额的情况已经不复存在了。

2019 年 1 月 30 日，市场研究机构 IDC 发布了 2018 年智能手机出货

---

① IT NEWS AFRICA.Fundisiwe Maseko, Top 5 Smartphones of 2018 [EB/OL]. (2018-12-31) [2019-8-4]. https://www.itnewsafrica.com/2018/12/top-5-smartphones-of-2018/.

量排行榜（如表 5-2 所示）： [①]

表 5-2　2018 年智能手机出货量排行榜

	2018 年智能手机 出货量（百万部）	2018 年智能手机 市场份额
三星	292,3	20.8%
苹果	208.8	4.9%
华为	206.0	14.7%
小米	122.6	8.7%
OPPO	113.1	8.1%
其他	462.0	32.9%

资料来源：https://www.idc.com/getdoc.jsp?containerId=prUS826119.

经过一次又一次的整合，有的制造商退出了，更多的制造商崛起了，在 4G 时代，手机制造业又出现了新的格局。

窄带物联网

物联网的快速发展对移动连接提出了新的要求：物联网设备不仅需要海量的连接，还需要低能耗的连接，以避免用户频繁给物联网设备充电或者更换电池。

从 2014 年起，在发展 4G 宽带移动通信的同时，移动通信行业出现了利用窄带无线技术来发展物联网的呼声。因为大量物联网设备对带宽的要求并不高，采用窄带技术可以降低终端的能耗，还可以节约资源。业界称此技术为窄带物联网。

窄带物联网技术的目标市场是低耗能、广覆盖的物联网市场，这项技术的特点是广覆盖、大连接、低功耗、低成本。

2016 年 2 月，在巴塞罗那召开的世界移动大会期间，GSMA 与世界

---

① IDC Quaterly Mobile Phone Tracker [EB/OL]. (2019-10-30) [2019-8-5]. https://www.idc.com/getdoc. jsp?containerId=prUS44826119.

各国的电信运营商、设备制造商和芯片设计商共同发起了窄带物联网论坛，并召开了首届全球窄带物联网峰会。

2016 年，在韩国釜山召开的 3GPP 会议上，窄带物联网技术规范获批。这个标准从立项到批准只花了 9 个月，这在 3GPP 的标准化工作史上是罕见的。此后，窄带物联网开始了全面商用化的进程。

窄带物联网采用带内组网、保护带组网和独立组网三种组网方式。带内组网需要占用 LTE 的资源，且窄带物联网的容量较小。保护带组网不占用 LTE 资源，利用 LTE 边缘保护频带中未使用的 180 KHz 频率组网。独立组网也不占用 LTE 资源，利用空闲频率或新的频率组网，如：可利用重耕的 GSM 频段，GSM 载频带宽 200 KHz，将其中 180 KHz 用于窄带物联网，两边还有 10 KHz 频率保护。电信运营商可以根据自己的具体情况确定采用何种方式。

为了达到低能耗的目标，3GPP 引入了省电模式，以减少接收单元的信令处理，使设备在空闲时处于睡眠状态。其目标是确保低速率、低使用频次的物联网设备的电池使用期达到 10 年以上。

窄带物联网技术带动了物联网的发展，使物联网的连接数快速增加，每月运营商新增的物联网连接数已远超新增的手机用户连接数。物与物的累积连接数量超过人与人的连接数量也是指日可待的事情。

窄带物联网技术被广泛用于水电燃气抄表、环境监测、智能停车、智慧路灯、电梯监控、农作物滴灌、智能家居、穿戴式设备等各个方面。

共享单车是一个典型的物联网应用，但它对电源的依赖性很强。共享单车初期使用的是脚踏发电机，用户骑车时较费力；后来改用太阳能电池，但在连续阴雨天会出现使用障碍。直到使用了窄带物联网模块以后，这个问题才得到妥善解决，借助窄带物联网技术，共享单车的电池可以连续使用三年。（如图 5-1 所示）

窄带物联网技术是移动通信发展到 4G 与 5G 之间时产生的一种特别的技术。从 2G 时代的 GPRS 开始，移动通信领域就有了数据通信业务，之后又出现了 2G 的 EDGE、3G 和 3G 的 HSPA、4G 的 LTE 和 4G+，其发展趋势非常明确：频带越来越宽，数据速率越来越高。而窄带物联网技术并没有遵循这个趋势，它是一项专门为对带宽和时延要求不高，但对低

图 5-1　使用窄带物联网模块以后，共享单车电池可以连续使用三年

能耗要求很高的物联网设备提供窄频带、大容量、低速率、低能耗的技术。这项技术适用于许多物联网项目，能使其避免"大马拉小车"，提高了经济效率。窄带互联网技术与宽带互联网技术相辅相成，促进了物联网向更大的范围发展。

　　人与人的连接与物与物的连接各有各的特性。物联网在建设初期，只是直接套用原有的移动通信方式，这样虽然可行，但必然会碰到一些问题。例如，最早的物联网直接依赖于手机 SIM 卡。我有一次与中国移动一位地区分公司经理交谈时，他说起了一件事情。他们当地在大力推广农作物的滴灌，通过移动通信网络来控制整个滴灌过程，因此当地农业部门需要采购大量手机 SIM 卡供长期使用。可是这么大的采购量，手机号码肯定会不够用。确实，手机号码资源有限，但是物联网的号码完全可以与手机分开，为节约手机号码资源，可以增加物联网号码的位数。后来，这个问题随着物联网的发展，顺利地得到解决。物联网被分配了专用号码，其号码位数比手机号码多两位，相当于在同样的号段增加了 100 倍的号码资源。

窄带物联网技术是首次为物联网专门研发的技术，可以预见，今后还会出现更多适合物与物连接的移动通信技术。

4G 的亮点

4G 的出现并没有什么戏剧性，智能手机 3G 的移动互联网大发展使移动网络的数据流量发生了爆炸性的增长，为了应对这种增长，电信运营商硬是把 LTE 这个"长期演进方案"变成了"短期演进方案"。

有的国家一直没有发放 3G 牌照，当数据大潮来临的时候，干脆将 3G 频率和 4G 频率同时拍卖。

从表面看，4G 与 3G 没有太大的区别，甚至连智能手机的外观也没什么不同，但是，以 OFDM 和 MIMO 为基础的 4G 技术，将移动网络的数据传送能力提升了一个数量级，而且扩大了容量。

在 4G 刚开通的时候，4G 用户每人每月平均使用的数据流量为 1 GB，当时大家觉得非常高兴，因为 3G 用户的每月流量通常只有 300 MB。没想到几年以后，4G 用户每月使用的流量已经上升到 6GB，而且还在持续上升。

数据速率的提升和数据容量的增加催生了许多新现象。手机支付普及了。因为到处都有 4G 网络覆盖，半秒钟就能完成支付。网约车业务突然爆发了。网约车需要实时定位叫车人，还要实时统计行驶里程，而 4G 网络可以满足这种数据传输速率。用手机看视频节目时，图像一点都不卡顿了。这是因为 4G 的下行速率提升了。此外，还出现了许多视频直播网站，只要有一部手机就可以随时直播视频节目，这是因为 4G 的上传速率也大幅提升了。手机导航更加准确了。也是因为 4G 提升了速率。脸书、微信、瓦次普、Line、KakaoTalk 等社交网络的使用人数和使用量在 4G 阶段飞速增长。

　　4G 数据流量的增长带动了移动互联网市场的规模式增长，推动了整个数字经济的发展。在以 3G 为主的 2013 年，中国全年移动互联网接入总流量是 12.7 亿 GB，当年中国移动互联网市场规模是 4 734 亿元。而到了以 4G 为主的 2018 年，全年移动互联网接入总流量达 711 亿 GB，而移动互联网市场规模高达 11.39 万亿元，其中移动购物规模就达到了 8.85 万亿元。[①]

　　4G 给移动通信运营商也带来了很大的变化。4G 改变了运营商的收入结构，数据流量收入超过话音和短信收入，成为移动通信运营商最主要的收入来源。电信运营商多年前就预期会发生这样的变化，而这个预期在 4G 阶段真的实现了。

　　经营数据流量与经营话音和短信大不一样，电信运营商传统的经营方式不可避免地受到了冲击。电话是按通话时长和通话距离来计费的，短信是以发送的条数来计费的，一目了然。而数据流量是以字节（Byte，简称 B）来计费的，那么 1 兆字节（MB）代表什么呢？这实在很难解释清楚。

　　伴随着这种收入结构变化的，是移动互联网生态结构的变化。移动互联网的生态系统由网络连接、移动终端、应用服务等多个环节组成，缺一不可。进入 4G 阶段后，应用服务所产生的价值在整个移动互联网的价值中所占比重不断提升，事实上，应用服务产生的价值已经超过了网络连接的价值。这一点在资本市场上最先反映出来，互联网公司的市值明显超过了移动通信运营商的市值。在进入 4G 阶段以后，许多大型电信运营商的市值不见增长，但大型互联网公司的市值却翻了番。

　　这时，电信运营商需要为自己找到新的定位。在继续提供网络连接的同时，运营商们也在努力开发各种应用服务，甚至还在寻找向上游和下游延伸的机会，比如有的向媒体延伸，有的向制造业延伸，有的向金融业延伸，他们都在努力找寻新的财务增长动力。

　　4G 阶段的移动通信网络设备制造商继续在整合，其数量比 3G 阶段更少了。但是与此相反，手机制造商却像雨后春笋般涌现。在 4G 手机市

[①] 中国互联网协会 . 中国互联网发展报告 [M]. 北京：电子工业出版社，2019.

场上，除了像苹果、三星和华为那样的手机制造巨头之外，还出现了一大批新的手机制造商。中国的手机制造企业群雄汇聚、各显神通。印度也出现了好几家手机制造企业，提供各种类型的自有品牌手机。俄罗斯的制造企业推出的 YotaPhone 手机是首款正反双面屏幕智能手机。墨西哥的制造商 Lanix 也推出了自家的智能手机。

手机制造曾被称为电信制造业"皇冠上的明珠"，它集中了移动通信技术的精华，以前只有少数顶尖企业才有可能进入这个领域。如今手机领域之所以能出现百花争艳的局面，在很大程度上得益于移动通信行业经过几十年的磨炼而形成的强大、全面而又方便的手机制造业供应体系。

4G 手机还有一个历史性突破，那就是实现了手机多模多频的兼容，让用户无须换手机就可以在全世界漫游。

5G：构建万物互联

第六章

高效的 5G 标准化

2013 年 2 月，在巴塞罗那的世界移动大会上，我第一次看到部分制造厂商在展示他们对 5G 的展望。此时，大规模的 4G 网络建设才刚刚开始。但是，当我们听到 5G 这个概念的时候，我们一点也不感到意外，因为从 20 世纪 80 年代有了 1G 之后，移动通信网络基本上每 10 年会升级换代一次。

不过，我马上问了制造厂商一个问题。从 FDMA 到 TDMA，再到 CDMA，直到 OFDM，各种无线接口技术都用过了，5G 还会有新的无线接口技术吗？制造厂商的参展人员也不知道怎么回答，他们说，毕竟 5G 还只是一个概念。

2012 年年初，国际电信联盟无线电通信部门启动了一个名为"2020 年及以后的国际移动通信"的项目。这个项目研究的重心是：在 2020 年及以后，使人和物，使数据、应用、传输系统和城市都处于一个有智慧的网络通信环境，使全社会都实现网络无缝覆盖和全方位连接。为此，我们需要建立新一代移动通信网络，以便能够以更快的速度传送海量数据，更可靠地连接众多设备，低时延地处理所有数据。从此，在全球范围内开始了对 5G 的研究。

2015 年 6 月，国际电信联盟完成了对 5G 愿景、业务需求和关键能力的研究。国际电信联盟确定将 5G 命名为 IMT-2020。这与该组织此前为 3G 命名的 IMT-2000 和为 4G 命名的 IMT-Advanced 一脉相承。

国际电信联盟提出了 5G 的能力指标，包括峰值速率、用户体验速率、频谱效率、移动性、时延、连接密度、网络能源效率和流量密度等。国际电信联盟还提出了 5G 的三个应用场景：增强型移动宽带（eMBB）、高可靠低时延通信（uRLLC）和海量机器类通信（mMTC）。

国际电信联盟还制订了 5G 工作计划，准备在 2017 年年底启动 5G 候选方案征集，2020 年年底完成 5G 标准制定。

2017 年，国际电信联盟正式发布了 5G 的技术指标。此后，业内在描绘 5G 技术指标时，常常选用以下三个指标：

1. 数据峰值速率

下行：20 GB/s　　　上行：10 GB/s

2. 时延

高可靠低时延通信：1 毫秒

增强型移动宽带：4 毫秒

3. 连接密度

100 万个设备 / 平方公里

我在第一次听到这些技术数据的时候有点吃惊，甚至怀疑今后的 5G 产品是否真能达到这么高的技术标准。然而，随着 5G 标准化工作的进一步深入，加上制造厂商加大力度开发 5G 产品，这些指标逐渐变成了现实。

移动通信标准化组织 3GPP 按照国际电信联盟提出的技术愿景和关键指标，开展 5G 技术标准的制定工作。

2016 年 11 月 17 日，在美国内华达州里诺召开的 3GPP 会议上，组织通过了 5G 信道的编码方案，决定在控制信道采用极化码，在数据信道采用低密度奇偶校验码。

2017 年 12 月 20 日，在葡萄牙里斯本召开的 3GPP 会议上，组织批准了非独立组网的 5G 新无线标准。

2018 年 6 月 13 日，在美国圣迭戈召开的 3GPP 会议上，组织批准了独立组网的 5G 新无线标准。

5G 标准的产生，是电信运营商、网络设备制造企业、终端设备制造企业、芯片制造企业、仪器仪表厂商、互联网公司共同参与和努力研发的结果。在 3GPP 发布独立组网的 5G 标准时，3GPP TSG RAN 主席巴拉兹·本泰蒂表示："5G 新无线协议的缔结是无线产业在探索实现 5G 愿景路上的主要里程碑。独立组网的 5G 新无线系统不仅显著增大了网络速率和容量，而且打开了各个行业通过 5G 变革行业生态系统的大门。"

1948 年，贝尔实验室的克劳德·香农在他写的《通信的数学原理》一书中提出，在存在高斯白噪声的信道上传输数据信号时，信道信息传输速率的上限 C（b/s）、信道频率带宽 W（Hz）与信噪比 S/N 的关系为：

$$C = W \cdot \log_2 (1 + S/N)$$

这就是著名的香农定理，它告诉我们，信道信息传输速率的上限是由带宽和信噪比这两个因素决定的。按照香农定理，在通信网络中要增加数据传输的速率，可以增加带宽，也可以提高信噪比。

香农定理对移动通信的影响很大。移动通信的每次升级换代都需提升数据传输的速率。为了达到提升数据速率的目的，每次升级通常围绕两个因素来开展研发：一是增加频率带宽，使用更多的频率；二是提高频率的使用效率，让每赫兹的频率都发挥更大的作用。

5G 标准化和产品研发工作也是围绕香农定理中的这两个因素来展开的。

首先，5G 网络需要使用更多的频率。国际电信联盟在 2017 年 2 月发布的 5G 标准草案中，就提出为了确保 5G 网络达到上行 10 GB/s、下行 20 GB/s 的峰值速率，运营商需要拥有 100MHz 的频率。相比之下，3G 标准中，频率带宽要求最高的 WCDMA，每个载频的频率带宽也只有 5MHz；而在 4G 标准中，运营商用 20 MHz 的频率就可以建设 LTE 网络了。

今天，频率已经成为极其稀缺的资源。不仅移动通信需要使用频率，广播电视、公路、铁路、航空、航海、卫星通信、气象等都需要使用无线电频率。到哪里去寻找 5G 的频率资源呢？除了充分利用现有的 6 GHz 以下的中低频段无线频谱之外，业界把目标放到了毫米波上。

理论上，30 ~ 300 GHz 这段频率为毫米波，因为这段频谱的波长正好在 10 ~ 1 毫米之间，不过业界往往把靠近 30 GHz 的高频段也称为毫米波。毫米波技术成了 5G 研发必须要突破的技术之一。一开始，制造商决定先开发 24 ~ 28 GHz 的频段，再开发更高的频段。

在 2017 年的巴塞罗那世界移动大会上，我第一次看到用毫米波的 5G

网络系统的演示，当时正在演示的制造厂商说，他们在这个系统中使用的毫米波带宽为 400 MHz。400 MHz！这个数据在当时吓了我一跳！要知道在当初，运营商想要增加 5MHz 的频率都是非常困难的。我一边看着演示，一边在想，这毫米波就像一片没有开垦的空地，这是多么丰富的频率资源啊！无线电技术在不断发展，早年我们用的长波通信波长达几千米，而今天的 5G 通信，波长只有几毫米了。移动通信一次又一次的升级换代，就是一次又一次对科学技术的探索，而这种探索是没有止境的。

但是，电磁波有个特点，就是频率越高，绕射能力越弱，衰耗越快。因此，用毫米波建设 5G 网络，基站覆盖范围小，需要更多更密集的基站。一方面，这会大量增加建设成本，另一方面，网络很难做到无缝隙覆盖。运营商在建设 5G 网络时，自然会优先考虑采用 6 GHz 以下的中低频段。当然，毫米波的技术也会不断改进和优化。

其次，在增加频率的同时，5G 网络的研发重点是提升频率的使用效率。对此，国际电信联盟提出的要求是，5G 的频谱效率要达到 4G 的三倍。为了达到这个目标，一系列 5G 技术应运而生。

大规模天线阵列是 5G 的一项关键技术。简单地说，大规模天线阵列就是在移动通信网络的基站侧采用大量天线来提升数据速率和链路可靠性。此前的基站通常使用两个天线、4 个天线或 8 个天线，而大规模天线阵列可以有 64 个天线、128 个天线或 256 个天线。在采用大规模天线阵列的移动网络系统中，信号可以在水平和垂直方向进行动态调整，采用波束赋形技术，使信号能够更加准确地指向特定的用户设备，减少小区间的干扰，支持多个用户设备间的空间复用，从而大幅提升频谱效率。

在传统的电信网络中，硬件设施与软件是耦合在一起的，电信运营商在提供不同服务时，往往需要单独建立各种专用的硬件设施。电信网络结构改变的方向是将软件与硬件解耦，用软件定义网络，使网络功能虚拟化。这样可以使运营商更灵活地获得网络能力，充分共享硬件资源，降低网络的建设成本和运营成本。5G 给运营商提供了一个建立用软件定义的新型网络的机会。这种新的网络结构被称为网络切片，这是一种端到端的概念，支持在统一的基础设施平台上并发部署多个具有逻辑隔离的、提供端到端服务的虚拟网络。

网络切片特别适用于 5G 在垂直行业的应用。垂直行业的应用对网络功能有不同的需求，有的需要高可靠、低时延的网络服务，有的需要大量的连接，但对速率和时延的要求并不高。通过网络切片，就可以在同一个 5G 网络内，按照不同的需求进行切片，每一片对应某种需求，而各片之间互不影响。

在 5G 标准中，仍保持 FDD 和 TDD 两种双工方式。FDD 双工方式有两个独立的信道分别承载下行和上行的信号，所以需要两段对称的频率，并且为了防止发射机与接收机之间的互相干扰，在两段频率之间还需要设置一个保护频段。TDD 双工方式可以在同一段频率上，利用不同的时隙来完成下行和上行信息的传送。5G 需要大量的频率，事实上在频率资源稀缺的今天，我们已经很难找到两段对称的大带宽无线频率，因此，世界各国大多按照 TDD 的方式来分配 5G 的频率，运营商也几乎都用 TDD 的方式来建设 5G 网络。

对于 5G 来说，TDD 的优势不仅仅是提高频率利用率，在应用 5G 的主要技术波束赋形时，TDD 系统也具有天然的优势，其可以方便地利用上下信道的互易性，通过上行信号估计信道传播向量。

中国移动在建设 3G 的 TD-SCDMA 网络和 4G 的 TD-LTE 网络时，利用各种机会向外部阐述 TDD 双工方式的好处，提及最多的就是"TDD 可以提升频率的利用率"。随着频率资源越来越稀缺，使用 TDD 技术成了移动通信的发展方向。

制定一个全世界统一的移动通信网络标准，是移动通信行业和移动通信用户长期以来的愿望。从 1G 到 3G，世界各国的移动通信运营商使用不同的网络技术标准，无法实现手机在世界各国的全面漫游。在 4G 时代，3GPP 制定了融合的 LTE 标准，全球的 4G 网络和 4G 手机都采用同样的技术标准，实现了同一个手机可以在世界任何地方漫游。移动通信运营商和制造商都很珍惜这种局面，并将这种状态延续到 5G 标准的制定。

3GPP 在制定 5G 标准的过程中，充分吸收了来自电信运营商、电信设备制造商、互联网公司的意见，还听取了来自垂直行业代表的意见，最终制定出符合国际电信联盟对 IMT 2020 的技术要求的、被世界各国运营商和制造商普遍接受的 5G 标准。

5G 时代到来了

就在 3GPP 制定 5G 标准的同时，电信网络设备制造商、芯片开发商和手机制造商已经开始研发 5G 产品了，电信运营商也开始着手 5G 的各种试验。

2016 年 1 月，中国工信部启动 5G 技术试验，中国移动、中国电信、中国联通与华为、爱立信、中兴、诺基亚、大唐等制造企业参加了技术试验。

2016 年 10 月，高通发布骁龙 X50 芯片，可支持非独立组网的 5G 网络。

2018 年 2 月，冬季奥运会在韩国平昌举行，韩国 KT 公司在平昌奥运会场馆建立 5G 试验网，并提供了沉浸式 5G 体验服务，包括 360 度虚拟现实直播、同步直播运动员视角、动态时间切片等服务。

2018 年 2 月，在巴塞罗那世界移动大会的展览中，华为、爱立信、中兴、诺基亚等电信设备制造商展示了按照 3GPP 刚刚发布的 5G 新无线标准制造的 5G 网络设备。

GSMA 会长葛瑞德在 2018 年巴塞罗那世界移动大会上说：

> 5G 和人工智能是本次世界移动大会最激动人心的主题。预计到 2025 年，5G 网络将会覆盖全球 40% 的人口，届时，全球将会有 12 亿 5G 用户。具有超高速度和超低时延等技术性能的 5G 必定会推动人工智能的发展，我们即将进入一个所有的人和物都被智能连接的时代。

按照 5G 标准制定的时间表，国际电信联盟将在 2020 年最终确定 IMT 2020 的技术标准。但是事实上，5G 的商用化在 2018 年就开始了。

2018 年 4 月，英国率先完成了 5G 频率第一阶段的拍卖，这次拍卖的频段是 3.4~3.5 GHz，拍卖总金额为 11.5 亿英镑。沃达丰以 3.78 亿英镑获得了 50 MHz 频谱，O$_2$ 以 3.17 亿英镑获得 40 MHz 频谱，EE 以 3.03 亿英镑获得了 40 MHz 频谱，另一家运营商 3 公司则以 1.5 亿英镑获得 20

MHz 频谱。这不禁使人想起了 1999 年英国也是率先拍卖 3G 牌照，当时高达 225 亿英镑的拍卖总金额让人记忆犹新。

2018 年 6 月，韩国完成 5G 频率拍卖，一共拍卖了 3.5 GHz 频段上的 280 MHz 频谱和 28 GHz 频段上的 2 400 MHz 频谱。在 3.5 GHz 频段，SK 电讯和 KT 分别获得 100 MHz 的频谱，另一家运营商 LG U+ 则获得了 80 MHz 的频谱。此外，每家运营商都在 28 GHz 频段获得 800 MHz 的频谱。拍卖总金额为 32.5 亿美元，比预计总金额高了 9%。这些频率从 2018 年 12 月 1 日起即可使用。

2018 年 8 月，美国联邦通信委员会宣布拍卖毫米波频率，11 月开始拍卖 28 GHz 频谱，稍后拍卖 24 GHz 频谱。美国的频率拍卖从 1G 开始就是按地区划分的，5G 的毫米波拍卖也沿袭了这种方法。这次拍卖历时 6 个半月，至 2019 年 6 月才结束。AT&T 以 9.83 亿美元获得 831 个地区的牌照，以 24 GHz 为主。T-Mobile 以 8.03 亿美元获得 1 346 个地区的牌照，也是以 24 GHz 为主。Verizon 以 5.05 亿美元获得 1 066 个地区的牌照，以 28 GHz 为主。

2018 年 12 月，中国工业和信息化部批准了三家电信运营商的 5G 试验频率使用许可。中国电信获得 3.4~3.5 GHz 共 100 MHz 的试验频率；中国移动获得 2 515~2 675 MHz 和 4.8~4.9 GHz 频段的试验频率，其中 2 575~2 635 MHz 频段为中国移动已有的 4G 频段；中国联通获得 3.5~3.6 GHz 共 100MHz 试验频率。2019 年 6 月 6 日，工业和信息化部正式向中国电信、中国移动、中国联通和中国广电发放 5G 商用牌照。

2018—2019 年，世界各国相继拍卖 5G 频率并发放 5G 牌照。

2018 年 12 月 1 日，韩国电信运营商 SKT、KT 和 LG U+ 同时宣布开通 5G 网络。此后各国多家运营商相继宣布开通 5G 网络，5G 进入了商用化阶段。

5G 的到来，使得移动通信从人与人之间的通信，延伸到人与物、物与物的通信。这是一个新的里程碑。

5G 的登台与当初 3G 问世时的情况大不一样，当时，在耗资巨大的 3G 牌照拍卖大战之后，不仅普通消费者不知道 3G 有何用，连电信运营商都说不出来 3G 的实际用途。而 5G 的概念刚出来，人们就已经描绘出

5G 所能带来的万物互联的宏图。

5G 的增强型宽带将会推动虚拟现实和增强现实技术的发展。这些应用具有很好的前景，但对传输带宽的要求很高，5G 提供的增强型宽带正好适应了这种高速传输数据的需要。同样，大流量的 4k/8k 视频也将快速推广，穿戴式设备也会因此而在功能上获得新的突破。

5G 的高可靠、低时延通信将广泛应用于工业自动化、自动驾驶、交通控制、远程制造、远程施工、远程医疗等各个领域，人们对此充满憧憬。

5G 的大规模机器通信能提供小数据量、低成本、低功耗的海量连接，为物联网的建立提供了可能。大规模机器通信将广泛应用于物流管理、智能农业、远程监测、旅游管理、智慧城市、智慧社区、智慧家庭、共享设备等方面。

2019 年 2 月，在巴塞罗那世界移动大会期间，我参观了制造厂商的 5G 展厅，看到有人在大屏幕前操作方向盘。解说员说，这个人正在利用 5G 网络远程驾驶汽车，司机的驾驶座在这里，而汽车在巴塞罗那郊区的广场上行驶。大屏幕就像是汽车的挡风玻璃，驾驶者可以看到所有的路况，驾驶方式与平时驾驶汽车完全一样。通过一个小屏幕就可以驾驶并看到正在快速行驶的汽车，这真令人惊叹。

之后，我曾在多个场合提及远程驾驶，借鉴此例，我们可以远程操作工地上的大型挖土机、矿山的挖掘机等，这样能够减少意外事故，确保生产安全。

没过多久，利用 5G 网络远程操作挖掘机在洛阳钼业公司试验成功。

洛阳钼业是一家开采钼矿的矿业公司，像其他公司一样，洛阳钼矿在采矿作业中需要使用大量重型机械和重型卡车（如图 6-1 所示），毫无疑问，这样的操作存在很大的安全风险。借助 5G 技术，洛阳钼业实现了采矿和运输过程中的远程操作和无人驾驶。在洛阳钼业发布的视频中，巨大的矿山挖掘机正在把大块的矿石挖起来并装上卡车，驾驶室里没有人，操作人员坐在室内进行远程控制。我们可以看见一辆又一辆重型卡车正在把矿石转运出去，每一辆车里都没有驾驶员，这些都是 5G 网络下的无人驾驶车辆。无人采矿这个几代采矿人的愿望通过 5G 网络终于实现了。

图 6-1　洛阳钼业利用 5G 网络实现远程操作矿山挖掘机

在 2019 年 6 月的上海世界移动大会上，洛阳钼业在大会展厅里演示了利用 5G 网络远程操作采矿挖掘机。这只是 5G 应用的一个例子，我们可以预见，更多的 5G 应用即将出现，5G 使万物互联，5G 将会使我们的生产和工作方式发生深刻的改变。

共建共享 5G 网络

5G 网络提供了超高的速率和超低的时延，但是，5G 网络需要比 4G 网络更多的频率，5G 基站的建设成本和运营成本也高于 4G 网络。为了降低 5G 建设和运营成本，许多运营商互相合作，共建共享 5G 网络。这是移动通信网络在建设和运营中出现的新模式。

2019 年 2 月，沃达丰意大利公司和意大利电信达成双方共享 5G 网络的协议。按照这个协议，双方不仅将共用铁塔资源，而且将在多个地区共建共享网络设备。沃达丰意大利公司的 CEO 奥尔多·比西奥表示，这样的合作可以在较短的时间内建成 5G 网络，使用户和投资者都将因此而受益。他强调，5G 需要投资，需要效率，需要建设速度，这种合作无疑推动了 5G 的发展。

2019 年 9 月 9 日，中国联通与中国电信签署了《5G 网络共建共享框架合作协议书》。根据合作协议，中国联通将与中国电信在全国范围内合作共建 5G 接入网络，双方划定区域，分区建设，各自负责在划定区域内的 5G 网络建设相关工作，秉持谁建设、谁投资、谁维护、谁承担网络运营成本的合作原则。5G 网络共建共享采用接入网共享方式，核心网各自建设，5G 频率资源共享。双方联合确保 5G 网络共建共享区域的网络规划、建设、维护及服务标准统一，保证同等服务水平。双方用户归属不变，品牌和业务运营保持独立。双方同意，在合作中秉持共建共享效益最大化、有利于可持续合作、不以结算作为赢利手段的原则，坚持公允、公平的市场化结算，制定合理、精简的结算办法。

双方一致认为，5G 网络共建共享合作，特别是双方连续的 5G 频率共享，有助于降低 5G 网络建设和运维成本，高效实现 5G 网络覆盖，快速形成 5G 服务能力，增强 5G 网络和服务的市场竞争力，提升网络效益和资产运营效率，达成双方的互利共赢。

中国联通与中国电信在电信运营商合作共享方面迈出了重要的步伐。此举意义重大，相信无线网络的共建共享将成为未来移动通信行业的趋势。

折叠屏手机

移动通信网络的每次升级换代都会推动手机的更新，5G 的到来又会给手机带来怎样的变化呢？一个好消息是，消费者盼望多年的折叠屏手机与 5G 一起出现了。

最能体现手机发展各阶段状态的莫过于显示屏了。最初的手机只有很窄的一条显示屏，只能显示电话号码。2G 阶段，为了便于浏览短信，各款手机的显示屏都加大了。3G 阶段的智能手机显示屏更大了，这些智能手机多数采用触摸式键盘，在使用时，整个手机的表面只留下一条边，其他部分几乎都被显示屏覆盖。到了 4G 阶段，显示屏的尺寸继续加大，连原先一直坚持生产小显示屏手机的制造商也推出了大屏手机。后来又出现了全面屏手机，采用无边框设计，显示屏占手机表面的比重继续提高。

但是有的用户还是不满意，因为他们在观看视频、阅读电子书或收发邮件时，还是更喜欢用平板电脑。

那么，有没有可能把显示屏变成可折叠，将智能手机和平板电脑合为一体呢？人们期待着折叠屏手机的出现，多家手机制造商也投入力量研发折叠屏手机产品。

令人高兴的是，在 2019 年 2 月巴塞罗那世界移动大会上，有手机制造商展示了他们即将推出的折叠屏手机。这几年，我一直在关注折叠屏手机的研发，我也相信折叠屏手机具有巨大的发展潜力。

折叠屏手机采用柔性 AMOLED 作为显示屏，这种显示屏不仅在折叠或弯曲时不会损坏，而且其可以在弯曲时仍然显示图像，并且图像不会扭曲失真。这种柔性 AMOLED 显示面板已经开始在中国、韩国和日本的多家面板制造商批量生产。

事实上，有了柔性 AMOLED 以后，生产折叠显示屏手机还有一段很长的路要走，还需要解决许多以前在手机和计算机制造过程中没有遇到过的难题。

普通的智能手机下面有一块玻璃基板，上面有一块玻璃盖板。但是，玻璃是不能折叠的，所以手机制造商需要为折叠手机的基板和盖板找到合适材料。要找到一种既可以折叠又有强度的材料已很不容易，而且手机的盖板还必须具有高透光特性，这就更难了。目前有三种选择：塑料、金属箔、柔性玻璃。最理想的当然是柔性玻璃，但目前还在研发过程中，所以无货可供。无奈之下，多数手机制造商只好选择了一种被称为聚酰亚胺的塑料薄膜作为基板，选择无色聚酰亚胺作为盖板。而在采用这种新材料后，手机制造商又要解决如何抗静电等许多新问题。

此外，折叠屏手机的折叠铰链也是一个难题。笔记本电脑也可以折叠，但是通常只需要按 2~3 万次折叠次数设计，而折叠屏手机需要按 20万次折叠设计。而且笔记本电脑的显示屏不需要折叠，折叠手机却要确保20万次折叠以后不损伤显示屏，同时不影响显示屏的亮度。难度之大，可想而知。

手机制造汇集了电子学、机械学、化学等各学科知识，每一次技术升级都会遇到各种各样的困难，但是经过努力，这些困难都被克服了。手机制造厂商在研发折叠屏手机的过程中攻克了各种技术难题。

在2019年巴塞罗那世界移动大会上，三星展出了三星公司历年来推出的各种型号的手机产品。

三星在1988年就制造出第一款移动电话SH-100，当时世界上只有很少几家公司可以生产移动电话。与当时其他手机一样，这款手机也是又大又重的砖头型手机。一开始，三星手机只在韩国销售。1998年9月，三星手机进入欧洲市场，首推的款式是SGH-600。通常，新进入欧洲市场的手机品牌往往会以大众市场为销售重点，但是三星把目标对准了高端用户，并且很快就在竞争激烈的欧洲市场取得了很好的销售业绩。

2002年，三星推出了SGH-T100手机，这款机身重量只有87克的翻盖手机提供了当时最大的彩色液晶显示屏，市场反馈很好。这是三星第一款销量超过1 000万部的手机，紧接着，三星陆续推出一系列高端手机，销量不断上升。2006年，三星推出了SGH-E250手机，媒体称赞这款手机功能齐全、设计新颖、价格合理。这款手机仅在中东和非洲地区的销售量就超过了1 000万台。

2007年，三星取代摩托罗拉，成为全球销售量第二的手机制造商，全年销售了1.61亿部手机。

2010年3月，三星首次发布使用安卓系统的盖乐世系列智能手机，巩固了其在智能手机市场的优势地位。

2012年第一季度，三星的手机销量超过诺基亚，成为全球销量第一的手机制造商。

2018年，三星仍然名列全球手机销售量第一，全年销售智能手机2.92亿部，占全球市场份额的20.8%。

智能手机刚开始流行的时候，普遍采用3.5英寸的显示屏，业界的说法是这样大小的手机正好适合单手操作。3.5英寸成了公认的智能手机显示屏的尺寸。但是，三星从盖乐世系列智能手机问世后，就把手机显示屏扩大到了 4 英寸。之后推出的盖乐世 S2 是 4.3 英寸，盖乐世 S3 是 4.8 英寸，盖乐世 S4 是 5 英寸。智能手机显示屏的扩大正好适应了移动互联网业务的发展，满足了用户对手机视频和手机阅读的需要，同时得到了市场认可。有了三星带头，之后其他手机制造商也都推出了大屏手机。

三星手机曾在中国市场连续多年保持很高的市场占有率。2013 年，三星手机在中国的市场占有率已接近 20%，但此后，三星手机的市场占有率迅速下降，2018 年，其占有率已经低于 1% 了。

国际上与三星类似的企业在这些年经营的产品正变得越来越专业，生产工序也越来越简化。例如，欧美的电信设备制造商都已把自己拥有的半导体制造部门分拆出去，手机制造企业也普遍使用代工厂来制造装配手机。但是三星的半导体部门不仅没有削弱，规模还变得更大。特别是在闪存和 DRAM 方面，三星在全球名列前茅。2017 年，三星的半导体销售收入超过英特尔，雄踞第一。三星的手机制造基本不依赖代工厂，而由自己的工厂生产。三星还有自己的显示屏面板工厂，三星手机的显示屏就是自己生产的。

制造企业的供应体系通常采用两种战略，一种是垂直一体化战略，另一种是外购和外包战略。企业的垂直一体化战略是指将与最终产品有关的、但技术要求完全不同的后向或前向产品集中起来，在一个企业的控制范围内实现。企业的外购和外包战略，是指将与企业最终产品有关的大量职能交给外部的独立经济实体来完成。

毫无疑问，三星在企业垂直一体化特别是后向一体化方面做得很出色。

2019 年巴塞罗那世界移动大会三星展区内最耀眼的产品就是盖乐世折叠手机了。这部手机被放在一个玻璃盒子内，玻璃盒子的外面是大玻璃橱窗，外圈用隔离绳拦着，参观者只能在一米以外的地方观看。这种方式像在展示价值连城的名贵宝石，使这部盖乐世折叠手机显得特别高贵。

三星展出的这款折叠屏手机采用内折方式，打开后的显示屏为 7.3 英寸，分辨率为 1 536 × 2 152（如图 6-2 所示）。将手机折叠后，还有一块 4.6 英寸的外屏，分辨率为 840 × 1 960。该手机配置 12 GB 内存和 512 GB 的闪存。参观的人络绎不绝，虽然没有试用机会，甚至也看不清楚折叠手机的外观，但人们对它还是很感兴趣。

图 6-2　三星展示的首款折叠屏手机

这次展览，华为也展示了许多 5G 产品，并现场演示了 5G 的一些应用，当然，华为的首款折叠屏手机也是展示的一个重点。

华为展示的折叠手机型号为 Mate X，采用外折方式，打开后的显示屏为 8 英寸，分辨率为 2 480 × 2 200（如图 6-3 所示）。将手机折叠后，正面的显示屏为 6.6 英寸，分辨率是 2 480 × 1 148，背面的显示屏为 6.38 英寸，分辨率是 2 480 × 892。该手机配置 8 GB 内存和 512 GB 的闪存。

手机打开后，看不到折痕，图像清晰；合上后，两面显示屏贴得很紧，看不出空隙，折叠后的厚度也只有 11 毫米。这种外折方式的折叠屏手机在折叠后还带来了一些新的功能，例如，在拍照时可以使被拍者同步看到取景的图像。

特别吸引人的是，华为的折叠屏手机支持 5G。

在很长一段时间里，华为以制造电信网络设备为主，华为所面对的用户几乎都是电信运营商。在国际上许多著名的电信设备制造商放弃手机

图 6-3　华为的首款折叠屏手机

制造，专注于网络设备制造以后，华为却在继续发展网络设备的同时，扩展手机制造业务。华为手机制造部门发展之快出人意料。2010 年，华为销售的手机只有 300 万部；2015 年，华为的手机销量超过 1 亿部；到了 2018 年，华为的手机销量达到 2.06 亿部，跃居全球第二。

在打造手机制造的供应链方面，华为也朝后向一体化迈出了步伐。以芯片为例，国内外手机制造商几乎不制造手机芯片，都是向专业的芯片厂商购买手机芯片。但是，华为自己设计芯片。2018 年 2 月，华为就发布了 5G 手机芯片，之后华为推出的 5G 手机用的就是自己的芯片。

在 2018 年巴塞罗那世界移动大会上，还有一家中国企业——柔宇公司也展示了自己的折叠屏手机 FlexPai。

与手机的每一次更新换代一样，折叠手机将改变消费者的一些使用习惯。据报道，有一批媒体记者为了率先获得折叠手机的使用体验，提前购买了折叠手机。但还没有到真正使用，就闹了笑话。有人在打开手机包装盒，拿出手机后，先把手机表面的一层薄膜撕了——通常手机的表面都有一张保护手机的薄膜。但是，折叠手机表面的薄膜就相等于普通手机的玻璃盖板，撕掉这层薄膜后，整个显示屏都无法工作了。

每一次手机显示屏的换代都会带来许多新的应用。可以预见，折叠屏手机不仅能方便人们观看视频、阅读图书、收发邮件，还将带来许多前所未有的新应用。

折叠手机只是 5G 时代手机更新的一个前奏，更大的变化还在后面。5G 的应用可分为行业级应用和消费级应用两大类，而消费级应用在很大程度上都是以手机作为终端的。

最早的手机只是一个无线的电话机，今天，手机已经成了人们的信息中心，人们通过手机获取最新的信息。手机还兼有电脑、钱包、照相机、门钥匙、导航器、笔记本、录音机、闹钟等功能。在万物互联的 5G 时代，手机还会开发更多功能，将被重新定义，成为连接人与物的控制中心。与此相关，手机的电池、材料、形态和操作系统都将发生变化。这既是一种期盼，也是创新创业者的机会和责任。

启示 第七章

始于 20 世纪 80 年代的蜂窝式移动通信，只用了 30 多年的时间，就实现了在全世界的普及。如今，手机是人们随身携带的使用频率最高的工具。手机改变了人类的沟通方式，改变了人类生活、工作和娱乐的方式，甚至改变了人类自己。

移动通信发展的历史给我们留下了很多启示。

需求是发展的原动力

人类对速度有着天然需求，但是在很长时间内，人类使用的所有工具都无法满足对速度的追求。正如斯蒂芬·茨威格在《人类群星闪耀时》一书中所说：

> 自从被称为人的这种特殊生物踏上地球以来的数千年乃至数万年间，除了马的奔跑、车轮的滚动或帆船的风扬以外，地球上还没有一种更高速度的连续运动。在我们称为世界历史的这一记忆所及的狭隘范围之内的一切技术进步，都未能使运动节律获得明显的加快。

电信业的出现，改变了这种状况。电报的问世使相隔千里的人们能够互传信息，电话更使人们能够将自己的声音传到远方。电信业满足了人类对速度的追求，使整个世界的运动节律都加快了。

但是，在移动电话出现之前，人们在通信方面还是会受到时间和空间的限制。人们只能在一个固定的地方，或是电信营业点，或是办公室，或是自己家里发电报、打电话。他们感到不方便，不满足，迫切希望有一天能够在任何地方、任何时间使用电信工具。

19世纪，人类发现了电磁波，发现了它高达30万千米/秒的惊人速度。此后，科学家一直在寻找让电磁波为人类服务的方法。移动通信便是使用电磁波传递信息的最普及的通信方式，充分满足了人类对速度的追求，满足了人们希望在任何时间、任何地点与任何人通信的愿望。

早期的移动通信都是车载移动电话系统，但很快就转向了便携式移动电话系统。一开始，电信公司对移动电话的定位是对固定电话的补充，即在没有固定电话的地方提供移动电话服务。后来的实际情况是，移动电话很快就替代了固定电话。

1876年，贝尔发明了电话，但是100年之后，只有欧美实现了住宅电话的普及，在广大的新兴市场，特别在农村地区，电话的普及率非常低。但移动电话的发展速度就完全不一样了，在一些农村地区，许多人没有见过固定电话，他们使用的第一个电话机就是移动电话。还没等人们完全反应过来，手机就已经从只有少数人用得起的高档消费品变成了几乎人人都有的生活必需品。

为什么手机能普及得如此之快？

首先，固定电话只提供两个固定地点之间的通信，而移动电话可以实现人到人的通信。固定电话的基本普及点仅限于工作地点和家庭，而移动电话的基本普及点是个人。移动电话的使用带来了人与人之间沟通的一次飞跃。

其次，手机消解了人与人之间的距离。无论何时何地，无论相隔多远，使用移动电话在几秒钟之内就能与亲友同事取得联系。正因如此，人有了手机以后会有更多的安全感。有人说，只要有手机在，就不会孤独，随时都觉得亲人和朋友近在咫尺。反之，如果手机一时不在身边，就会心生不安。

再次，手机实现了通信工具的个人化。手机不是固定于某一地点的通信工具，而是个人专属的通信工具。手机的使用提升了沟通效率，固定电话往往需要经他人转接，而移动电话能直接对接电话的拥有者。

最后，随着手机的应用越来越多，人们越来越依赖手机的各种功能，享受手机的各种新应用。当衣食住行都与手机结合在一起时，人们就更离不开手机了。

人天生具有不同层次的需求，而手机从满足人的沟通需求开始，进而满足人的日常生活需求、安全需求、社交活动需求等各种层次的需求。人们当从手机里看到自己在社交网络上获得朋友的点赞时，会心生一种满足感，此时手机的功能已经远远超过了辅助人们衣食住行的需求。

当一种新的信息技术出现之初，消费者本身往往不知道这种新技术能够满足他们哪些方面的需求。2000 年，当 3G 出现的时候，人们不知道 3G 有什么用处，直到 iPhone 等智能手机的出现。5G 来了，人们又在问，5G 有什么用，所以发现用户需求的过程，本身就是一个创新的过程。

事实上，人们的需求也常常随着技术的演进而发生变化。最早的公众电信服务是电报，主要为人们传递文字信息。电话的问世，实现了语言的传递，通话者不仅可以听到对方真实的声音，也省去了录入的过程。此后，话音成为电信业最主要的业务，电报等非话音业务逐渐没落。

但这种情况随着移动通信的出现和升级换代又发生了变化。1G 只提供话音服务，从 2G 开始出现了传递文字的功能。记得当年厂商在向我们介绍 GSM 网络的功能时，特别介绍了语音信箱和短信这两种新业务。语音信箱类似于电话留言，短信则是通过移动电话传递文字信息。按照运营固定通信网络的经验，一开始我们都看好语音信箱业务，而对短信业务没有特别关注。

然而，语音信箱一直没有火起来，人们不习惯这种非实时的语音沟通。出人意料的是短信业务快速发展，很快就成了一种重要的沟通手段。人们发现，有时候发一条短信远胜于拿起手机通话，简单、快捷、明了，还不会打扰人。人们又发现，短信还可以发段子、写诗、写故事。这就像打开了闸门的水流，发短信成了一种时尚。

随着 3G、4G 的到来，社交网络成了人们沟通的新渠道，随之又带来了新的需求，比如人们用社交网络聊天、发照片、发视频、传音乐。此时，话音业务在整个网络业务量中只占很小的比重。

物联网的出现，使移动通信不仅可以承载人与人之间的连接，还可以实现人与物、物与物的连接，移动通信业又出现了新的更大的需求。

作为移动通信从业者，当移动电话普及率很低的时候，我们担心移动电话网络建设好了却没有人用。后来，移动电话的普及率提高了，我们又担心人人都有手机了，我们还如何实现业务增长。但是，事实证明，随着技术的发展，人们会对移动通信产生各种新的需求，而我们的预测往往偏于保守。在移动通信的发展过程中，不断会出现新的事物，这些新技术、新功能、新服务将不断给我们带来新的增长动力。

半导体是基础

为什么移动电话能从几十千克重的车载台变成可以放入衣服口袋的便携手机？为什么如今一部智能手机的性能会超过当年的一台大型计算机？

这是因为最近几十年，信息通信制造技术发生了巨大的变化，而智能手机集中体现了制造技术进步的成果。

如果要给为手机做出巨大贡献的行业授予勋章的话，那么最高荣誉的勋章应该授予半导体行业。没有半导体行业突飞猛进的发展，移动通信业不可能有今天的累累硕果。

1947 年 12 月，贝尔实验室的威廉·肖克莱、约翰·巴丁和沃尔特·布拉顿组成的研究小组，研制出点接触型的锗晶体管。

同样是 1947 年 12 月，贝尔实验室的工程师道格拉斯·H. 瑞和 W. 瑞伊·杨建议用六边形蜂窝的方式建立车载型移动电话的收发基站，提出了蜂窝式移动通信系统的初步概念。

此后，移动通信的每一步发展都与半导体业的发展紧密相关。半导体业的每一次突破，都会带来移动通信业的响应和突破。

1963 年，罗伯特·维德拉在仙童半导体公司设计了第一个单块集成运算放大器电路 μA-702。

几年后，贝尔实验室的理查德·H. 弗兰基尔，在乔尔·S. 恩格尔和菲利普·T. 波特的协同下，展开了对蜂窝移动通信网络的研究。1966 年，他们将道格拉斯·H. 瑞和 W. 瑞伊·杨于 1947 年 12 月提出的技术报告变为可操作的方案，把早期蜂窝系统的设想具体化，并制订了初步的规划。

1971 年，英特尔推出第一片 DRAM 存储器。

1973 年，摩托罗拉发明了第一部手持式移动电话。

1988 年，16M DRAM 问世，一平方厘米大小的硅片上集成了 3 500 万个晶体管，这标志着半导体产业进入超大规模集成电路时代。

1991 年，芬兰电信运营商瑞德林嘉开通并运营了第一个 GSM 网络。

2000 年，容量超过 1GB 的 DRAM 存储器投入市场。

2001 年 12 月，挪威 Telenor 开通了第一个完全采用 UMTS 标准的 WCDMA 3G 网络。

2011 年，半导体集成电路制造工艺进入 28 纳米阶段，2012 年移动通信业进入 4G 时代。

2018 年，半导体集成电路制造工艺进入 7 纳米阶段，2019 年移动通信业进入 5G 时代。

半导体每前进一步，移动通信业也随之向前一步。

英特尔创始人之一戈登·摩尔提出，当价格不变时，集成电路上可容纳的元器件数量，每隔 18~24 个月会增加一倍，性能也将提升一倍。这就是著名的摩尔定律。

几十年来，半导体集成电路一直按照摩尔定律的预测在往前走。一方面不断地实现集成电路的小型化，使同等面积可以容纳更多的元器件，提升了产品的性能，另一方面集成电路产品的价格在不断下降。

这两个趋势支撑了移动设备的发展。移动设备是便携式设备，体积很小，集成电路的小型化，使得小小的手机能够具备早年大型计算机的功能。同时，移动设备是大众消费品，对价格比较敏感，正是因为集成电路价格不断下降，市场才能保持手机的合理价格，使之为普通消费者所接受。

竞争与整合

固定通信经历过一个很长的垄断经营时期，即由一家电信运营商在一个地方专营电信业务。但是移动通信自其诞生后就是在竞争环境中发展起来的。可以肯定地说，如果移动通信也像固定通信那样长期由一家企业垄断经营，其就不可能如此快地在全世界得到普及。

为什么移动通信在其发展初期就以竞争的方式出现在市场上？这有以下两个原因。

第一，移动通信问世时正逢整个电信运营业的重组。1G 网络于 20 世纪 80 年代初开始进入市场的时候，正是国际上打破电信业垄断呼声最高的时候。1984 年，长期垄断美国电信市场的 AT&T 公司解体，其本地电话业务被分成 7 个独立的区域性电话公司，AT&T 变成了一个专营长途电信业务的公司。在本地电话领域，7 个区域性电话公司之间展开了激烈的竞争。在长途电信领域，AT&T 与 MCI、斯普林特等长途电信公司之间的竞争更为激烈。在英国，为了改变英国电信独家经营英国国内电信业的状况，1981 年，大东电报局、巴克莱银行和英国石油三家公司合资成立了水星通信公司，获得了国内电信经营牌照，由此英国电信的垄断被打破。1984 年 12 月，英国政府向公众出售 50.2% 的英国电信的股份。在日本，1985 年 NTT 转成私营企业，同时又出现了经营国际电信业务的新运营商 ITJ、IDC 和经营国内长途业务的新运营商 DDI、JT 和 TWJ 等，电信业展开了竞争的局面。电信业出现竞争之后，不仅电信价格大幅下降，而且电信服务也得到了很大的改善，这深受消费者的欢迎。在这个时候进入市场的移动通信公司，面临的就是多家竞争的环境。

第二，竞争和移动通信的早期定位有关。移动通信刚出现的时候，被定位成仅供少数人使用的高档消费品。早期把固定通信纳入自然垄断范畴的最主要理由是规模经济，而在移动通信诞生的时候，人们并没有意识到移动通信的规模性。因此，移动通信业自然被列为竞争行业。

正是这种先天的竞争基因成了推动移动通信业发展的强大动力。许多新兴的电信公司，由于无法进入成熟的固定通信市场，转而选择移动通信为经营范围，与实力雄厚的传统电信运营商在移动通信市场上展开全面而充分的竞争。英国的沃达丰、印度的巴蒂、韩国的 SK 电讯等一些没有固定网络的新兴运营商，在移动通信市场上的份额超过了传统的电信运营商。

后来移动通信市场上运营商的数量明显超过了固网运营商的数量。各国采取不同的方式办理移动通信经营牌照，但比较普遍的方法是公开拍卖牌照。拍卖的方式使企业获取移动通信牌照的门槛降低了，除了传统的电信运营商积极参加牌照的拍卖，一些原本并没有电信经营背景的企业也参与了移动通信牌照的拍卖。在移动通信发展初期，许多国家都有 5 家以上的移动通信运营商。印度的移动通信牌照是按区发放的，全印度共分成 22 个区，印度的移动通信运营商曾有 12 家之多。大的运营商持有较多个区域的牌照，用户数量也多，小的运营商的网络覆盖区域范围就比较小。

移动通信市场的竞争机制促使移动通信业实现了充分的市场化。经济学理论认为：残酷的市场竞争是提高产出的一种最有效的手段。靠竞争起家的移动通信的经营方式明显不同于传统固网的经营方式。移动通信运营商在制定竞争战略中，总是会充分考虑迈克尔·波特教授在《竞争战略》一书中提出的 5 种力量，即现有竞争者之间的竞争、替代产品的威胁、新进入者的威胁、供应商的议价能力和买方的议价能力。从移动网络的建设到移动网络的经营，移动运营商都在千方百计地提升自己的竞争能力。

竞争给消费者带来了明显的好处。移动运营商通过提升网络质量、降低资费价格、改善服务等各种措施来吸引用户，从而使移动通信用户的数量在全球范围内迅速增长。移动通信大发展的历史证实了在电信行业打破垄断、建立竞争机制的重要作用。

当然，移动通信毕竟是一种网络服务，而网络服务的规模效应特点是无法忽视的，这与一般的服务行业不一样。在移动通信的初始阶段，为了鼓励投资而多发经营牌照是可行的做法，因为那时每一家运营商的网络规模都比较小。但是，在移动通信网络规模扩大以后，移动通信运营商的数量如果仍然很多，就会使资源效益无法得到很充分发挥。

当移动通信的网络服务逐渐同质化，价格成了电信运营商差异化最主要的方面。在移动运营商新用户不断增加的情况下，尽管移动通信的资费在持续下降，每个用户的每月平均收入在下降，但是由于新增用户的增加，电信运营商仍然能够保持营业总收入的增加。但是当移动运营商新增用户的增长速度减缓以后，运营商就会面临移动通信业盈利空间缩小的压力。

在规模经济原理的驱动下，电信运营商在分拆之后，经过一段时间的运营，又通过并购的方式开始了新一轮的整合。

这一轮的整合又是从美国开始的。

SBC、南方贝尔、辛格勒、AT&T 等公司经过多次兼并和重组后构成了新的 AT&T 公司。经过分拆和整合，AT&T 又成了一家网络覆盖全美国的综合电信运营商。

威瑞森通信则是由大西洋贝尔、纽约电话和 GTE 三家公司合并组成的。

美国其他几家移动运营商如 T-Mobile、斯普林特、奈科斯泰、科维也先后合并在一起了。

在英国，2010 年橙公司与 T-Mobile 合并成立 EE 公司，法国电信和德国电信各持 50% 的股份。2016 年，英国电信又收购了 EE。这两次并购减少了两个英国电信运营商。

运营商数量众多的印度也开始了整合。沃达丰与 Idea 合并，巴蒂与 Telenor 合并，信实通信与 Aircell 合并，减少了三个印度电信运营商。

移动通信运营商的整合有助于发挥规模经济的作用，也有助于缓解无线电频率资源短缺。当然，这种整合必须以保证网络服务质量为前提。既要合理利用资源，又要保持竞争机制，这不仅是电信监管部门关注的问题，也是广大消费者关心的事情。

移动通信与资本市场

全球大多数从事移动通信业的公司都是上市公司。移动通信业从起步阶段就与资本市场结合在一起，资本市场关注移动通信业，移动通信业也需要资本市场的支持。

我参加了 2000 年中国联通上市的整个过程，对资本市场助力移动通信发展有着直接的体会。中国联通公司于 1994 年成立，当时正值 2G 兴起，整个市场对移动通信产生了强烈的需求。1G 由于网络容量小，无法满足人们对移动通信的需求，到处都存在移动电话供不应求的情况。中国联通看准这个机会，大力发展数字移动通信，大规模建设 GSM 移动通信网络。建设移动通信网络需要大量资金，中国联通于 2000 年在香港和纽约上市，筹集了 56.5 亿美元。这些资金对中国联通来说正是雪中送炭，中国联通利用这些资金，迅速建设网络，到 2004 年 5 月，用户总数就超过了 1 亿户。

通常，在资本市场表现活跃的行业都是最有发展潜力的行业。移动运营商曾被列入资本市场很活跃的行业。

1999 年 10 月，德国电信运营商曼内斯曼以高达 360 亿美元的企业价值收购英国橙公司。2000 年 2 月，沃达丰又以约 1 800 亿美元的高价收购了曼内斯曼。世纪之交的这两场收购引起了轰动，又带动了移动通信行业一连串的收购。那是对移动通信运营商估值最高的时候，投行在对运营商估值时，充分考虑到移动通信的发展潜力，预期移动通信在未来几年会有飞速的发展。事实证明，投行对移动行业的预期是正确的。进入 21 世纪以后，整个移动通信行业呈现爆炸式增长。即使在 21 世纪初发生了互联网泡沫，但移动通信业仍然发展得比预期还快，移动通信运营商在资本市场上也继续获得较高的估值。

但是，当移动通信进入了移动互联网时代后，移动运营商的资本市场佼佼者的位置被互联网公司取代了。

2009 年，摩根士丹利的分析师玛丽·米克尔发表了《移动互联网研究报告》，报告指出："随着移动互联网市场的发展，大部分增量利润涌向推动创新的公司，在这方面，技术公司比电信公司有更大的优势。"后来的事实证明，玛丽·米克尔的预测是对的，电信运营商的市值在下降，而互联网公司的市值翻了好几番。

今天，在全球市值最大的十大公司中已经没有电信运营商的踪影了。当年沃达丰曾用 1 800 亿美元收购德国曼内斯曼，但是今天，沃达丰全部市值也只有 400 多亿美元。

然而，令人不解的是，许多电信运营商的利润至今仍高于互联网公司，市值却不到互联网公司的一半。投行人士认为这主要出于两个原因。第一，电信运营商是重资产企业，网络设备需要花巨资扩容和升级，资本性开支常年居高不下，而互联网公司以软件方面的投入为主，资本性开支远低于电信运营商。第二，互联网公司的早期利润虽然不高，但是收入和利润的增长速度很快，具有很好的财务前景，而电信运营商收入和利润增长缓慢，有的甚至已经出现了负增长的财务状况。

企业的兴旺与衰落

在移动通信发展的几十年中，市场上涌现了一大批成就辉煌的企业，它们从不同角度为建造全球的移动通信大厦贡献力量。在这个行业，曾经出现过许多明星企业，它们创造出了令世人瞩目的优秀业绩。

在模拟移动通信时代，提及移动电话，人们就会想起摩托罗拉。那时，网络是摩托罗拉的，手机是摩托罗拉的，街头的移动电话广告也全是摩托罗拉的。摩托罗拉简直就是那个年代移动电话的代名词。那时，没有人会想到，摩托罗拉公司这么快就消失了。

2G 时代，诺基亚可谓俯视一切，在诺基亚推出一款新手机后，人们会心生一种"再也不会有更好的手机了"的感觉。然而，现在诺基亚的手机部门已经不复存在。

企业的新陈代谢本来是很正常的事，有的企业被淘汰，更多的企业兴起了。但是，那些曾如雷贯耳的品牌如此快速地消失，那些巨人般的企业轰然倒下，我们在感慨之余也需要探讨个中原因，吸取一些教训。

柯林斯在他的《再造卓越》[1] 一书中指出：

---

① 吉姆·柯林斯. 再造卓越 [M]. 蒋旭峰，译. 北京: 中信出版社, 2019.

当一个公司即将衰落的时候，它从外部看起来似乎和健康无恙者一样，可是它其实已经处在了一落千丈的危险边缘。这也是衰落过程为什么这么可怕的原因，它会悄无声息地潜伏在你的身旁，然后倏然间将你吞噬。

柯林斯在书中将企业的衰落分成 5 个阶段：狂妄自大、盲目扩张、漠视危机、寻找救命稻草、被人遗忘或濒临灭亡。柯林斯举了很多例子来描述一个即将衰落的公司处于其中各个阶段时的状况，对各类企业都有借鉴和警示作用。

虽然每一家衰落的公司的情况都不一样，但是确实还存在一些共性的问题。

比如，过分追求短期利益，而无力在新技术、新产品的研发方面投入重金，这几乎是多数已经衰落的公司的共同特点。

国际上大型的电信制造商中不乏百年老店，公司创始人家族的股份经过多年的稀释，或者只剩下很少的份额，或者已经完全没有份额，多数公司的股权变得分散。而公司的 CEO 都是在市场上遴选，大多是通过猎头公司介绍给公司董事会的。

对于股权分散的公司，如何来衡量 CEO 和管理团队？投行分析师最看好的是两个因素：一是公司当期的业绩，包括销售收入和净利润等指标；二是增长率。投行的分析师主要按这两个指标来评价一家公司的业绩和价值，进而对这家公司提出投资建议。投行可以用多种方法对公司进行估值，但不管以什么方式，影响估值的最重要因素就是赢利和增长率。投行分析师的报告会影响媒体对公司的评价，最后反映到公司在资本市场上的表现。而公司在资本市场的表现直接关系着公司 CEO 的薪酬和股权激励，甚至是 CEO 的去留。

众所周知，一个企业要保持基业长青，不仅要有优秀的近期业绩，而且要为公司的长期发展进行持续不断的投资。这种为公司的长期发展做出的投资主要是用于新技术、新产品的研究和开发。在技术瞬息万变的今天，一个企业只要稍稍放松对新技术、新产品的研发，就会很快落伍。但是，公司对新技术和新产品的投资，通常不仅会反映在近期的销售收入和净利润上,有时还会影响当期的财务业绩,甚至还会出现这样的情况——公司花费巨资研究的技术和产品最后没有能够投入市场使用,给公司带来了财务损失。

媒体在分析那些公司衰落的原因时,千篇一律地认为是这些公司的领导人满足于现状,不求上进,无视技术发展造成的。但是这些公司的CEO都在电信行业工作多年,他们完全知道,电信技术飞速发展,稍不努力就会被淘汰,相反他们太想增加对新技术、新产品的投入了。但是,公司的资金毕竟有限,将资金投入市场推广,可以快速取得效果,而将资金投入新技术研发方面,往往需要很长的时间才能见到效果。要在竞争激烈的市场环境下坚持对一些当时还看不到市场效果的新技术和新产品持续投资,CEO需要承受巨大的压力。只有那些扛下压力,坚持为未来投资的企业才有可能从优秀走向卓越。

由于不重视对长期项目的投资,这些公司后来只能自食其果,当整个行业的技术和产品进入一个新阶段的时候,它们就会措手不及,原有的市场优势丧失殆尽,以致快速衰落,直至落入破产和被收购的境地。

观察这些公司的衰落过程,我们会发现这些巨人都是快速倒下的,往往还没等大家搞明白公司出了什么问题,公司就破产了。人们总以为,瘦死的骆驼比马大,无论碰到什么困难,一个大公司总有足够的能力撑过去。但是,资本市场最忌讳的是不确定性,华尔街不会容忍这些公司半死不活地撑下去。于是,我们会看到一些很奇怪的现象:公司当面临新技术的强大挑战时,本应该去招聘更多优秀的技术人才,抓紧开发新技术、新产品并迎头赶上,这些公司却在裁员并且首先解聘那些技术团队的顶尖人物,理由是这些人的薪酬高。出售公司资产也是公司步入衰落期之后常用的手段,但是公司往往卖掉的不是那些冗余的资产,而是最优质的资产,因为只有优质资产才能卖出好价钱。最优秀的人才被裁了,最优质的资产被卖了,无论它们以前的实力有多强大,这样的公司都是不可能渡过难关的。

2006年,北电网络为了应对经营上的困难,将公司的主要支柱3G部门出售给阿尔卡特。大家对此感到非常不解。2005—2006年,全球移动通信市场出现转折,多数运营商经过多年的犹豫和观察,已经确定了3G

建设的目标，开始了大规模的 3G 网络建设，而 2G 网络的建设和扩容规模明显缩小了。电信设备制造商在过去多年研发的 3G 产品终于有了用武之地，3G 市场自然成了电信设备制造商博弈的重点，北电却在这个时候出售了 3G 资产，业内人士都为其感到可惜。

在 3G 建设高峰期，3G 资产被出售了，这样的公司还能干什么呢？果然，2009 年 1 月 14 日，北电网络向加拿大、美国和欧洲的法院申请破产保护，电信制造业的一座摩天大厦就此轰然倒塌。

沉舟侧畔千帆过，病树前头万木春。在这个行业，我们目睹了一些公司的衰落，也看到了更多公司的兴起。今天，我们分析那些已经衰落的公司的衰落原因，也希望新兴公司可以从中吸取一些教训。

收购与兼并

我们听了太多通过不断并购整合成一家巨型公司的美好故事了。投行人士总是不厌其烦地向企业推荐各种各样的并购机会。但是，当我们回顾历史的时候，也要看到有的企业就是被盲目收购的行为拖垮的。

电信业的并购通常有两种。一种是一家企业用现金或股份去购买另一家企业的股份或资产，以获得对该企业的全部资产或部分资产的所有权。另一种是两家或两家以上的企业合并成为一个新的企业。

企业既可以通过内部扩张也可以通过收购兼并来寻求发展，毫无疑问，收购兼并是企业扩大规模最迅速的方法。通过并购，企业可以形成规模效应，合理利用资源，降低成本，还可以提高市场份额，增加竞争优势，这就是我们所说的协同效应。

成立于 2003 年 10 月的安卓公司专注于开发手机操作系统，2005 年，谷歌收购了安卓公司。2007 年 11 月 5 日，谷歌公司正式向外界展示一个名为安卓的操作系统，并宣布建立一个由全球 34 家手机制造商、软件开发商、芯片制造商和电信运营商组成的开放式手机联盟。这是一个很好地发挥了协同效应的收购案例。

电信运营业曾经出现过许多激动人心的并购，如曼内斯曼收购橙公司、沃达丰收购曼内斯曼等。在今天看起来，当时收购价格之高令人咋舌。但是，正是这样一系列的并购，形成了一批移动通信的跨国运营商，推动了移动通信在全球的发展。

然而，这样的收购很容易让公司的管理层头脑发热。朗讯的大部分收购都是用股票置换的，不需要现金，而且，伴随着一次又一次的收购，朗讯的股价一次又一次地上升。股东和持有股份的员工皆大欢喜，一次又一次的并购让投行等中介机构赚得盆满钵满。

但是，这些没有经过深思熟虑的快速收购，根本谈不上协同效应。有的被收购公司的研发内容与朗讯自身的研发是重复的；有的被收购公司的创始人在获得丰厚回报之后，马上又去创建新的公司；有一个被朗讯收购的公司共有 750 个员工，收购刚完成，其中的 749 人就迅速出售了他们获得的朗讯股票。

媒体在分析摩托罗拉衰落的原因时，常常以摩托罗拉投资铱星项目的失败为例。整个铱星计划的投资高达 50 亿美元，摩托罗拉向铱星公司投入 4 亿美元，占有 25% 的股份，还为铱星公司提供 7.5 亿美元的贷款担保。事实上，许多公司在盲目收购中付出的代价远远超过摩托罗拉对低轨道卫星移动通信系统进行探索的成本，只是收购造成的损失往往不容易看出来。

我曾听过一位 CEO 抱怨投资银行作为企业的财务顾问，却经常建议电信企业去收购各种各样的公司。这些银行人士总是会拿出很多理由来说服企业去实施这样的收购。但是，如果企业按照他们的建议完成了收购，而收购的结果与投行人士预期的又很不一致，这很可能给企业造成很大的损失，这时候，投行是不会承担任何责任的。他建议要对投行建立追责制度。然而，投行的工作就是制造交易，它们会以扩大规模为理由建议企业去收购兼并别的公司，也会以专业化经营为理由建议企业分拆自己的业务，或出售给别人，或单独上市。对投行来说，无论是并购还是分拆，都是交易。投行当然可以向企业推荐各种并购的机会，但在真正做出决策的时候，还是要企业自己来做判断。

此外，投行在评价并购的可行性时，使用的标准与企业也是不同的。

企业看重的是通过收购的协同效应来提升自身的能力，更好地为消费者和股东创造价值，而投行看重的是通过收购整合概念，使企业快速提升价值。21世纪初，由于移动通信快速发展，许多投行建议传统电信运营商将移动通信业务进行分拆，单独上市。分拆后的移动通信公司的市值往往比分拆前固网通信业务和移动通信业务合在一起时的公司总市值还要高很多。十多年以后，移动通信的增速减缓，固定通信与移动通信融合的概念更吸引人，于是，投行又建议将分拆后的移动公司和固网公司重新合并，从而提升公司的总市值。现在，大多数移动公司与固网公司都已合二为一。

生态系统的变化

自电报发明以后，电信行业经过100多年的发展，形成了一套独特而且成熟的生态系统。模拟移动通信出现以后，其基本功能仍是话音，所以生态系统并没有大的变化。

这是一个什么样的生态系统呢？电信经济学认为，电信部门本身不产生信息内容，电信的功能是使信息实现空间地点的变动而仍然保持原有的信息内容，从而提升信息的效用。电信的生产过程与用户的消费过程是同时完成的，生产过程就是消费过程。

在这样的定义下，用户使用电信服务的整个过程完全是由电信企业提供的，电信企业建立了一个全封闭的信息传输系统，不允许任何外部设备随意连接这个系统。为了确保通信质量，甚至连用户家里的电话机也由电信企业提供，用户是不能随意更换电话机的。

电信行业经历了从电报到话音，从人工电话到自动电话，从固定电话到移动电话的变迁。尽管业务变化了，设备变化了，但是，无论如何变化，电信运营商总是处在电信行业价值链各个环节的中心位置。价值链上的其他各个环节，如设备供应、工程建设、网络代维、营业代理、增值业务等，都是围绕运营商这个中心环节，通过运营商向最终用户提供服务。

从 2G 开始，语音不再是移动通信唯一的业务。先是出现了短信，后来又出现了 GPRS、EDGE 等数据业务，之后移动互联网出现了。在移动互联网发展初期，手机的处理能力还很弱，存储量小，输入方式简单，无法像计算机那样直接使用各种桌面互联网的浏览器。于是，业界制定了一个专门适用于移动终端和移动网络的互联网协议（WAP）。有了 WAP，人们利用手机就可以享受各种原来只能在桌面互联网才能享有的服务，如新闻浏览、玩游戏、听音乐、阅读、看动漫等。

WAP 被定义为移动互联网的专用平台，所以可见整个行业仍然在沿用过去的生态系统，由电信运营商统一管理各种移动互联网业务。移动互联网的花园建立起来了，但这是一个带围墙的花园。

2007 年之后，智能手机开始大普及。智能手机的处理能力完全可以与计算机媲美，智能手机摒弃了 WAP，用户可以像在计算机上一样直接访问各种互联网的网站。各种各样的内容提供者和网络提供者不需要得到电信运营商的同意，就可以通过电信运营商的移动网络提供各种移动互联网服务。这就像花园的围墙被拆除了，人们不再需要购买门票，也不需要征得花园主人的同意，就可以随意进入花园了。

于是，市场上就有了 OTT 这个说法。OTT 即 over the top，常指移动互联网应用服务的提供者通过移动网络向用户直接提供各种应用，但是不受拥有移动网络的电信运营商的管理和控制。

OTT 既可以提供许多传统电信业中不曾有过的服务，如社交网站、应用商店、视频、搜索、购物、游戏、聊天、支付等，又可以提供许多直接替代传统电信业的服务，而且价格低廉，甚至免费，如语音通话、视频通话、文字信息传送、多媒体信息传送等。

智能手机的出现给移动互联网生态带来了巨大变化。

首先，网络连接与应用服务解耦了。此前，网络的应用服务与网络连接是耦合在一起的。在电报和电话时代，电信业的生产过程就是用户的消费过程，网络应用与网络连接完全耦合在一起。即便到了移动互联网初期，这种耦合状态依然没有改变。智能手机的出现改变了这种状况，信息服务提供商在其服务范围内，成了价值链的主导者，应用服务与网络连接解耦，二者相互依赖但完全独立运作。这种解耦带来的是移动互联网应用服务的大发展，开发者开发出无数网络应用程序，开启了应用服务百花争艳的局面。

应用服务与网络连接的解耦使电信运营商的定位也发生了变化。以消费类服务为例，过去电信运营商与消费者的关系是 B2C（商对客电子商务模式）的关系，但是，由于应用服务商提供了最底层的应用，手机用户与应用服务商之间的联系比与电信运营商的联系还要紧密。例如，当消费者使用手机支付时，商家会问消费者使用的是阿里巴巴的支付宝还是腾讯的微信支付，而不会问消费者用的是哪家电信运营商的服务。有人说，电信运营商与消费者的关系，已经从 B2C 变成了 B2B2C，中间这个字母 B 就是指应用服务的提供商。这样的说法不无道理，这也是移动通信运营商面临的新的挑战。

为此，电信运营商制定了新的战略。有的电信运营商收购媒体公司，直接进入内容领域。有的运营商大力开拓云服务，以在新的技术领域内争取主动地位。

随着万物互联时代的到来，移动通信业的生态系统还会发生更加深刻的变化。通信技术与互联网信息技术融为一体，移动信息从人与人的连接扩展到人与物的连接、物与物的连接，可以预见，移动通信的连接数量还将以几何级增长。移动互联网的发展依然波涛汹涌，5G 与人工智能的结合将会迎来新的应用爆发。

面对生态系统的变化，电信运营商也要努力改变自己。这种改变不仅仅是方法上的改变，而应涉及电信运营商的网络组织、运维方式、人力资源和管理方法等各个方面。

1. 从硬件驱动到软件驱动

通信网络设备是电信运营商最主要的资产。移动通信技术大约每 10 年换代一次，在每次换代之间，还有多次技术升级。每一次升级换代都要大规模更替硬件设备，以致电信运营商巨额的资本开支多年来一直居高不下。电信设备制造商盈利飙升的时候，便是移动运营商资本开支猛增之时。由于技术更新太快，在电信运营商的会计核算中，固定资产中网络硬件设备的精神磨损远远大于物理磨损。年复一年的网络扩容、升级、演进，不仅令运营商耗费巨额的资本开支，而且还带来了庞大的折旧成本。折旧成本是运营商长期背负的巨大包袱，运营商也伤透了脑筋，但无论是采取延长折旧年限的方式，还是采取缩短折旧年限的方式，通过快速折旧来为长期发展留余地，都没有从根本上解决问题。

业界已经意识到，只有将电信网络从硬件驱动变为软件驱动，才能提升基础设施的效率，降低电信运营商的资本开支。毫无疑问，网络的云端化是未来电信网络发展的趋势。以云技术为基础的网络功能虚拟化和软件定义网络可以使整个通信网络系统从硬件驱动变为软件驱动。

网络功能虚拟化将网络功能从硬件设备中剥离出来，实现了软件和硬件解耦后的独立运作。由于使用了通用的计算、处理和存储设备，实现了硬件的通用化，大量减少了硬件设备。网络功能可以通过软件实现，采用网络切片技术，将一个物理网络切割成多个端到端的不同功能的虚拟网络，每一个虚拟网络在逻辑上都是独立的。实现软件定义网络的过程，也就是电信运营商从硬件驱动向软件驱动转型的过程。

在这种情况下，运营商仍然可以提供多种服务，但不需要为每一种服务都单独建立网络，运营商的网络仍然可以不断地升级换代，但技术升级主要通过软件升级来实现，这就能大幅减少运营商的硬件投资。

独立组网的5G新无线标准，就是按照网络切片的原则来制定业务规范的。以5G为新起点，软件定义网络将成为电信业网络新结构的趋势。

网络硬件和软件解耦后，运营商既可以灵活地提供各种业务，又可以大幅降低资本开支。按照这种趋势，电信运营商近年来提出的变硬件企业为软件企业的目标是有可能实现的。

2. 让网络共享成为主旋律

移动通信业竞争带来的效果是明显的，在激烈的市场竞争中，移动运营商争先恐后地建设网络、改善服务、降低价格，使电信业许多原来饱受诟病的问题都迎刃而解。

但是这种建立在各运营商单独建网基础上的经营方式也存在问题。一方面，每一家移动通信运营商都积累了庞大臃肿的固定资产，并为此支付巨大的成本。在移动通信业发展初期，尽管单独建网的成本很高，但由于那时移动电话的资费高，大部分移动运营商都能赢利。但是移动通信的资费一直在下降，而每一家运营商为了保持自己的竞争实力，仍需要不断对网络进行扩容和升级，这样运营商的营业收入难以增长，而网络建设和运营成本一直居高不下。国际上，一些营收规模较小的移动运营商已经出现了经营困难，只要拿到移动牌照就能赚钱的日子已经一去不复返了。

另一方面，这种单独建网的方式也带来了大量重复建设，造成了资源的浪费。

要解决这个问题有两个途径，一是减少移动通信运营商的数量，二是使运营商共享网络资源。

运营商共享资源其实早就开始了，铁塔资源与运营商分离就是很好的例子。国际上，投资银行给铁塔公司上市的估值明显高于电信运营商，可见市场对共享资源的期望值是很高的。

目前，运营商之间共享资源的积极性越来越高，仅仅共享铁塔和传输资源已经远远不够了。3GPP 曾制定过运营商网络共享的规范，在制定 5G 标准时，3GPP 又强调 5G 的各个层面都要符合网络共享的要求。运营商共享网络在技术上没有什么问题，现有技术完全可以满足各种不同程度的合作和共享。不同的运营商可以共享频率、共享基站，也可以共享整个网络。

共享基础网络不会影响运营商的差异化，随着电信网络的云端化，不同的运营商可以通过软件来提供不同的网络服务功能，实现网络应用功能的差异化。共享基础网络以后，移动市场的竞争并不会削弱，因为共享资源与市场竞争并不冲突。共享基础网络不仅不会影响移动市场的服务质量，而且可以集中使用频率资源，集中物力和财力，进一步提升网络的覆盖密度，提高网络的质量，改善网络服务。

事实上，互联网本身强调的就是网络共享。任何一个互联网公司，无论其规模有多大，都不可能单独去建立全面覆盖的互联网基础网络。当移动通信进入移动互联网阶段后，基础网络共享应该成为移动行业网络运营的主旋律。

3. 扩大连接的内涵

在新的生态系统下，应用服务与网络连接解耦，拓宽了应用服务的发展天地。以提供网络连接为责任的电信运营商也在努力进入应用服务的领域，开发各种移动互联网的应用服务。

诚然，电信运营商可以探索从网络连接向外拓展，进入互联网的应用服务，甚至进入制造业，并努力取得协同效应。但是，即便在网络连接领域，也还有许多增长的驱动因素。

首先，网络连接的概念可以进一步拓展。过去，从电报、电话到手机，运营商提供人与人之间的连接，随着物联网的发展，网络连接延伸到人与物、物与物。今后，物与物的连接数量将远超人与人的连接。这对于电信运营商来说无疑是一个巨大的增长驱动力。

伴随着信息通信技术的发展，连接的内涵也在发生变化，电信运营商还可以从连接的内涵变化中寻找新的发展机会。

传统电信的功能是通过传输链路，为两个或多个端点提供连接服务。这种连接服务包括话音、短信、互联网接入、专线接入等。云计算和云服务的出现，扩展了信息和通信基础设施服务的范围，扩大了连接的内涵。

有了云服务，用户可以通过互联网直接进入信息通信资源的共享池，使用各种计算资源。在这种情况下，原先的端到端的连接服务变成了端到云的连接服务。云服务将专线接入、服务器、存储器等都融为一体，使基础设施虚拟化，用户通过互联网按需要购买云服务，这与原先的租赁专线、托管服务器的概念完全不一样。电信运营商需要适应这种连接方式的变化，而且要成为云服务的主要提供者。

从端到端延伸到端到云，连接的内涵扩大了，这对电信运营商来说既是新机会，又是新挑战。

云服务是一种基于基础设施的新型服务，此时运营商已经积累了丰富的基础设施服务经验，并拥有完整的营销和支撑体系。与互联网应用服务采取的后向收费的方式不同，云服务的经营模式通常是按实际使用计费，这与传统的电信经营模式很接近。电信运营商不仅具有基础设施服务的经验，而且拥有云服务所需要的丰富的传输资源和数据中心设施。

互联网公司、软件开发商、设备制造商和电商企业都早已有所作为，市场竞争已经相当激烈了，但就云服务巨大的市场而言，云服务还有非常大的发展潜力。

对电信运营商来说，真正的挑战其实还是在知识领域。今天，网络基础设施的概念已经改变了，电信技术与互联网技术已经全面融合。公众基础设施服务已经从传输网服务、接入网服务延伸到云服务。电信运营商必须快速充实互联网技术知识，改变自己的知识结构，扩大自己的知识范围。

端到云的连接只是连接的内涵延伸的一个方面，在万物互联的 5G 时代，连接的内涵还将进一步扩大。当海量的设备通过 5G 网络连接，这些设备产生的动态数据需要在瞬间得到分析和处理。边缘计算的应用，使得许多分析和控制通过本地设备就可以实现。这样，对数据的计算和分析将实时分布于整个网络结构。万物互联将会进一步改变网络连接的结构和规则，继续改变行业的生态系统，对电信运营商来说，这个过程中将会出现更多的新机会。

尾声

移动通信改变了人们的生活，改变了人们生产和经营的方式，改变了文化，也改变了人类自己。1980—2020 年，移动通信从 1G 到 5G 的发展成果，在人类的科学技术发展史、经济发展史和文化发展史上都留下了浓墨重彩的一笔。

书写这段历史的，有早期提出蜂窝通信理论，为移动通信的问世建立基础的科学家们；有制作了第一台手持式移动电话的发明家们；有敢于冒险，在移动通信刚刚露出萌芽之时就大胆投资建设和经营移动通信网络的企业家们；有叱咤风云，通过大型并购组建跨国移动通信企业的 CEO 们；还有技高一筹，研发出那些划时代应用的大师们。但是，如果要列一张为移动通信业的发展做出贡献的人员的光荣榜，那么，在这张光荣榜上占比最大的，就是那些勤勤恳恳、默默无语地工作在移动通信行业的普通人。

2007 年 11 月，我用手机接到一个激动人心的电话，这个电话来自珠穆朗玛峰，话音通过海拔 6 500 米的基站，传到我的耳边："全世界最高的珠穆朗玛峰基站测试开通了！"手机里狂风的呼叫伴随着建设者们气喘吁吁的话音。中国移动和移动通信制造商通力合作，完成了在世界最高峰建设移动通信基站的工程。他们克服了重重困难，在海拔 5 200 米、5 800 米和 6 500 米的地方分别建立了基站。在珠穆朗玛峰高海拔、高缺氧和气候变幻莫测的环境里，风速高达 50 米 / 秒，气温在零下 30 摄氏度～零下 40 摄氏度。冰山上的暗冰裂隙、随时可能发生的冰崩雪崩随时威胁着项目的顺利进行。这些恶劣因素带来的不只是运输、施工和后勤保障上的考验，更是珠穆朗玛峰与人的意志和生存能力的直接对话。珠峰基站建成后，参加施工的同事表示，虽然在珠峰建设基站非常艰难，但是很值得去做，因为手机已经成为攀登珠穆朗玛峰需要紧急救援时最重要的通信工具。

2008 年 5 月，四川汶川发生特大地震。地震发生后，由于传输光缆、电源设备等全部被毁坏，震中地区通信全部中断。由于从都江堰到汶川的道路已遭毁坏，我们的移动应急通信车一直无法进入汶川。我们决定采取特殊的方式来恢复汶川的移动通信——用直升机将基站设备、汽油发电机和施工人员送到汶川的一个山头上，就地安装基站，通过卫星与移动通信网络连接，在地震中心建立临时移动通信系统。紧急施工队由中国移动、制造厂商和卫星设备提供商的人员共同组成。这些年轻的技术人员从来没有执行过这样的任务，他们也不知道被送到灾区的山顶以后会发生什么事，但是他们一个个都镇定自若。几个小时后，紧急施工队长用手机给我们打来第一个电话："基站开通了！"

一位在非洲从事移动通信网络建设的制造企业的员工曾与我谈起他在新兴市场工作 8 年的体会。他经常要到非洲的一些小镇去工作，别的还好，就是吃不惯当地的食物。让人感动的是，他坚持下来了。他说，他每天看到的都是当地人那种真诚的目光，这种目光使他感动，也给他增添了动力，鼓励他要通过自己的努力让他们早日用上手机。

我有一次坐飞机时，看到邻座的印度人在看一本有关互联网的技术书。交谈之后，我得知他是印度一家移动运营商的工程师。他说，移动通信要进一步发展，一定要与互联网融合在一起，他的工作就是研发移动互联网的新平台。

多年前在坦桑尼亚的达累斯萨拉姆，我见到一位正在街头出售手机护套的商贩。他出售各种手机护套，有皮革的、塑料的，还有布艺的。来光顾的人不多，看上去生意并不旺。我与他攀谈起来，他说，别看现在他的生意并不大，但是移动通信用户正在快速增长，手机护套的销量也一定会越来越大的。

在这个行业中的普通人，可能是技术人员、软件开发人员、设计人员、施工人员、运行维护人员、支撑系统人员，也可能是营业员、客服话务员、市场营销人员。他们的名字并不一定被大家所知道，但正是他们，用自己的工作、自己的热情，为人们提供了移动通信服务。

我希望他们能够从本书所描述的移动通信发展历史的篇章中找到自己的身影。